高等学校自动化类专业系列教材

51单片机实战指南

主　编　陈景波　王　伟

副主编　李　鑫　王小英　陈　飞　罗韩君

西安电子科技大学出版社

内 容 简 介

　　本书作为单片机口袋实验室计划的配套教材,以51单片机为例,结合开发板实际电路进行讲解,充分体现了实战性。本书分基础篇和提高篇,共16章。前10章为基础篇,主要用于单片机课程的基础课程教学;后6章为提高篇,适用于单片机技术课程设计、综合实践和毕业设计。

　　本书从点亮一个数码管开始到最后完成一个基于单片机的可控硅调压器设计,给读者提供了实际项目开发的思路,并且总结了一些编程的思想,比如"搭积木"的设计思想、有限状态机编程的思想。本书注重方法论,不仅讲解知识点,更注重引导读者触类旁通,举一反三。

　　本书可作为各类院校电气信息类专业的单片机教材,也适合刚刚接触单片机的初学者自学阅读。

图书在版编目(CIP)数据

51单片机实战指南/陈景波,王伟主编. —西安:西安电子科技大学出版社,2019.3(2021.10 重印)
ISBN 978 - 7 - 5606 - 5246 - 7

Ⅰ. ① 5… Ⅱ. ① 陈… ② 王… Ⅲ. ① 单片微型计算机—教材
Ⅳ. ①TP368.1

中国版本图书馆 CIP 数据核字(2019)第 026580 号

策划编辑　高　樱
责任编辑　王　艳　阎　彬
出版发行　西安电子科技大学出版社(西安市太白南路2号)
电　　话　(029)88202421　88201467　　　邮　编　710071
网　　址　www.xduph.com　　　　　　　电子邮箱　xdupfxb001@163.com
经　　销　新华书店
印刷单位　陕西天意印务有限责任公司
版　　次　2019 年 3 月第 1 版　2021 年 10 月第 2 次印刷
开　　本　787 毫米×1092 毫米　1/16　印张 20
字　　数　472 千字
印　　数　3001~5000 册
定　　价　49.00 元

ISBN 978 - 7 - 5606 - 5246 - 7/TP

XDUP 5548001 - 2

＊＊＊如有印装问题可调换＊＊＊

高等学校自动化类专业系列教材
编审专家委员名单

主　任：汪志锋（上海第二工业大学电子与电气工程学院 院长/教授）

副主任：罗印升（江苏理工学院 电气信息工程学院 院长/教授 ）

　　　　钟黎萍（常熟理工学院 电气与自动化工程学院 副院长/副教授）

成　员：（按姓氏拼音排列）

　　　　陈　桂（南京工程学院 自动化学院 副院长/副教授）

　　　　邓　琛（上海工程技术大学 电子电气工程学院 副院长/教授）

　　　　杜逸鸣（三江学院 电气与自动化工程学院 副院长/副教授）

　　　　高　亮（上海电力学院 电气工程学院 副院长/教授）

　　　　胡国文（盐城工学院 电气工程学院 院长/教授）

　　　　姜　平（南通大学 电气工程学院 副院长/教授）

　　　　王志萍（上海电力学院 自动化工程学院 副院长/副教授）

　　　　杨亚萍（浙江万里学院 电子信息学院 副院长/副教授）

　　　　于海春（淮阴师范学院 物理与电子电气工程学院 副院长/副教授）

　　　　郁有文（南通理工学院 机电系 教授）

　　　　张宇林（淮阴工学院 电子与电气工程学院 副院长/教授）

　　　　周渊深（淮海工学院 电子工程学院 副院长/教授）

　　　　邹一琴（常州工学院 电子信息与电气工程学院 副院长/副教授）

前　言

为什么要写这样一本书？

现在市场上 51 单片机的教材已经非常多了，也不乏有一些优秀的教材，比如郭天祥编写的《新概念 51 单片机 C 语言教程》、宋雪松编写的《手把手教你学 51 单片机》，这两本书对我本身的影响也很大，本书在编写时也参考了其中的一些编程思路和技巧，在这里先表示感谢。尤其是宋雪松老师的教材，我本人也听过他的讲座，他的实践为主、实践先行的思路是非常值得借鉴的，而且他的教材中的很多代码是直接可以移植到实际工程项目中的。但作为一本高校教材，其还是缺少了一些系统性，这也是编写本书的一个目的。

很多同学都想学好单片机技术，甚至有些同学会购买开发板来提高自己的实践能力，但大多数同学可能只是利用课程的实验时间编写一些代码，而仅利用这点时间是完全不够的。还有些同学会在计算机上用 Proteus 进行仿真，但仿真有较多的局限性，仿真正确的代码下载到实际芯片中经常会出现问题。考虑到这些因素，我们利用江苏高校品牌专业资助项目(项目号 PPZY2015 C215)进行了一个单片机口袋实验室计划，为上这门课程的同学都提供了一块开发板，这样不管是平时作业还是实验，都可以方便地在任何地方和任何时间完成。因此，针对开发板的使用，我们也要编写这样一本书。

本书特色：

(1) 作为学校单片机口袋实验室计划的配套教材，结合开发板实际电路进行讲解，所有代码都调试通过，充分体现了实战性。

(2) 分基础篇和提高篇，基础篇主要用于单片机课程的基础课程教学，提高篇适用于单片机技术课程设计、综合实践和毕业设计。

(3) 大大增强了串行接口的应用，体现了技术的先进性。例如，采用串行接口芯片 PCF8951 讲解 AD 和 DA，抛弃了原来的 0832 和 0809 芯片，使学生所学技术可以直接用于实际项目的开发。此外，还加入了一些新的器件，如 OLED 显示屏，做到与时俱进。

(4) 引入了 C♯ 上位机软件设计，实现与单片机的串口通信，符合 C♯ 作为工业控制软件设计主流编程语言的趋势。

(5) 配套有电子课件(PPT)、各章节的实例代码、习题答案及扩展资料，可登录出版社网站(www.xduph.com)下载。

(6) 配有开发板销售，除适合作为在校学生教材外，也适合想学好单片机的爱好者使用。

编写分工：

本书的第 1 章、第 9 章和第 16 章由陈景波编写；第 2～4 章由陈飞编写；第 5 章、第 7 章和第 11 章由王伟编写；第 6 章由王小英和王伟共同编写；第 8 章和第 12 章由王小英和陈景波共同编写；第 10 章由罗韩君和陈景波共同编写；第 13 和第 14 章由罗韩君和王伟共同编写；第 15 章由陈飞和陈景波共同编写。陈景波和王伟对本书进行了统稿，教材配套开发板由李鑫设计。周盛世、李华昌、韩忠华、赵奕睿、李晓豪等同学也参与了调试、绘图和校稿等工作，在此一并表示感谢！

限于作者水平，书中难免存在不当之处，恳请广大技术专家和读者批评指正。联系邮箱：cjbbjc@163.com。

陈景波

2018 年 12 月

目　录

基　础　篇

提 高 篇

基础篇

第 1 章　迈进单片机的大门

1.1　单片机概述

1.1.1　什么是单片机

单片微型计算机简称单片机，是典型的嵌入式微控制器（Microcontroller Unit），常用缩写 MCU 表示。单片机由运算器、控制器、存储器、输入/输出（I/O）接口等构成，相当于一个微型计算机系统。与计算机相比，单片机只是缺少了外围设备，概括地讲，一块芯片就是一台计算机，它的体积小、重量轻、价格便宜，因此它为人们学习、应用和开发提供了便利条件。

下面用更通俗的语言对单片机的定义进行解释。单片机就是一块集成芯片，但这块集成芯片具有一些特殊的功能，而这些特殊功能的实现要靠开发者自己编程来完成。编程的目的就是要控制这块芯片的各个引脚在不同的时间输出不同的电平（专业术语叫时序），进而控制与单片机各个引脚相连接的外围电路的电气状态，从而一起完成某项工作。可以选择 C 语言或者汇编语言进行编程，建议读者直接选用 C 语言编程。目前 C51 编译器的效率已经很高，绝大多数的单片机项目都可以完全使用 C 语言进行开发。

1.1.2　单片机厂家简介

1. 意法半导体（ST）

ST 是全球最大的半导体公司之一，公司总部在瑞士日内瓦。该公司以业内最广泛的产品组合著称，可为不同电子应用领域的客户提供创新的智能驾驶和物联网半导体解决方案。

ST 的产品组合包含全面的微控制器，从强大的低成本 8 位 MCU 到基于 ARM 的 32 位 Cortex - M0 和 Cortex M0＋、Cortex - M3、Cortex - M4、Cortex - M7 闪存微控制器，这些 MCU 具有多种外设选择。ST 还将这个范围扩大到包括一个超低功耗的 MCU 平台，主要有 STM8、STM32 和 SPC5 三大系列，其详细产品线如图 1-1 所示。

（1）ST 的 8 位微控制器平台基于高性能 8 位内核和先进外设集。该平台采用 ST 专有的 130 nm 嵌入式非易失性存储器技术制造而成。STM8 的增强型堆栈指针操作、高级寻址模式和新指令使用户能够实现快速、安全的开发。

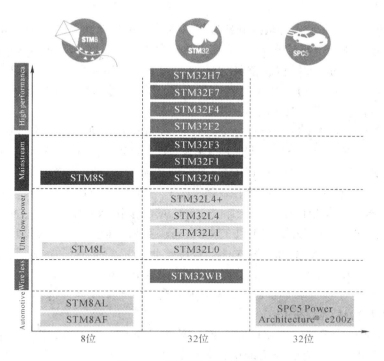

图 1-1　ST 微控制器产品线

STM8 平台支持 4 个产品系列：

➢ STM8S——主流 MCU；

➢ STM8L——超低功耗 MCU；

➢ STM8AF 和 STM8AL——汽车用 MCU。

（2）STM32 家族 Flash 的 32 位微控制器：基于 ARM Cortex-M 处理器设计，为单片机用户提供新的自由度。该系列产品集高性能、实时性、数字信号处理、低功耗、低电压运行、互联性于一体，同时还保持了完整的集成与开发便利性。基于行业标准的核心，以及大量的工具和软件选择，无论是对于小型项目还是整个平台，这类产品都是理想的选择。

STM32F103 是 ST 旗下的一款常用的增强型系列微控制器，属于图 1-1 中的 STM32F1，该系列采用 Cortex-M3 内核，CPU 最高速度达 72 MHz。该产品系列具有 16 KB～1 MB Flash、多种控制外设、USB 全速接口和 CAN(Controller Area Network)总线，适用于电力电子系统方面的应用、电机驱动、应用控制、医疗、手持设备、PC 游戏外设、GPS 平台、编程控制器(Programmable Logic Controller，PLC)、变频器、扫描仪、打印机、警报系统、视频对讲、暖气通风、空调系统等。

（3）ST 的 SPC5 是汽车用 32 位微控制器，该微控制器使用行业标准 Power 体系结构和 ST 嵌入 Flash 技术的专利进行设计。它们将可伸缩的单、双核和多核解决方案(Power Architecture e200z0～e200z4)与创新的外围设备组合在一起，这些设备针对汽车应用程序进行了优化，如发动机管理、底盘、安全性、车身控制、高级驱动辅助，以及所有需要长期可靠性的应用程序。

2. 恩智浦半导体(NXP Semiconductors)

NXP 公司的 MCU 产品线主要有 LPC800 系列、LPC1100 系列、LPC51U68 和

LPC54000 系列。

（1）LPC800 系列为基本的微控制器应用提供了一系列低功耗、节省空间、低引脚数的选项，它们是价格适当的入门级、8 位 MCU 的替代产品。LPC800 系列 MCU 有别于一般的低端器件，该系列的 MCU 包含差异化的产品特性，例如 NFC 通信接口、互电容触摸、用于灵活配置各 I/O 引脚功能的开关矩阵，以及获得专利的 SCTimer/PWM，这些特性为嵌入式设计人员提供了无与伦比的设计灵活性。

（2）LPC1100 系列 MCU 的运行速度高达 50 MHz，该系列产品具有行业标准连接的可扩展产品组合。它涵盖了 USB、LCD 和 CAN 等行业标准功能，其中的某些产品还包含 12 通道/12 位 ADC 或 I/O Handler(IOH) 等特殊功能。

（3）NXP 的 32 位 LPC51U68 微控制器基于非常节能的 ARM Cortex - M0＋内核，其 CPU 工作频率高达 100 MHz，带有无晶振 FS USB，适用于嵌入式应用。它还具有更大的内存资源，包括 96 KB 片上 SRAM 和 256 KB 带闪存加速器的片上闪存编程存储器。

（4）LPC54000 系列单核和双核 MCU 具备行业领先的下一代功效，是面向大众的节能、主流系列。LPC54000 系列基于高性能的 ARM Cortex - M4 内核，带有可选的 Cortex - M0＋协处理器。单 Cortex - M4 选项适用于着重无软件分区的单核处理的架构。

3. 美国微芯科技(Microchip)

Microchip 是全球领先的单片机和模拟半导体供应商，为全球数以千计的消费类产品提供低风险的产品开发、更低的系统总成本和更快的产品上市时间，其产品线覆盖了 8 位、16 位和 32 位单片机。

1）8 位单片机

（1）8 位 AVR 单片机，有 ATtiny、ATmega、ATxmega 等系列。

（2）8 位 PIC 单片机有数百款，引脚数为 6～100，闪存最大为 128 KB，并且特定产品组合中的引脚和代码互相兼容。采用 XLP 技术的 PIC 单片机具有业界最低的工作和休眠功耗，并且有灵活的功耗模式和唤醒源。MPLAB 集成开发环境结合了 C 编译器和公共开发板，可支持所有的 PIC 单片机。PIC 单片机集成的主要外设有 SPI、I^2C、UART、PWM、ADC、DAC 和运放等通信和控制外设，以及用于 USB、LCD 和以太网的专用外设。此外，Microchip 还提供了一些全新外设，可提供更大的灵活性和集成度，这在 8 位单片机中是前所未有的。这些新外设包括可配置逻辑单元(CLC)、互补波形发生器(CWG)、数控振荡器(NCO)、实时时钟/日历(RTCC)以及充电时间测量单元(CTMU)。

2）16 位单片机

16 位单片机主要有 PIC24 系列、dsPIC33F 系列、dsPIC33EV 系列和 dsPIC33EP 系列，16 位 PIC MCU 提供了 SAR ADC、高速 ADC 和 Δ-ΣADC，还提供了通用 DAC 和音频 DAC。

3）32 位单片机

Microchip 的 32 位系列单片机提供了范围广泛的产品，从业界最低功耗的 MCU 到最高性能的 MCU，并配有新颖易用的软件解决方案。借助 Microchip 的各种开发工具、集成开发环境和第三方合作伙伴所提供的开发工具所组成的丰富的生态系统，Microchip 32 位系列单片机可加速从安全物联网(IoT)应用到通用嵌入式控制的大量嵌入式设计的实现过程。

（1）低端：SAMD、SAML 和 SAMC 系列，Cortex M0＋内核；PIC32MX1/2/5 和 PIC32MM 系列，MIPS 内核。

（2）中端：SAM4 和 SAMG 系列，Cortex M4/M4F 内核；PIC32MX3/4 和 PIC32MX5/6/7 系列，MIPS 内核。

（3）高性能：SAMS70/E70/V7x 系列，ARM Cortex - M7 内核，300 MHz；PIC32MZ 系列，MIPS M - Class 内核，252 MHz。

（4）传统 32 位单片机，包括 AVR32 系列、SAM7 系列和 SAM3 系列。

4. 德州仪器(TI)

TI 提供具有有线和无线选项的低功耗、高性能微控制器(MCU)产品系列。其主要有以下三大系列：

（1）SimpleLink 有线和无线 MCU，是最广泛的差异化有线和无线 ARM MCU 产品系列，由统一的开发环境提供支持，包括 SimpleLink 无线 MCU、SimpleLink 有线 MCU 和 SimpleLink 无线网络处理器。

（2）MSP430 超低功耗 MCU，是适用于工业传感和测量应用的超低功耗微控制器，包括超值系列 MCU、电容式感应 MCU 及超声波和高性能传感 MCU。

（3）C2000 实时控制 MCU，针对实时控制密集型应用(包括电动汽车、工业驱动器和数字电源)进行了优化，包括 C2000 Delfino MCU、C2000 Piccolo MCU、C2000 InstaSPIN MCU 和 C2000 F28x MCU 系列。

5. 瑞萨电子(Renesas)

Renesas 微控制器和微处理器拥有广泛的内存和封装选项，它们速度快、可靠性高、成本低、性能环保。它们结合最新的工艺技术，可以集成大容量闪存，被广泛应用于各种应用中，包括要求高质量和高可靠性的领域，如汽车工业。Renesas 微控制器和微处理器主要有三大系列，即 RL78、RX 和 RZ。

（1）RL78 是 Renesas 的下一代微控制器系列，该系列除了拥有 78K 及 R8C 系列的优势特性外，还具有低功耗、高性能的出色表现。RL78 系列基于 16 位 CISC 架构，且带有超强的模拟量处理功能(也有 8 位内核的 RL78)；RL78 系列可应用于照明和汽车微控制器中，包括通用 LCD 和 ASSP 等；RL78 专为超低功耗应用，使客户能够以较低的成本建立高集成度和高效节能的应用平台，最高工作频率可达 32 MHz。

（2）RX 系列是 32 位 MCU，该系列具有增强功能和低功耗特点，采用 32 位的 RX 内核，可以轻松应用于电机控制、LCD 显示、物联网产品和安全领域等，最高工作频率可达 240 MHz。

（3）RZ 系列是 Renesas 的高端 32 位 ARM 微处理器，为未来智能社会提供了所需的解决方案。基于一系列 ARM Cortex - A7、ARM Cortex - A9、ARM Cortex - A15，以及 R4 的基础设备，Renesas RZ 系列微处理器可以帮助工程师轻松实现高分辨率的人机界面(HMI)、嵌入式视觉、实时工业以太网连接等重要功能应用，最高工作频率可达 1.5 GHz。

6. Silicon Labs

Silicon Labs 公司在 1996 年于美国德州奥斯汀(Austin, Texas)成立，专门开发世界级的混合信号器件，是为实现更智能、更互联的世界而提供芯片、软件和解决方案的领先供应商。该公司在节能型微控制器领域也有一席之地。

Silicon Labs 公司的 MCU 产品线主要有两大系列，分别使用低功耗、基于 EFM32 ARM Cortex 的 32 位 MCU（包括 EFM32 和 Precision32 设备）和基于 EFM8 8051 的 8 位 MCU（包括 EFM 和 C8051 设备）。

借助 Simplicity Studio 开发工具，Silicon Labs 公司的 MCU 产品线可以快速提供节能型传感器节点、智能仪表、可穿戴的或连接的物联网（IoT）系统；可以借助设备的灵活度和大量的软件示例，在更短时间内把触控、LCD 接口、信号处理、USB 连接和传感器由概念变成设计。

7. 宏晶科技（STC micro）

STC micro 是新一代增强型 8 位单片微型计算机标准的制定者和领导厂商。它致力于提供满足中国市场需求的高性能单片机技术，在业内处于领先地位。STC micro 是全球最大的 8051 单片机设计公司（其设计的 8051 单片机是全球第一品牌），是中国大陆本土 MCU 的领航者，是在线编程（ISP）技术的领导者和推广者，也是单指令周期 8051 MCU 的主要推动者。STC micro 主要的 MCU 产品有以下系列：

➤ STC89 系列：兼容各家常规 8051 MCU，直接替换 Atmel 8051、NXP8051；

➤ STC12 系列：兼容各家精简 8051 MCU，直接替换 Atmel 2051；

➤ STC10/11 系列：单指令、高性能、高速 8051 MCU，可替换 Silicon Labs C8051；

➤ STC15 系列：最新的高性价比、单指令、高性能、高速 8051 MCU。

STC89Cxx 系列单片机是 2005 年中国本土推出的第一款具有全球竞争力且与 MCS-51 兼容的单片机，目前 STC 最新的主力单片机有 STC8 系列、STC15W 系列和 STC15F 系列，以及可以在线仿真的 IAP15 系列。另外，同一系列的单片机又有不同的类型和封装形式，继而可以满足客户的不同需求。

1.1.3　单片机标号信息及封装类型

1. 单片机芯片型号

本书主要讲解的是国内外使用较多的以 51 内核扩展出的单片机，即通常所说的 51 单片机，本书配套的单片机开发板上使用的就是 STC micro 的 STC89Cxx 系列单片机。本书选用的具体型号为 STC89C52RC40I-LQFP44，因此，这里以 STC 单片机为例来介绍单片机芯片的型号，如图 1-2 所示。

图 1-2　STC89C52RC40I-LQFP44 芯片

➤ STC——前缀，表明该芯片为 STC 公司生产的产品。还有其他前缀，如 AT、i、

Winbond、SST 等。

➢ 8——芯片为 8051 内核芯片。

➢ 9——内部含 Flash EEPROM 存储器。还有如 80C51 中的 0 表示内部含 Mask ROM(掩膜 ROM)存储器，87C51 中的 7 表示内部含 EPROM 存储器。

➢ C——该器件为 CMOS 产品。还有如 89LV52 和 89LE58 中的 LV 和 LE 都表示该芯片为低电压产品(通常为 3.3 V 电压供电)；89S52 中的 S 表示该芯片含有可串行下载功能的 Flash 存储器，即具有 ISP 可在线编程功能。

➢ 5——固定不变。

➢ 2——该芯片内部程序存储器存储空间的大小，1 为 4 KB，2 为 8 KB，3 为 12 KB，即该数字乘上 4 KB 就是该芯片内部程序存储器存储空间的大小。

➢ RC——STC 单片机内部 RAM(随机存储器)为 512 B。还有 RD＋表示内部 RAM 为 1280 B。

➢ 40——外部晶振最高可接入 40 MHz。

➢ I——产品级别，表示芯片使用的温度范围。

另外，C 表示商业用，0～＋70℃；I 表示工业级，－4～＋85℃；A 表示汽车用，－40～＋125℃；M 表示军用，－55～＋150℃。

➢ LQFP44——产品封装型号。PDIP 表示双列直插式。

2. 芯片封装简介

所谓封装，就是指把硅片上的电路管脚用导线接引到外部接头处，以便与其他器件连接。封装形式是指安装半导体集成电路芯片用的外壳，它不仅起着安装、固定、密封、保护芯片及增强电热性能等方面的作用，而且还通过芯片上的接点用导线连接到封装外壳的引脚上，这些引脚又通过印刷电路板上的导线与其他器件相连接，从而实现内部芯片与外部电路的连接。

常见的封装形式有以下几种：

1) DIP

DIP(Dual In-line Package，双列直插式封装)是采用双列直插形式封装的集成电路芯片，绝大多数中小规模集成电路(IC)均采用这种封装方式，其引脚数一般不超过 100 个。采用 DIP 封装的芯片有两排引脚，需要插入到具有 DIP 结构的芯片插座上，当然也可以直接焊接在电路板上，如图 1－3 所示。

图 1－3　DIP 封装

2）QFP 和 PFP

以 QFP（Quad Flat Package，方形扁平式封装）技术封装的 CPU 芯片引脚之间的距离很小，管脚很细，一般大规模或超大规模集成电路中采用这种封装形式，其引脚数一般都在 100 以上。使用该技术封装 CPU 时操作方便，可靠性高；封装外形尺寸较小，寄生参数也少，适用于高频应用中。该技术主要适合用 SMT 表面安装技术在 PCB 上安装。PFP（Plastic Flat Package，塑料扁平组件式封装）封装技术与上面的 QFP 技术基本相似，只是外观的封装形状不同而已，QFP 一般为正方形，而 PFP 既可以是正方形，也可以是长方形。两者可统称为 PQFP（Plastic Quad Flat Package）。

本书的开发板使用的单片机是 LQFP 技术，即 Low-profile QFP。日本电子机械工业会对 QFP 的外形规格进行了重新制定，根据封装本体厚度分为 QFP（2.0～3.6 mm 厚）、LQFP（1.4 mm 厚）和 TQFP（1.0 mm 厚）三种。

3）BGA 封装

当 IC 的引脚数大于 208 时，传统的封装方式有难度。因此除 QFP 封装外，现如今大多数的多引脚芯片（如图像处理芯片与芯片组等）都采用 BGA（Ball Grid Array，球栅阵列）封装技术。BGA 封装的 I/O 端子以圆形或柱状焊点按阵列形式分布在封装下面。BGA 技术的优点是 I/O 引脚数虽然增加了，但引脚间距并没有减小反而增加了，从而提高了组装成品率；虽然它的功耗增加，但 BGA 可使用可控塌陷芯片法焊接，从而可以改善它的电热性能；厚度和重量都较以前的封装技术有所减少；寄生参数减少，信号传输延迟小，使用频率大大提高；组装可用共面焊接，可靠性高。该封装如图 1-4 所示。

4）PLCC 封装

PLCC（Plastic Leaded Chip Carrier，带引线的塑料芯片载体）是特殊引脚芯片封装，也是贴片封装的一种。其外形呈正方形，引脚从封装的四个侧面引出，呈丁字形，是塑料制品，外形尺寸比 DIP 封装小得多。这种封装的引脚在芯片底部向内弯曲，因此在芯片的俯视图中是看不见芯片引脚的。PLCC 封装适合用 SMT 表面安装技术在 PCB 上安装，具有外形尺寸小、可靠性高的优点。这种芯片的焊接采用回流焊工艺，需要专用的焊接设备，在调试时需要取下芯片，因此现在已经很少使用了。该封装如图 1-5 所示。

图 1-4　BGA 封装

图 1-5　PLCC 封装

1.1.4　如何学习单片机——做有准备的人

很多单片机初学者问得最多的话就是，单片机这门技术难不难？怎样才能学好单片机？如果一开始就学习 STM32 这种高端的 32 位单片机，当然会有难度。而 51 单片机内部结构简单，资料也比较全，非常适合初学者学习，建议初学者将 51 内核单片机作为入门级芯片，在掌握单片机基本设计思路的基础上，可以继续学习工业界使用更为广泛的 STM32（ARM Cortex - M 内核）单片机，也可以根据需要继续学习 DSP（数字信号处理器）。

1. 学习方法

这个问题得从两个方面去分析。

首先，从战略上藐视它。单片机这门课是非常重视动手实践的，不能总看书，但也不能不看书，我们需要大概了解一下单片机的各个功能寄存器，但看多了反而容易乱。不要去刻意地记住每个寄存器的定义，更重要的是学会设计的思路，知道如何查阅资料，在实践的过程中用多了，自然会记住。学习单片机实际上就是控制其引脚什么时候输出高电平，什么时候输出低电平，用这些高低变化的电平来控制外围电路，实现我们需要的各种功能。正所谓会者不难，难者不会，因为不懂这个东西，所以感觉很神秘。所以读者只要认真踏实地坚持学下去，肯定能学好这门技术。

其次，从战术上要重视它。技术这东西，关键是坚持做下去，有恒心和决心，学习完几个例程后，就应该及时做实验，融会贯通，而不要等几天或几个星期之后才做实验，这样效果不好甚至前学后忘。所以要想成为单片机高手，起码需要一年左右的单片机开发的历练才行。成为单片机高手就是读者自己可以根据自己的想法去设计一个电路，可以根据需要的功能编写代码制作一个产品。

2. 软件准备

1）理论知识准备

有人说"零基础"学单片机，这句话本来就是不现实的，学习单片机必须要有一定的理论基础，如 C 语言编程基础、电子基础（电阻、电容等）、模拟电路（模电）、数字电路（数电）基础等。当然也不是去借一本 C 语言、模电、数电的书从头开始学，而是需要什么就去查什么，现用现查。当然，如果读者前期已经系统地学过这些课程，那学习单片机就更加顺畅了。

2）开发工具准备

不同的单片机有不同的编程环境，主要有 Keil C51 μVision（8051 单片机常用）、CodeWarrior IDE、IAR Systems。不同的开发环境功能类似，操作大同小异，掌握一种后很快就能上手其他的开发环境。Keil C51 μVision4 IDE 界面如图 1 - 6 所示。

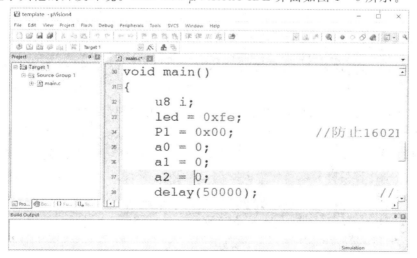

图 1 - 6　Keil C51 μVision4 IDE 界面

3. 硬件准备

1) 开发板的必要性

单片机是一门实践性很强的课程，不实践，一切都是"空中楼阁"。

花点钱买块开发板是非常有必要的，对于初学者来说，不需要买功能太全的开发板，上面有流水灯、数码管、蜂鸣器、独立键盘、矩阵键盘、A/D、D/A、液晶、I²C 总线就可以，有电机驱动接口最好。但单片机的 I/O 引脚、电源引脚等必须引出，这样可以方便我们在开发板上搭建外围电路，以扩展开发板的应用范围。

学好单片机，建议读者一定要多做实验，一开始可以模仿本书中的程序做些简单的实验。模仿时千万不要满足于只在开发板上运行一下程序，一定要动手把程序输进计算机，一句一句理解清楚，不懂的地方对照书本或者手册进行查阅，体会编程思路，然后再编译、下载，观察实验现象。之后，读者可提出对实验结果的改变，再修改程序，如果能实现预定的实验效果，证明读者基本理解这个实验的内涵了。当各模块的程序都弄清楚之后，就可以在本书的提高篇里，完成一些较实际的项目，积累更多的单片机开发的经验和思路，这样才能成为一名单片机工程师。

2) 仿真的局限性

单片机属于硬件，本书作者比较反对使用单片机仿真软件来学习单片机。老师在上课使用仿真软件对实验结果进行一些形象的演示是可以的，如果初学者在完成某个项目，有些特定芯片开发板不具备，依赖一下仿真也是可以的。但是实际开发和仿真软件差别很大，比如在 Proteus 仿真中，LED 不接限流电阻也是可以点亮的，但在实际电路中是万万不可的，这样往往会误导初学者。如果真心想学好单片机这门技术，只能拿起烙铁焊电路，动手写程序，远离仿真软件，因为靠软件仿真永远学不到真正的技术。

1.2 STC89C52 单片机和 C51 编程基础

1.2.1 STC89C52 LQFP - 44 引脚介绍

为了减少开发板的面积，实现口袋实验室的目的，本教程的配套开发板上的单片机芯片采用了 LQFP 的封装形式，如图 1-7 所示。其实，LQFP - 44 的引脚图有 HD 和 90C 两个版本。STC89C52RC 单片机的 HD 版本和 90C 版本的区别是：HD 版本有 $\overline{ALE}$、$\overline{PSEN}$ 和 $\overline{EA}$ 引脚，无 P4.6、P4.5 和 P4.4 口；而 90C 版本无 $\overline{PSEN}$、$\overline{EA}$ 引脚，有 P4.4 和 P4.6 引脚；90C 版本的 $\overline{ALE}$/P4.5 引脚既可作 I/O 口 P4.5 使用，也可被复用作 $\overline{ALE}$ 引脚使用，默认是作为 $\overline{ALE}$ 引脚。如需作为 P4.5 口使用时，只能选择 90C 版本的单片机，且需在烧录用户程序时在 STC-ISP 编程器中将 $\overline{ALE}$ 引脚选择为用作 P4.5，在烧录用户程序时在 STC-ISP 编程器中该引脚默认为 $\overline{ALE}$，具体设置如图 1-8 所示。

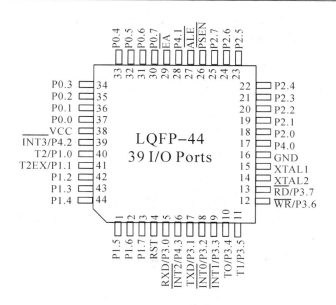

图 1-7　LQFP 封装引脚图

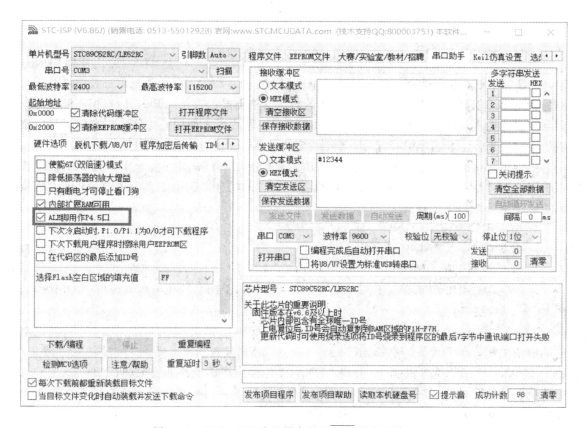

图 1-8　STC-ISP 编程器中设置 $\overline{ALE}$ 引脚用作 P4.5

　　基于 8051 内核的单片机，若引脚数相同，或封装相同，它们的引脚功能是相同的，甚至可以直接替换。其中用得比较多的是 40 引脚 DIP 的封装形式，如图 1-8 所示，也有 20、28、32、44 等不同引脚的 51 单片机。

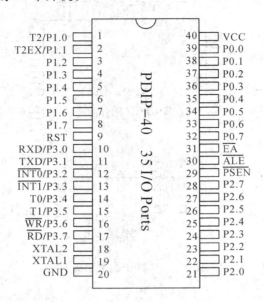

图 1-9　PDIP 引脚图

对于初学者来说，首先应该学会在芯片实物上区分引脚序号。有一种比较通用的方法，就是观察单片机的表面，都会找到一个标记，有的是圆点，有的是三角形，它的左边对应的就是第 1 引脚，从这个标记逆时针开始数，就是引脚的序号。PQFP/TQFP 封装的小圆点在芯片的左下角，PLCC/LCC 封装的小圆点在芯片最上面的正中间，在实际焊接电路板的时候，务必注意芯片引脚标号，否则肯定不能工作。

单纯记忆引脚标号没有意义，最好的方法是在使用中记忆，并且一定要分类记忆。接下来以 LQFP 封装引脚图为例介绍单片机各个引脚的功能，这里把 LQFP 的 44 个引脚按其功能类别分为以下 4 类：

➤ 电源引脚：VCC、GND。

➤ 时钟引脚：XTAL1、XTAL2。

➤ 编程控制引脚：如 RST、$\overline{\text{PSEN}}$/P4.4、$\overline{\text{ALE}}$/P4.5、$\overline{\text{EA}}$/P4.6。

➤ I/O 端口引脚：P0、P1、P2、P3，4 组 8 位 I/O 口，P4 口，4 位 I/O 口（只有 LQFP-44、PLCC-44 封装有）。

VCC、GND：单片机电源引脚，分别接供电电源正极和地。不同型号的单片机接入对应的电压电源，常压为 +5 V，低压为 +3.3 V，具体需要查看芯片手册。

XTAL1、XTAL2：外接时钟引脚。XTAL1 为片内振荡电路的输入端，XTAL2 为片内振荡电路的输出端。该芯片的时钟有两种方式，一种是片内振荡方式，须在这两个引脚外接石英晶体振荡器和振荡电容，振荡电容的取值一般为 10～30 pF；另一种是外部时钟方式，外部时钟信号从 XTAL1 引入，XTAL2 悬空。**注意**：不同芯片的外部时钟接法不同，须查阅具体的芯片手册。时钟电路详见第 3 章。

RST：单片机复位引脚。当输入两个机器周期以上的高电平时为有效，用来完成单片机的初始化复位操作，复位后程序计数器 PC＝0000H，即复位后单片机从程序存储器地址为 0000H 的单元读取第一条指令。通俗地讲，就是单片机复位后从头开始执行程序。

$\overline{\text{PSEN}}$：程序存储器允许输出控制端。在读外部程序存储器时 $\overline{\text{PSEN}}$ 低电平有效，以实现外部存储器的操作，由于现在使用的单片机有足够大的 ROM，所以几乎没人再去扩展外部 ROM，这个引脚读者只需了解即可。LQFP - 44 的 90C 版本此引脚为 P4.4。

$\overline{\text{ALE}}$：单片机在扩展外部 RAM 或接口芯片时，$\overline{\text{ALE}}$ 是在负跳变时（即高电平变低电平）用于把 P0 口低 8 位的地址送锁存器锁存起来，以实现低位地址和数据的隔离。需要隔离的原因是在外部扩展时，P0 口既要传输地址，又要传输数据。当没有访问外部存储器时，$\overline{\text{ALE}}$ 以振荡时钟的 6 分频输出；当访问外部存储器时，以振荡时钟的 12 分频输出。也就是说，当系统没有外部扩展时，$\overline{\text{ALE}}$ 可以作为时钟提供其他芯片使用，也可以作为外部定时脉冲使用。LQFP - 44 的 90C 版本此引脚可复用为 P4.5。

$\overline{\text{EA}}$：当 $\overline{\text{EA}}$ 接高电平时，先内后外执行 ROM 程序；当 $\overline{\text{EA}}$ 接低电平时，只执行外部 ROM 程序。该引脚内部有上拉电阻。LQFP - 44 的 90C 版本此引脚为 P4.6。

I/O 端口引脚：P0 口、P1 口、P2 口、P3 口和 P4 口。

P0 口：双向 8 位三态 I/O 口，每个引脚可独立控制。51 单片机 P0 口的内部没有上拉电阻，为高阻状态，所以不能正常输出高电平。因此，该组的 I/O 口在使用时务必外接上拉电阻，一般可以选择 10 kΩ 的上拉电阻。

P1 口：准双向 8 位 I/O 口，每个引脚可独立控制，内带上拉电阻。在 STC89C52 中，P1.0 也被用作定时器 2 的外部计数输入或定时器 2 的时钟输出，别名 T2；P1.1 可以作为捕获/重载触发信号和方向控制，别名 T2EX。P1 口具体的使用方法可参考 STC89C52 的数据手册，本书不作介绍。

P2 口：准双向 8 位 I/O 口，每个引脚可独立控制，内带上拉电阻，与 P1 口相似。在外部存储器/接口扩展时，可作为地址线的高 8 位。

P3 口：准双向 8 位 I/O 口，每个引脚可独立控制，内带上拉电阻。作为第一功能使用时就是当做普通的 I/O 口，与 P1 口相似，但 P3 口常作为第二功能使用，详见本书第 2 章内容。

P4 口：准双向 4 位 I/O 口，类似于 P1 口。它只在 LQFP - 44 和 PLCC - 44 封装中提供。P4.2 和 P4.3 还充当外部中断源，别名 $\overline{\text{INT3}}$ 和 $\overline{\text{INT2}}$。

1.2.2　单片机 C51 基础知识介绍

1. 单片机 C 语言和标准 C 语言的比较

C 语言作为一种非常流行的语言，广泛应用于硬件编程，如各种单片机、DSP、ARM 等，甚至现在在 Xilinx FPGA 上构建数字系统时，也可以使用 C 语言进行建模。C 语言本身不依赖于机器硬件系统，基本上不做修改或仅做简单的修改就可将程序从不同的系统移植过来使用。C 语言提供了很多数学函数并支持浮点运算，其开发效率高，可极大地缩短开发时间，增加程序的可读性和可维护性。

标准 C 语言也可称为 ANSI C 语言。单片机 C51 语言是由标准 C 语言继承而来的，但也有自身的一些特点。不同的嵌入式 C 语言编译系统之所以与 ANSI C 语言有不同的地方，主要是由于它们针对的硬件系统不同。对于 51 单片机，称为 C51 语言，运行于 C51 单片机平台，而标准 C 语言则运行于普通的 PC 平台。C51 语言具有 C 语言结构清晰的优点，易于学习，同时具有汇编语言的硬件操作能力。具有 C 语言编程基础的读者能够轻松地掌握单片机 C51 语言的程序设计。C51 语言与标准 C 语言的不同点主要体现在以下几个方面：

1）库函数

标准 C 语言定义的库函数是按照通用微型计算机来定义的，而 C51 语言中的库函数是按照 51 单片机的应用情况来定义的。

2）数据类型

在 C51 语言中增加了几种针对 51 单片机特有的数据类型。例如，51 单片机包含位操作空间和丰富的位操作指令，因此多了一种 bit 类型，以便同汇编语言一样，灵活地进行位指令操作。

3）变量的存储类型

C51 语言中变量的存储类型与 51 单片机的存储器相关。从存储器类型上来看，51 单片机有片内、片外程序存储器和片内、片外数据存储器；片内存储器中，又有直接寻址和间接寻址之分，因此对应有 code、data、idata、xdata 不同的存储类型，以及根据 51 单片机特点而设定的 pdata 类型。使用不同的存储器会影响程序的效率，不同的存储类型对应不同的硬件系统和不同的编译结果。但标准 C 语言对存储类型的要求不高，一般都默认为 auto 类型。

4）输入/输出

由于单片机没有显示器，C51 语言的输入/输出是通过单片机的串行口来实现的，使用输入/输出指令之前，必须对串口进行初始化。

5）函数使用

C51 语言中有专门的中断函数，而标准 C 语言中没有。

2．利用 C 语言开发单片机的优点

单片机用 C51 编程与用汇编 ASM - 51 编程相比，有如下优点：

1）易于上手

对单片机的指令系统不要求有任何了解，只需了解 MCS - 51 的存储器结构，就可以用 C 语言直接编程操作单片机，而寄存器分配、不同存储器的寻址及数据类型等细节完全由编译器自动管理。

2）编程高效

单片机 C51 语言提供了完备的数据类型、运算符及函数。函数库中包含许多标准子程序，具有较强的数据处理能力。

3）可移植性好

支持的微处理器种类繁多，对于兼容的 8051 系列单片机，只要将一个硬件型号下的程序稍加修改，甚至不加改变，就可移植到另一个不同型号的单片机中运行。

4）便于项目维护

用 C 语言开发的代码便于开发小组计划项目、灵活管理、分工合作和后期维护，从而保证整个系统的品质、可靠性和升级性。

3. C51 中常用的头文件

C51 中常用的头文件通常有 reg51.h、reg52.h、math.h、ctype.h、stdio.h、stdlib.h、absacc.h、intrins.h，最常用的是 reg51.h、reg52.h、math.h，其他头文件在后续例子中用到时再作说明。

reg51.h 和 reg52.h 是定义 51 单片机或 52 单片机（内核也是 51，只是片内资源略有不同）特殊功能寄存器（Special Function Register，SFR）的。这两个头文件大部分内容是一样的，52 单片机比 51 单片机多了一个定时器 T2，因此，reg52.h 中也就比 reg51.h 中多了几行定义 T2 相关寄存器的内容。

math.h 是定义数学函数的，比如求绝对值、求方根、求正弦和余弦等，该头文件中包含有各种数学运算函数，需要使用时可以直接调用函数，无须自己编写。

4. 学习单片机应该掌握的核心内容

（1）单片机最小系统：又称为最小应用系统，是指用最少的元件组成的单片机可以工作的系统。对 51 系列单片机来说，最小系统除单片机本身外，一般应该包括电源、晶振电路和复位电路。

（2）I/O 口操作：控制输出电平高低，检测输入电平高低。

（3）定时器：重点掌握最常用的方式 1 和方式 2。

（4）中断：掌握外部中断、定时器中断和串口中断，主要涉及中断的初始化和中断服务函数的编写。

（5）串口通信：掌握单片机与计算机之间通信、单片机之间通信，主要涉及串口的初始化和串口中断服务函数的编写。

（6）A/D 和 D/A 接口：掌握单片机与 A/D 和 D/A 接口的扩展，打通数字世界与模拟世界的连接。

掌握以上几点核心内容之后，可以说已经基本掌握了 51 单片机，其他知识也是在这些知识上扩展出来的。只要举一反三，就能较容易地全面掌握单片机的开发技术。

本 章 习 题

试从官网查阅以下几个公司的单片机产品信息，并对各公司的单片机产品线，以及各系列产品的技术特性、应用领域和开发工具进行概述。公司名称：NXP、Microchip、ST、TI 和 Renesas。要求：概述涵盖该公司所有的 8 位、16 位、32 位产品线。

第 2 章　51 单片机 I/O 口简单应用

单片机 I/O 口控制电路是单片机应用系统中最基本、最简单的应用，几乎所有的单片机系统中都要用到。制作单片机输出控制电路是学习单片机的重要一步，掌握单片机 I/O 口应用对单片机的学习有着重要的意义。

通过第 1 章的学习我们对单片机引脚和 C51 编程基础有了一定的认识，接下来学习如何使单片机运行起来。对于已经掌握了这些的读者，可以直接进入第 3 章的学习；而对于首次接触单片机，而且已经学习了标准 C 语言的读者，则其已经具备了一定的 51 单片机简单 I/O 口控制电路制作的基础。

2.1　单片机最小应用系统

在本节中要使单片机 STC89C52 运行(Run)起来，就是要建立单片机应用系统。单片机最小应用系统是指维持单片机正常工作所必需的电路连接。对于 51 单片机，将电源、时钟电路(晶振电路)、复位电路接入即可构成单片机最小应用系统，再配以相应的程序就能够独立工作，进而完成一定的功能。

单片机 STC89C52 的内部集成有中央处理器、程序存储器、数据存储器及输入/输出接口电路等，只需很少的外围元件完成时钟和复位电路的连接，就能构成单片机最小应用系统，如图 2-1 所示(开发板完整的原理图见附录)。

1. 电源

电源为整个单片机系统提供能源。单片机的 38 脚(VCC)接电源＋5 V 端，16 脚(GND)接电源地端。跨接在电源和地之间的值为 0.1 μF 的电容 C13 被称为滤波电容，主要是滤除电源中的杂波及交流成分。

2. 时钟电路

单片机的时钟电路是单片机的核心部分，为单片机内部各功能部件提供一个高稳定性的时钟脉冲信号，以便为单片机执行各种动作和指令提供基准脉冲信号。图 2-1 中的晶振 Y3(其值为 11.0592 MHz)和瓷片电容 C12、C15(这两个电容的值为 22 pF)与单片机的内部电路构成了单片机的时钟电路。在电路制作中，为了减少寄生电容，更好地保证振荡器稳定、可靠的工作，振荡器和电容应尽可能安装得靠近单片机芯片。时钟电路的设计方法详见第 3 章。

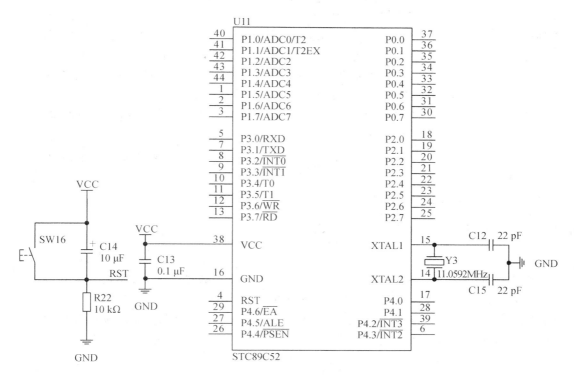

图 2-1 单片机最小应用系统

3. 复位电路

使单片机内各寄存器的值变为初始状态的操作称为复位。例如，复位后单片机会从程序的第一条指令运行，从而避免出现混乱。

单片机复位的条件：当 4 脚（RST）出现高电平并保持两个机器周期以上时，单片机内部就会执行复位操作。图 2-1 中采用了上电与按键均有效的复位方式，电容 C14 为电解电容，取值为 10 μF；电阻 R22 的阻值为 10 kΩ。当单片机上电时，随着对电容的充电，电容两端电压逐渐上升，RST 端电压逐渐下降，完成复位；当单片机在运行中时，按下 SW16，RST 端电位即为高电平，完成复位。复位电路的设计方法详见第 3 章。

2.2　闪烁灯的制作

日常生活中有各种各样的闪烁灯，有的应用于娱乐场所，有的应用于店面等的装饰，有的起警示作用，如舞台灯、汽车转向灯、十字路口的黄闪灯等。本节的任务是用单片机 I/O 口作输出口，接 8 个发光二极管，通过编程实现一个或多个发光二极管闪烁的效果。

在单片机控制系统中，通过 I/O 口对开关量进行控制占有较大的比重，如 LED（Light-Emitting Diode）发光二极管的亮灭、电动机的启停等都属于单片机的开关量输出控制。

LED 发光二极管是几乎所有的单片机系统都要用到的显示器件，常见的发光二极管主要有红色、绿色、黄色等单色发光二极管，另外还有双色二极管。LED 的种类很多，参数也不尽相同，本书配套开发板上用的是普通的贴片发光二极管。通常这种二极管的正向导通电压为 1.8～2.2 V，工作电流一般为 1～20 mA。其中，当电流在 1～5 mA 变化时，随着通过 LED 的电流越来越大，我们的肉眼会明显感觉到这个小灯越来越亮；而当电流在 5～20 mA 变化时，我们看到的发光二极管的亮度变化就不是太明显了；当电流超过 20 mA 时，LED 就会有烧坏的危险，电流越大，烧坏得也就越快。所以在使用过程中，应该特别注意发光二极管在电流参数上的设计要求。

驱动 LED 可分为低电平点亮和高电平点亮两种。由于 P1～P4 口的内部上拉电阻较大，为 20～40 kΩ，属于"弱上拉"，因此 P1～P4 口输出高电平时的电流很小（为 150～220 μA）；而在输出低电平时，下拉 MOS 管导通，P1～P4 口可吸收 4～6 mA 的灌电流（一些增强型 51 单片机 I/O 口的承受电流大一点，可达 25 mA），负载能力强。因此在设计中，一般采用低电平驱动方式来驱动 LED。

2.2.1 闪烁灯硬件电路原理图

根据任务要求，欲控制 LED 发光二极管的亮灭，只需使与其相连的 I/O 口线输出相应的高低电平即可。在设计单片机电路时，单片机的 I/O 口数量是有限的，有时满足不了设计需求，比如本书配套开发板上的单片机 STC89C52 共 39 个 I/O 口，其中 P4 有 7 个 I/O 口，但为了控制更多的器件，需要使用一些外围的数字芯片，这种数字芯片由简单的输入逻辑来控制输出逻辑，比如 74HC138（3-8 译码器），在如图 2-2 所示的 LED 电路图设计中就使用了 74HC138 芯片。

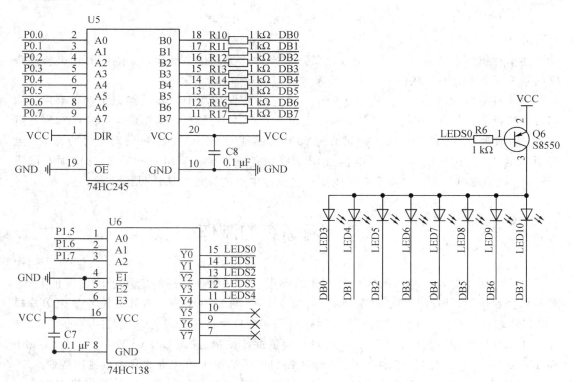

图 2-2 发光二极管控制电路

74HC138 是一款高速 CMOS 器件，其引脚兼容低功耗肖特基 TTL（LSTTL）系列。

74HC138 译码器可接受 3 位二进制加权地址输入(A0,A1 和 A2),并当使能时,提供 8 个互斥的低有效输出($\overline{Y0} \sim \overline{Y7}$)。74HC138 有 3 个使能输入端,即两个低电平有效($\overline{E1}$ 和 $\overline{E2}$)和一个高电平有效(E3)。除非 $\overline{E1}$ 和 $\overline{E2}$ 置低且 E3 置高,否则 74HC138 将保持所有输出为高。

图 2-2 中 74HC245 是典型的 CMOS 型三态缓冲门电路,8 路信号收发器。由于单片机或 CPU 的数据/地址/控制总线端口都有一定的负载能力,如果超过其负载能力,一般应加驱动器。74HC245 的引脚功能为:

第 1 脚:DIR,为输入/输出端口转换用。DIR="1"时,信号由"A"端输入,"B"端输出;DIR="0"时,信号由"B"端输入,"A"端输出。

第 2~9 脚:"A"信号输入/输出端,A0=B0,A7=B7,A0 与 B0 是一组。如果 DIR="1"、$\overline{OE}$="0",则 A1 输入,B1 输出,其他类同;如果 DIR="0"、$\overline{OE}$="0",则 B1 输入,A1 输出,其他类同。

第 11~18 脚:"B"信号输入/输出端,其功能与"A"端的一样,这里不再描述。

第 19 脚:$\overline{OE}$,使能端。若该脚为"1",则 A/B 端的信号将不导通;若该脚为"0",则 A/B 端被启用,该脚主要起到开关的作用。

第 10 脚:GND,电源地。

第 20 脚:VCC,电源正极。

从图 2-2 的 LED 电路图中可知:8 个 LED 灯的总开关三极管 Q6 基极的控制端是 LEDS0,也就是 $\overline{Y0}$ 输出低电平时,三极管 Q6 导通,5 V 电源加到 LED 上。从三极管 Q6 导通可以推导出 74HC138 的 A2、A1、A0 的输入状态应该是 000,即单片机的 P1.7、P1.6、P1.5 输出都为低电平 0。74HC245 左侧通过 P0 口控制,若 P0.0 引脚等于 0,则 DB0 等于 0,若此时 LED 灯的总开关三极管 Q6 导通,那么 LED3 灯的两侧就会有压差,也就有电流通过,LED3 就会发光。从以上的分析可知,要点亮发光二极管,首先要使 74HC138 的 A2A1A0=000(即 P1.7 P1.6 P1.5=000),此时 $\overline{Y0}$ 输出为低电平使 LED 灯的总开关三极管 Q6 导通,5 V 电源加到 LED 灯上,继而控制 P0 口输出相应的低电平使相应的 LED 灯点亮。

2.2.2　单片机 C 语言编程的基本方法

下面用 C 语言编写一个点亮接在 P0 口的低电平驱动的发光二极管的程序,通过对这个程序的解读,一步步踏入单片机 C 语言编程之路。点亮接在 P0.0 口线的发光二极管的程序如下。

```
/* * * * * * * * * * * * * * main.c 文件程序源代码 * * * * * * * * * * * * * * */
#include <reg52.h>              //52 系列单片机头文件
sbit LSA = P1^5;               //LED 位选译码地址引脚 A
sbit LSB = P1^6;               //LED 位选译码地址引脚 B
sbit LSC = P1^7;               //LED 位选译码地址引脚 C
void main(void)
{   //使 LED 灯的总开关三极管 Q6 导通,+5 V 加到 LED 灯组
    LSA = 0;
    LSB = 0;
```

```
        LSC = 0;
        while (1)                    //主程序中设置死循环，保证周而复始运行
        {
            P0 = 0xfe;               //点亮一个发光二极管
        }
    }
```

1. C51 中文件包含及常用头文件的说明

1）文件包含

文件包含是指一个源文件将另外一个源文件的全部内容包含进来，常用在函数的声明、宏定义、全局变量的定义、外部变量的声明中。

文件包含有两种形式：

♯ include ＜文件名＞ 或 ♯ include "文件名"

♯ include ＜文件名＞是指调用的文件在系统目录中，即在编译软件的安装目录中。♯ include "文件名"是指调用的文件在自己编写的源文件目录中，如果这个地方没有，则再从系统目录中去寻找。

♯ include "文件名"可以完全取代 ♯ include ＜文件名＞，反之则不行。但是为了编译速度最快，通常使用 ♯ include ＜文件名＞，也使读者一目了然头文件的来源。如：

♯ include ＜reg52. h＞   //引用寄存器文件

2）头文件

在代码中引用头文件，其实际意义就是将这个头文件中的全部内容放到引用头文件的位置处，避免每次编写同类程序都要重复编写头文件中的语句。

若要打开头文件 reg52. h 查看其内容，可以在 Keil 软件的安装路径/C51/INC 目录下找到并使用记事本打开，也可以将鼠标移到 ♯ include ＜reg52. h＞上，单击右键，选择"open document ＜reg52. h＞"选项。

C51 头文件通常有 reg51. h、reg52. h、math. h、ctype. h、stdio. h、intrins. h。

2. 主函数 main 函数

```
    int main(void)              //主程序 main 函数
    {
        语句 1；                 //单片机复位后总是从这里开始执行
        ...
    }
```

int 表示 main 函数的返回值是 int(整数)型，int 可以省略。如果 main 函数中没有返回语句，则默认返回 0。main 函数的返回值也可以是 void 类型。

main 后括号中的内容表示函数的参数，void 表示无参数，即不带任何参数。void 也可省略。

main 函数后面的花括号中的内容就是这个函数的所有代码。每条独立语句的末尾都要加上分号，一行可以写多条语句。

3. while 循环语句

while 循环语句是常用的条件循环语句，可用来做固定次数的循环程序和不定次数的循环程序，其格式如下。

```
while（循环条件）
{
    语句（可为空）；          //循环体
}
```

其执行过程是：先判断循环条件是否满足，如果满足则执行循环体的内容，执行完之后自动返回继续判断循环条件，如果满足则继续执行。如果条件不满足，则跳出 while 语句，执行后面的语句。

其中循环条件可以是常数、变量、表达式、等式、不等式等，为非 0 值则条件满足，为 0 时则条件不满足。对于等式和不等式，成立则为 1，表示满足；不成立则为 0，表示不满足。

当循环体为空时，花括号可以省略，但 while()后面必须加";"号。

在主程序中使用 while(1){语句;}，是使 while(1)所包含的花括号中的语句永远执行循环，称为死循环。单片机程序的主程序都是一个死循环程序，以便能不停地输出控制信号、接收输入信号和更新一些变量的值，从而保证程序的正常运行。

4．"＝"运算符

在 C 语言中控制单片机 I/O 口输出非常简单，只需要使用"＝"运算符。"＝"运算符是赋值运算符，它的作用是把"＝"右边的值赋给"＝"左边的变量。

例如，如果要使单片机 P0 口的 P0.0 口线输出低电平，另外 7 个口线输出高电平，则可写做 P0＝0xfe；如果要使 P0.0 口线输出低电平，而另外 7 个口线不受影响，则可以使用位操作写做 P0^0＝0。

5．注释的写法

为增加程序的可读性，往往给程序添加必要的文字说明，这就是注释。注释的目的是为了方便人们阅读程序，一般在编写较大的程序时，分段加入注释。有了注释，代码的意义便一目了然。所有注释都不参与程序编译，编译器在编译过程中会自动删去注释。注释可以在程序的任何位置。

在 C 语言中，注释有以下两种写法。

(1) //…：两个斜杠(//)后面的为注释语句。这种写法只能注释一行，当换行时，又必须在新行重新写上两个斜杠。

(2) /＊…＊/：斜杠(/)与星号(＊)结合使用。这种写法可以注释任意行，即斜杠星号(/＊)与星号斜杠(＊/)之间的所有文字都为注释。

2.2.3　程序设计

1．点亮发光二极管

欲点亮某只二极管，只需使与其相连的口线输出低电平即可。

点亮从高位到低位的 LED10、LED8、LED6、LED4，实现的方法有字节操作和位操作两种。LED 的编号如图 2－2 所示。

1）方法一（字节操作）

字节操作点亮发光二极管的代码如下。

　/＊＊＊＊＊＊＊＊＊＊＊＊＊＊＊main.c 文件程序源代码＊＊＊＊＊＊＊＊＊＊＊＊＊＊＊＊/

```
#include <reg52.h>              //52 单片机头文件
#define led P0                  //将 P0 口定义为 led，后面就可以使用 led 代替 P0 口

sbit LSA = P1^5;                //LED 位选译码地址引脚 A
sbit LSB = P1^6;                //LED 位选译码地址引脚 B
sbit LSC = P1^7;                //LED 位选译码地址引脚 C

void main(void)                 //主程序 main 函数
{
    //使 LED 灯的总开关三极管 Q6 导通，+5 V 加到 LED 灯组
    LSA = 0;
    LSB = 0;
    LSC = 0;
    while (1)
    {
        led = 0x55;             //将二进制数 01010101 赋给 led，即 P0
    }
}
```

2）方法二（位操作）

位操作点亮发光二极管的代码如下。

```
/* * * * * * * * * * * * * main.c 文件程序源代码 * * * * * * * * * * * * * * */
#include <reg52.h>
#define led P0                  //将 P0 口定义为 led，后面就可以使用 led 代替 P0 口
sbit LSA = P1^5;                //LED 位选译码地址引脚 A
sbit LSB = P1^6;                //LED 位选译码地址引脚 B
sbit LSC = P1^7;                //LED 位选译码地址引脚 C
//注意，开发板原理图 8 位 LED 的编号为 LED3(P0.0)~LED10(P0.7)
sbit led10 = P0^7;              //定义 P0.7 名字为 led10
sbit led8 = P0^5;
sbit led6 = P0^3;
sbit led4 = P0^1;

void main(void)
{
    //使 LED 灯的总开关三极管 Q6 导通，+5 V 加到 LED 灯组
    LSA = 0;
    LSB = 0;
    LSC = 0;
    while (1)
    {
        led = 0xff;             //全灭。此语句可省略，因复位后 P0 即为 0xff
        led10 = 0;              //点亮 LED10
        led8 = 0;
```

```
        led6 = 0;
        led4 = 0;
    }
}
```

2. 使 LED 灯闪烁起来

欲使某位二极管闪烁，可先点亮该位，再熄灭，然后循环。程序如下：

```
/* * * * * * * * * * * * * * main.c 文件程序源代码 * * * * * * * * * * * * * */
#include <reg52.h>

sbit LSA = P1^5;              //LED 位选译码地址引脚 A
sbit LSB = P1^6;              //LED 位选译码地址引脚 B
sbit LSC = P1^7;              //LED 位选译码地址引脚 C

void main(void)
{
    //使 LED 灯的总开关三极管 Q6 导通，+5 V 加到 LED 灯组
    LSA = 0;
    LSB = 0;
    LSC = 0;
    while (1)
    {
        P0 = 0x7f;            //点亮 LED10
        P0 = 0xff;            //熄灭 LED10
    }
}
```

但实际运行这个程序会发现二极管一直亮着，只是亮度稍暗，原因是单片机执行一条指令的速度很快，大约 1 μs(具体时间和时钟及具体指令的指令周期有关)。也就是说二极管确实在闪烁，只不过速度过快，由于人的视觉暂留现象，所以主观感觉一直在亮。解决的办法是在点亮和熄灭后加入延时，使点亮的时间和熄灭的时间足够长。

使一只发光二极管不停地闪烁，实现的方法有字节操作和位操作两种。

1) 方法一(字节操作)

字节操作实现二极管闪烁的代码如下。

```
/* * * * * * * * * * * * * * main.c 文件程序源代码 * * * * * * * * * * * * * */
#inclvde <regs2.h>
void main(void)
{
    unsigned int a;          //定义无符号的整型变量 a

    //使 LED 灯的总开关三极管 Q6 导通，+5 V 加到 LED 灯组
    LSA = 0;
    LSB = 0;
    LSC = 0;
    while (1)
    {
```

```
    P0 = 0x7f;                    //点亮 LED10
    a = 50000;
    while (a－－);                  //50 000 次的循环，通过消耗时间以达到延时的目的
    P0 = 0xff;                    //熄灭 LED10
    a＝50000;
    while (a－－);                  //延时
  }
}
```

2）方法二（位操作）

位操作实现发光二极管闪烁的代码如下。

```
/ * * * * * * * * * * * * * main.c 文件程序源代码 * * * * * * * * * * * * * * * * * * * /
#include <reg52.h>

sbit LSA = P1^5;                 //LED 位选译码地址引脚 A
sbit LSB = P1^6;                 //LED 位选译码地址引脚 B
sbit LSC = P1^7;                 //LED 位选译码地址引脚 C
sbit led10 = P0^7;               //定义 P0.7 名字为 led10

void main(void)
{
  unsigned int a;                //定义无符号的整型变量 a
  //使 LED 灯的总开关三极管 Q6 导通，+5 V 加到 LED 灯组
  LSA = 0;
  LSB = 0;
  LSC = 0;
  while (1)
  {
    led10 = 0;                   //点亮 LED10
    a＝50000;
    while (a－－);                 //50 000 次的循环，通过消耗时间以达到延时的目的
    led10 = 1;                   //熄灭 LED10
    a = 50000;
    while (a－－);                 //延时
  }
}
```

2.3　广告灯的制作

晚上走在大街上时，到处都是光彩夺目、变幻无穷的广告灯，非常好看。现在我们用单片机来实现广告灯的制作。本节的任务要求：单片机的 I/O 口作输出口，接 8 个发光二极管，通过编程实现流水灯及花样广告灯的效果。

2.3.1　广告灯的硬件原理图

根据任务要求，广告灯电路与闪烁灯电路完全相同，这里采用闪烁灯的硬件电路来设计广告灯。

广告灯的制作要实现流水灯和花样广告灯两种效果。流水灯指的是 8 个 LED 发光二极管一个一个地轮流点亮，然后再循环；花样广告灯是指 8 个 LED 发光二极管的变化比较复杂，没有规律可循，可以按自己的想法每次点亮 8 个发光二极管中的一个或几个。这两种效果都是通过向 I/O 口不断地赋值、延时来实现的。

2.3.2　相关知识

1. 子函数

在程序设计的过程中，有时多个地方需要用到同一段程序，因此就需要重复编写代码。为了减少编写量，可以把该段程序设置成子函数，在需要时，只要调用子函数就可以。有时虽然某段程序只使用一次，但为了使程序结构简单、清晰和具有易读性，也会把该段程序写成子函数的形式。

1）子函数的声明

子函数可以先声明，也可以预先不声明。如果子函数的位置在调用语句之前，则不需要声明；如果子函数的位置在调用语句之后，则需要对这个子函数进行声明。声明的方法如下，需要加分号结尾。

```
void Delayms(unsigned int xms);//声明参数为 unsigned int 的延时子函数
```

2）子函数的编写

子函数的编写和主函数的编写差不多，只是函数名称不同。以下是延时子函数的编写：

```
void Delayms(unsigned int xms)
{
    //函数体
}
```

3）子函数的调用

子函数的调用就是指一个函数体中引用另一个已定义的函数来实现所需要的功能，这时函数体称为主调用函数，函数体中所引用的函数称为被调用函数。一个函数体中能调用数个其他函数，这些被调用的函数同样也能调用其他函数，即嵌套调用。调用的方法是在调用处写上子函数的名称，后面跟上括号和分号。如延时子函数的调用：

```
Delayms(500);                    // 调用延时子函数
```

2. 程序初始化及 C 语言程序的基本结构

所谓程序初始化，是指单片机复位后，根据需要对某些寄存器或变量进行初始设置或赋初值，并且这些操作仅执行一次，之后就进入到 while(1) 的死循环中。程序的初始化一般是在主函数名之后及 while(1) 死循环之前的位置进行。为了使程序结构清晰明了，方便修改、维护，单片机 C 语言程序可按以下基本结构书写。

```
/* * * * * * * * * * * * main.c 文件程序源代码 * * * * * * * * * * * * */
#include <reg52.h>                //包含头文件
```

```
# include <intrins. h>              //51 系列单片机内部库函数头文件
sbit LSA= P1^5;                     //LED 位选译码地址引脚 A
sbit LSB= P1^6;                     //LED 位选译码地址引脚 B
sbit LSC= P1^7;                     //LED 位选译码地址引脚 C
void Delayms(unsigned int xms);     //Delayms 函数在 main 函数后定义,需声明
void main(void)
{
    //使 LED 灯的总开关三极管 Q6 导通,+5 V 加到 LED 灯组
    LSA = 0;
    LSB = 0;
    LSC = 0;
    P0 = 0xfe;                      //程序初始化:P0 口赋初始值,点亮第 1 位 LED
    while (1)                       //while (1)死循环,真正的主程序部分
    {
        Delayms(500);               //调用延时子函数,延时 500 ms
        P0 = _crol_(P0, 1);         //P0 口的值循环左移一位
    }
}


/ * 延时函数,xms 为延时的毫秒数 * /
void Delayms(unsigned int xms)
{
    unsigned int i, j;

    for(i = xms;i > 0;i--)
    {
        for (j = 110;j > 0;j--);
    }
}
```

3. 移位运算符和循环移位函数

1) 移位运算符

移位运算符能够对变量中的数进行移位运算,包括左移位运算符"<<"和右移位运算符">>",其格式如下。

```
a= a << 1;      //将变量 a 中的数左移 1 位后赋给 a
a= a >> 2;      //将变量 a 中的数右移 2 位后赋给 a
```

移位运算的示意图如图 2-3 所示(注意移位后末位补"0")。

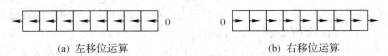

(a) 左移位运算   (b) 右移位运算

图 2-3 移位运算示意图

2）循环移位函数

循环移位函数能够对变量中的数进行循环移位，属于 51 单片机内部库函数，需要包含头文件"intrins.h"。下面以字符型变量的循环移位函数为例来说明循环移位函数的使用。其格式如下：

```
a= _crol_(a,1);        //将变量 a 中的数循环左移 1 位后赋给 a
a= _cror_(a,2);        //将变量 a 中的数循环右移 2 位后赋给 a
```

循环移位函数执行过程示意图如图 2-4 所示。

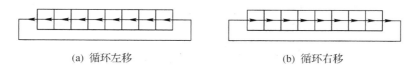

(a) 循环左移　　　　　　　　　　　　(b) 循环右移

图 2-4　循环移位函数执行过程示意图

4. 流程图

对于简单的程序可以直接编写源程序；而对于复杂的程序，往往不能直接完成源程序的编写，为了把复杂的工作变得条理化、直观化，通常在编写程序前先设计流程图。所谓流程图，就是用带箭头的线把矩形框、菱形框和圆角矩形框等连接起来，以表示实现这些步骤或过程的顺序。流程图中常用的符号如图 2-5 所示。

完成流程图设计后，就可以按照流程图中提供的步骤或过程选择合适的语句，一步步地编写程序。前面制作的闪烁灯可以绘制的流程图如图 2-6 所示。

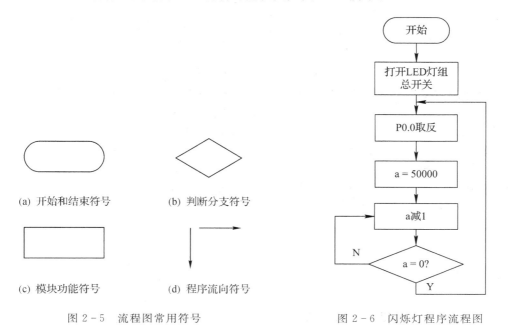

(a) 开始和结束符号　　　(b) 判断分支符号

(c) 模块功能符号　　　(d) 程序流向符号

图 2-5　流程图常用符号　　　　　　图 2-6　闪烁灯程序流程图

2.3.3　程序设计

1. 流水灯

只要将发光二极管 LED3～LED10 轮流点亮和熄灭，8 只 LED 便会一亮一暗地形成流水灯的效果。使图 2-2 中的 8 个 LED 实现流水灯功能的程序流程图如图 2-7 所示。

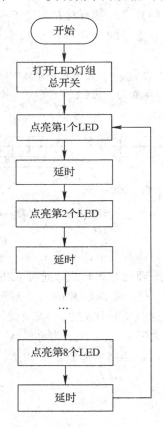

图 2-7　流水灯程序流程图

根据流程图，按字节操作的程序如下(读者可以自行编写按位操作的程序)。

```
/ * * * * * * * * * * * * * * * main. c 文件程序源代码 * * * * * * * * * * * * * /
#include <reg52. h>              //52 系列单片机头文件

sbit LSA = P1^5;                 //LED 位选译码地址引脚 A
sbit LSB = P1^6;                 //LED 位选译码地址引脚 B
sbit LSC = P1^7;                 //LED 位选译码地址引脚 C

void Delayms(unsigned int xms);

void main(void)
{
    //使 LED 灯的总开关三极管 Q6 导通，+5 V 加到 LED 灯组
    LSA = 0;
    LSB = 0;
    LSC = 0;
    while(1)
    {
```

```
      P0 = 0xfe;                    //P0 口赋值 0xfe，点亮第 1 位 LED
      Delayms(200);                 //调用延时子函数
      P0 = 0xfd;                    //P0 口赋值 0xfd，点亮第 2 位 LED
      Delayms(200);
      P0 = 0xfb;                    //P0 口赋值 0xfb，点亮第 3 位 LED
      Delayms(200);
      P0 = 0xf7;                    //P0 口赋值 0xf7，点亮第 4 位 LED
      Delayms(200)
      P0 = 0xef;                    //P0 口赋值 0xef，点亮第 5 位 LED
      Delayms(200);
      P0 = 0xdf;                    //P0 口赋值 0xdf，点亮第 6 位 LED
      Delayms(200);
      P0 = 0xbf;                    //P0 口赋值 0xbf，点亮第 7 位 LED
      Delayms(200);
      P0 = 0x7f;                    //P0 口赋值 0x7f，点亮第 8 位 LED
      Delayms(200);
    }
  }

/* 延时函数，xms 为延时的毫秒数 */
void Delayms(unsigned int xms)
{
   unsigned int i, j;

   for(i = xms;i > 0;i——)
   {
      for (j = 110;j > 0;j——);
   }
  }
```

将程序编译后下载到单片机中，观察 LED 是不是流动起来了，也可以修改赋给 P0 口的值以改变其流动方向。

这个程序原理简单、清晰易懂，但若灯的数量增加则会使该程序显得累赘。下面使用左移运算符(<<)和循环移位来实现同样的效果。

使用左移运算符实现流水灯效果的程序流程图如图 2-8 所示。

根据流程图，编写程序如下。

```
/* * * * * * * * * * * * * * main.c 文件程序源代码 * * * * * * * * * * * * * * * * */
#include <reg52.h>

sbit LSA = P1^5;                  //LED 位选译码地址引脚 A
sbit LSB = P1^6;                  //LED 位选译码地址引脚 B
sbit LSC = P1^7;                  //LED 位选译码地址引脚 C
void Delayms(unsigned int xms);
```

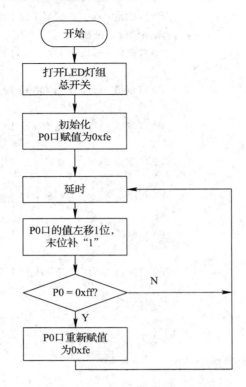

图 2-8　使用左移运算符实现流水灯的程序流程图

```
void main(void)
{
    //使 LED 灯的总开关三极管 Q6 导通，+5 V 加到 LED 灯组
    LSA = 0;
    LSB = 0;
    LSC = 0;
    P0 = 0xfe;                  //P0 口赋初值，点亮第 1 位 LED
    while(1)
    {
        Delayms(200);           //调用延时子函数
        P0 = P0<<1 | 0x01;      //P0 口的值左移 1 位后和 0x01 作或运算实现末位补"1"
        if(P0 == 0xff)          //如果左移 8 次，则等于 0xff
    {
            P0 = 0xfe;          //P0 口重新赋初值 0xfe
        }
    }
}


/*延时函数，xms 为延时的毫秒数*/
void Delayms(unsigned int xms)
{
```

```
unsigned int i, j;
for (i = xms;i > 0;i－－)
{
    for (j = 110;j > 0;j－－);
}
}
```

使用循环左移函数实现流水灯的程序流程图如图 2-9 所示。

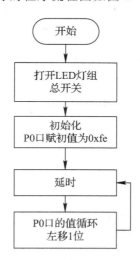

图 2-9　使用循环左移函数实现流水灯的程序流程图

根据流程图，编写程序见本章 2.3.2 小节的"程序初始化及 C 语言程序的基本结构"部分。

使用循环左移函数进行移位时，相当于所有的二进制数首尾相连成一个闭环，其中"0"和"1"的个数保持不变。给 P0 口赋的初值也可以是 0xfc、0xf8，这样就可以有两个、三个 LED 灯在流动。

2. 花样广告灯

在流水灯的例子中，不管是左移还是右移，都是有规律的，在程序设计时可以利用左、右移运算符或者左、右移函数来实现。但是如果要实现复杂的、没有规律的变换，该怎么做呢？一种方法是可以依次给 P0 口赋值，但这样程序会很长；另一种方法是将所有的数据存入一个数组中，在循环程序中不断改变数组的下标，使赋给 P0 口的值不断变化，以实现花样广告灯的效果。其程序如下：

```
/* * * * * * * * * * * * * * * main. c 文件程序源代码 * * * * * * * * * * * * * * */
#include <reg52. h>

sbit LSA = P1^5;            //LED 位选译码地址引脚 A
sbit LSB = P1^6;            //LED 位选译码地址引脚 B
sbit LSC = P1^7;            //LED 位选译码地址引脚 C

void Delayms(unsigned int xms);
```

```
unsigned char tab[ ]={0xFE, 0xFD, 0xFB, 0xF7, 0xEF, 0xDF, 0xBF, 0x7F, 0x7F, 0xBF,
0xDF, 0xEF, 0xF7, 0xFB, 0xFD, 0xFE, 0xFF, 0x7E, 0xBD, 0xDB, 0xE7, 0xDB, 0xBD, 0x7E,
0xFF};                    //定义花样数据

void main(void)
{
    unsigned char i;

    //使 LED 灯的总开关三极管 Q6 导通，+5 V 加到 LED 灯组
    LSA = 0;
    LSB = 0;
    LSC = 0;
    while (1)
    {
        for (i = 0;i < 25;i++)
        {
            P0 = tab[i];
            Delayms(200);    //延时 200 ms
        }
    }
}

/* 延时函数，xms 为延时的毫秒数 */
void Delayms(unsigned int xms)
{
    unsigned int i, j;

    for (i = xms;i > 0;i--)
    {
        for (j = 110;j > 0;j--);
    }
}
```

本例中的广告灯共有 25 种变化状态，要使广告灯具有更多的变化，只需在数组中增加元素个数，并改变循环次数即可。

本 章 习 题

1. 为什么大部分电路中对发光二极管的驱动采用低电平驱动方式？
2. 一个完整的单片机 C 语言程序包括哪几个部分？
3. 单片机的头文件在程序中起什么作用？怎样包含头文件？
4. 使用 for 循环语句编写一个两级嵌套的循环程序，要求外层作 5 次循环，外层每循

环 1 次，内层循环 120 次。

5. 什么是单片机最小应用系统？试画出 51 单片机最小应用系统的原理图。

6. 使用 Keil 软件建立一个工程并进行相应的设置，建立一个源文件并进行编译。

7. 发光二极管与普通二极管有何异同？

8. 编程实现如下流水效果：点亮顺序为 A、AB、ABC、ABCD、BCD、CD、D、全灭（ABCD 为 4 个发光二极管），8 种状态循环。

第 3 章 基本功——51 系列单片机硬件

3.1 51 单片机的总体结构

在功能上，51 单片机有基本型和增强型两大类；在片内程序存储器的配置上，早期有三种形式，即掩膜 ROM、EPROM 和 ROMLess（片内无程序存储器）。现在人们普遍采用另一种具有 Flash 存储器的芯片。

3.1.1 内部结构

基本型（标准的）51 单片机的内部结构如图 3-1 所示。图中与并行口 P3 复用的引脚有：串行口输入和输出引脚 RXD 和 TXD；外部中断输入引脚（$\overline{INT0}$）和（$\overline{INT1}$）；外部计数输入引脚 T0 和 T1；外部数据存储写和读控制信号（$\overline{WR}$）和（$\overline{RD}$）。

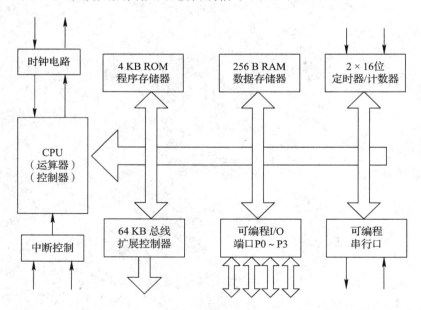

图 3-1 基本型 51 单片机内部结构示意图

基本型 51 单片机内部包含以下功能模块：

1）CPU 模块

➢ 8 位 CPU，包含布尔处理器；

➢ 时钟电路；

➢ 总线控制。

2）存储模块

➢ 256 B 的数据存储器（RAM，其中后 128 个单元被 SFR 占用，可在片外再外扩展 64 KB）；

➢ 4 KB 的内部程序存储器（ROM，可外扩至 64 KB）；

➢ 特殊功能寄存器（SFR，21 个）。

3）I/O 接口模块

➢ 4 个并行 I/O 口端口（均为 8 位）；

➢ 1 个全双工异步串行口（UART）；

➢ 2 个 16 位定时器/计数器；

➢ 中断系统（5 个中断源，2 个优先级）。

3.1.2　外部引脚说明

外部引脚在第 1 章里已经说明，这里只给出 P3 接口的第二功能表，如表 3-1 所示。

表 3-1　P3 接口的第二功能

引脚	第 二 功 能	引脚	第 二 功 能
P3.0	串行数据输入（RXD）	P3.4	定时器/计数器 0 外部输入（T0）
P3.1	串行数据输出（TXD）	P3.5	定时器/计数器 1 外部输入（T1）
P3.2	外部中断 0 输入（$\overline{INT0}$）	P3.6	外部 RAM 写选通信号（$\overline{WR}$）
P3.3	外部中断 1 输入（$\overline{INT1}$）	P3.7	外部 RAM 读选通信号（$\overline{RD}$）

3.2　51 单片机的 CPU

51 单片机由 CPU、存储器和 I/O 接口三个基本模块组成，还有定时器、串口等。这里主要介绍 51 单片机 CPU 模块的组成及功能。

3.2.1　CPU 的功能单元

51 单片机的 CPU 是一个 8 位的高性能处理器，它的作用是读入并分析每条指令，并根据各指令的功能控制各功能部件执行指定的操作。由图 3-1 可见，CPU 由运算器和控制器两部分构成。

1. 运算器

运算器完成的任务是实现算术和逻辑运算、位变量处理和数据传送等操作，主要包括算术逻辑运算单元 ALU、累加器 ACC、寄存器 B、程序状态字寄存器 PSW、暂存寄存器（又称暂存器）等。

（1）51 单片机的 ALU 的主要功能是实现 8 位数据的加、减、乘、除算术运算和与、或、异或、循环、求补等逻辑运算，同时还具有位处理能力。

（2）累加器 ACC 用于向 ALU 提供操作数和存放运算的结果。运算时一个操作数经暂存器送至 ALU，与另一个来自 ACC 的操作数在 ALU 中进行运算，运算结果又送回 ACC。同一般微型计算机相似，51 单片机在结构上也是以累加器 ACC 为中心，大部分指令的执行都要通过累加器 ACC 进行。

（3）寄存器 B 在乘、除运算时用来存放一个操作数，也用来存放运算后的部分结果。在不进行乘、除运算时，寄存器 B 可以作为普通的寄存器使用。

（4）程序状态字寄存器 PSW 是状态标志寄存器，用来保存 ALU 运算结果的特征（如结果是否为 0，是否有溢出等）和处理器状态。这些特征和状态可以作为控制程序转移的条件。PSW 格式及各位含义如下：

	D7	D6	D5	D4	D3	D2	D1	D0
PSW	CY	AC	F0	RS1	RS0	OV	F1	P

CY(PSW.7)：进位、借位标志位。在算术和逻辑运算时，若有进位/借位，CY＝1；否则，CY＝0。在位处理器中，它是位累加器。

AC(PSW.6)：辅助进位、借位标志位。在 BCD 码运算时，用作十进位调整，即当 D3 位向 D4 位产生进位或借位时，AC＝1；否则，AC＝0。

F0、F1(PSW.5、PSW.1)：用户设定标志位。由用户使用的一个状态标志位，可用指令来使它置 1 或清 0，控制程序的流向。用户应充分利用这两个标志位。

RS1、RS0(PSW.4、PSW.3)：当前工作寄存器组选择位。00、01、10、11 分别对应 0 组、1 组、2 组、3 组。

OV(PSW.2)：溢出标志位。当执行算术指令时，用来指示运算结果是否产生溢出。如果结果产生溢出，OV＝1；否则，OV＝0。

P(PSW.0)：奇偶标志位。指令执行完，累加器 A 中"1"的个数是奇数还是偶数，若为奇数则 P＝1，否则 P＝0。

（5）暂存器用来暂时存放数据总线或其他寄存器送来的操作数。它作为 ALU 的数据输入源，向 ALU 提供操作数；它是不可用指令进行寻址的。

2. 控制器

51 单片机的控制器由程序计数器 PC、指令寄存器 IR、指令译码器及定时和控制逻辑电路等组成，其功能是控制指令的读入、译码和执行，从而对各功能部件进行定时和逻辑控制。

（1）程序计数器 PC 是一个独立的 16 位计数器，不可访问。它总是存放着下一条要取指令的存储单元的地址。CPU 把 PC 的内容作为地址，从对应于该地址的程序存储器单元中取出指令码。每取完一个指令后，PC 内容自动加 1，为取下一条指令做准备。在执行转移指令、子程序调用及中断响应时，转移指令、调用指令或中断响应过程会自动给 PC 置入新的地址。

单片机复位时，PC 中装入的地址为 0000H，这就保证了单片机在上电或复位后，程序从 0000H 地址单元取指令，并开始执行。

（2）指令寄存器 IR 保存当前正在执行的一条指令。执行一条指令，先要把它从程序存储器取到指令寄存器 IR 中。指令内容含操作码和地址码，操作码送往指令译码器并形成相应指令的微操作信号，地址码送往操作数地址形成电路以便形成实际的操作数地址。

（3）译码与控制逻辑是微处理器的核心部件，它的任务是完成读指令、执行指令、存取操作数或运算结果等操作，以及向其他部件发出各种微操作控制信号，协调各部件的工作。51 单片机片内有振荡电路，外接石英晶体和频率微调电容就可产生内部时钟信号。

3.2.2　CPU 的时钟

单片机的工作过程是：取一条指令、译码、进行微操作，再取一条指令、译码、进行微操作，这样自动地、一步一步地由微操作依序完成相应指令规定的操作功能。

1. 时钟产生方式

51 单片机的时钟信号通常由两种方式产生，一是内部时钟方式，二是外部时钟方式。

内部时钟方式如图 3-2(a)所示。只要在单片机的 XTAL1 和 XTAL2 引脚外接晶振即可。图 3-2(a)中电容器 C1 和 C2 的作用是稳定频率和快速起振，其电容值为 10～30 pF，典型值为 30 pF。晶振 CYS 的振荡频率一般不超过 12 MHz，典型值为 6 MHz、12 MHz 或 11.0592 MHz。

外部时钟方式是把外部已有的时钟信号引入到单片机内，如图 3-2(b)所示。此方式用于多片 51 单片机同时工作，并要求各单片机同步运行的场合。

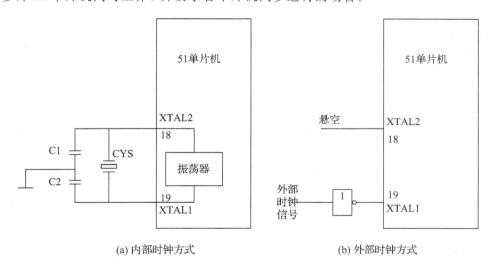

图 3-2　51 单片机的时钟方式

实际应用中通常采用外接晶振的内部时钟方式，晶振频率高一些可以提高指令的执行速度，但相应的功耗和噪声也会增加。在满足系统功能的前提下，应选择低一些的晶振频率。当系统要使用 UART 串口时，应选择 11.0592 MHz 的晶振（有利于减小波特率误差）。

2. 51 单片机的时钟信号

晶振周期（有时称为时钟周期）为最小的时序单位，如图 3-3 所示。

晶振信号经分频器后形成两相错开的信号 P1 和 P2。P1 和 P2 的周期也称为 S 状态周期，它是晶振周期的 2 倍，即一个 S 状态周期包含 2 个晶振周期。在每个 S 状态周期的前

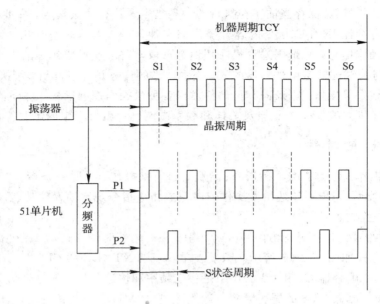

图 3 - 3 51 单片机的时钟信号

半周期，相位 1(P1)信号有效；在每个 S 状态周期的后半周期，相位 2(P2)信号有效。每个 S 状态周期有两个节拍(相)P1 和 P2，CPU 以 P1 和 P2 为基本节拍指挥各个部件协调地工作。

晶振信号 12 分频后形成机器周期，即一个机器周期包含 12 个晶振周期。因此，每个机器周期的 12 个振荡脉冲可以表示为 S1P1，S1P2，S2P1，S2P2，…，S6P2。

指令的执行时间称为指令周期。51 单片机的指令按执行时间可以分为 3 类：单周期指令、双周期指令和四周期指令(四周期指令只有乘、除 2 条指令)。

晶振周期、S 状态周期、机器周期和指令周期均是单片机的时序单位。机器周期常用作计算其他时间(如指令周期)的基本单位。如指令 INC A 的执行时间为 1 个机器周期，乘除法指令的执行时间为 4 个机器周期。

应用系统设计调试时首先应该保证单片机的时钟系统能够正常工作。当晶振电路、复位电路和电源电路正常时，ALE 引脚(当 ALE 引脚不用作 P4.5 时)可以观察到稳定的脉冲信号，其频率为晶振频率的 6 分频。

3.2.3 CPU 的复位

复位是使单片机或系统中的其他部件处于某种确定的初始状态。单片机的工作就是从复位开始的。

1. 复位电路

当 51 单片机的 RST 引脚加高电平复位信号(保持 2 个以上机器周期)时，单片机内部就执行复位操作。当复位信号变低电平时，单片机开始执行程序。

实际应用中，复位操作有两种基本形式，一种是上电复位，另一种是上电与按键均有效的复位。复位电路如图 3 - 4 所示。

上电复位要求接通电源后，单片机自动实现复位操作。常用的上电复位电路如图 3 - 4

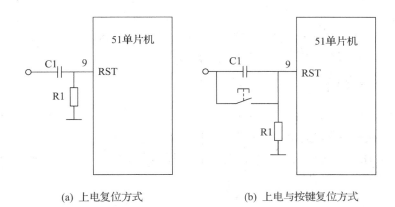

(a) 上电复位方式　　　　　　　　　(b) 上电与按键复位方式

图 3-4　单片机的复位电路

(a)所示。上电瞬间 RST 引脚获得高电平，随着电容 C1 的充电，RST 引脚的高电平将逐渐下降。RST 引脚的高电平只要能保持足够的时间(2 个机器周期)，单片机就可以进行复位操作。该电路典型的电阻和电容参数为：晶振为 12 MHz 时，C1 为 10 μF，R1 为 8.2 kΩ；晶振为 6 MHz 时，C1 为 22 μF，R1 为 1 kΩ。

上电与按键均有效的复位电路如图 3-4(b)所示，其上电复位原理与图 3-4(a)的相同。另外，在单片机运行期间，还可以利用按键完成复位操作，图 3-4(b)复位电路的参数可按第 2 章中图 2-1 所示进行选取。

2．单片机复位后的状态

单片机的复位操作使单片机进入初始化状态。初始化后，程序计数器 PC＝0000H，所以程序从 0000H 地址单元开始执行。单片机启动后，片内 RAM 为随机值，运行中的复位操作不改变片内 RAM 的内容。

复位后，特殊功能寄存器的状态是确定的，P0～P3 为 FFH，SP 为 07H，SBUF 不定，IP、IE 和 PCON 的有效位为 0，其余特殊功能寄存器的状态均为 00H。详细描述如下：

➤ P0～P3＝FFH，相当于各口锁存器已写入 1，此时不但可用于输出，也可用于输入；

➤ SP＝07H，堆栈指针指向片内 RAM 的 07H 单元(第一个入栈内容将写入到 08H 单元)；

➤ IP、IE 和 PCON 的有效位为 0，各中断源处于低优先级且均被关断、串行通信的波特率不加倍；

➤ PSW＝00H，当前工作寄存器为 0 组。

3.3　51 单片机的存储器

存储器是组成计算机的主要部件，其功能是存储信息(程序和数据)。存储器可以分成两类，一类是随机存取存储器(RAM)，另一类是只读存储器(ROM)。

对于 RAM，CPU 在运行时能随时进行数据的写入与读出，但在关闭电源时，其所存储的信息将丢失。所以，RAM 用来存放暂时性的输入/输出数据、运算的中间结果或用作堆栈。

ROM 是一种写入信息后不易改写的存储器。断电后，ROM 中的信息保留不变。所以，ROM 用来存放程序或常数，如系统的监控程序、常数表等。

3.3.1 程序存储器

51 单片机的程序计数器 PC 是 16 位计数器，所以能寻址 64 KB 的程序存储器地址范围，即允许用户程序调用或转向 64 KB 的任何存储单元。

51 单片机利用 $\overline{EA}$ 引脚确定是访问片内程序存储器中的程序还是访问片外程序存储器中的程序。程序存储器配置如图 3-5 所示。

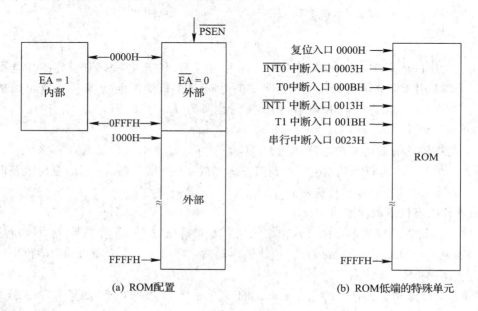

(a) ROM配置 (b) ROM低端的特殊单元

图 3-5 基本型 51 单片机 ROM(程序存储器)配置

当 $\overline{EA}$ 引脚接高电平时，单片机将首先在片内存储器中取指令，当 PC 的内容超过 0FFFH 时，单片机自动转向片外 ROM 去取指令，外部程序存储器的地址从 1000H 开始；当 $\overline{EA}$ 引脚接低电平时(接地)，单片机自动转到片外外部程序存储器中取指令(无论片内是否有程序存储器)，这种情况下外部程序存储器的地址从 0000H 开始。

程序存储器低端的一些地址被固定地用作特定的入口地址：

➢ 0000H：单片机复位后的入口地址；

➢ 0003H：外部中断 0 的中断服务程序入口地址；

➢ 000BH：定时器/计数器 T0 溢出中断服务程序入口地址；

➢ 0013H：外部中断 1 的中断服务程序入口地址；

➢ 001BH：定时器/计数器 T1 溢出中断服务程序入口地址；

➢ 0023H：串行口的中断服务程序入口地址。

注：对于增强型，002BH 为定时器/计数器 T2 溢出或 T2EX 负跳变中断服务程序入口地址。

编程时，通常在这些入口地址开始的 2 个或 3 个单元中放入一条转移指令，以使相应的服务与实际分配的程序存储器区域中的程序段相对应(仅在中断服务程序少于 8B 时，才可以将中断服务程序直接放在相应的入口地址开始的几个单元中)。

3.3.2　数据存储器

51 单片机的数据存储器分为片外 RAM 和片内 RAM 两大部分，如图 3-6 所示。

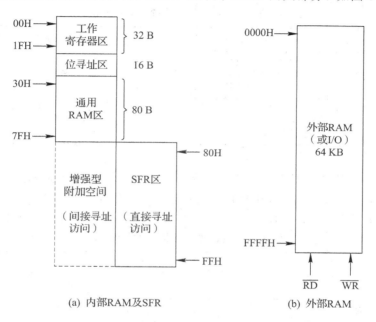

(a) 内部RAM及SFR　　　　　　(b) 外部RAM

图 3-6　基本型 51 单片机 RAM(数据存储器)配置

基本型 51 单片机片内 RAM 共有 128 B，分成工作寄存器区、位寻址区、通用 RAM 区三部分。基本型单片机片内 RAM 的地址范围是 00H～7FH。增强型单片机(如 80C52)片内除地址范围在 00H～7FH 的 128 B RAM 外，又增加了 80H～FFH 的高 128 B 的 RAM。增加的这一部分 RAM 仅能采用间接寻址方式访问(以与特殊功能寄存器 SFR 的访问相区别)。

片外 RAM 的地址空间为 64 KB，地址范围是 0000H～FFFFH。与程序存储器地址空间不同的是，片外 RAM 地址空间与片内 RAM 地址空间在地址的低端(即 0000H～007FH)是重叠的，这就需要采用不同的寻址方式加以区分。访问片外 RAM 时采用专门的指令 MOVX 实现，这时读($\overline{RD}$)或写($\overline{WR}$)信号有效；而访问片内 RAM 时使用 MOV 指令，无读写信号产生。另外，与片内 RAM 不同，片外 RAM 不能进行堆栈操作。

在 80C51 单片机中，尽管片内 RAM 的容量不大，但它的功能多、使用灵活，单片机应用系统设计时必须要周密考虑 RAM 的合理使用。

1. 工作寄存器区

51 单片机片内 RAM 低端地址 00H～1FH 共 32 B 分成 4 个工作寄存器组，每组占 8 个单元。寄存器 0 组：地址 00H～07H；寄存器 1 组：地址 08H～0FH；寄存器 2 组：地址 10H～17H；寄存器 3 组：地址 18H～1FH。

每个工作寄存器组都有 8 个寄存器，分别称为 R0，R1，…，R7。程序运行时，只能有一个工作寄存器组作为当前工作寄存器组。当前工作寄存器组的选择由特殊功能寄存器中的程序状态字寄存器 PSW 的 RS1、RS0 位来决定。可以对这两位进行编程,以选择不同的工作寄存器组。工作寄存器组与 RS1、RS0 的关系及地址如表 3-2 所示。

当工作寄存器组从某一工作寄存器组换至另一工作寄存器组时,原来工作寄存器组的各寄存器的内容将被屏蔽保护起来。利用这一特性可以方便地完成快速现场保护任务。

表 3-2　51 单片机工作寄存器地址表

组号	RS1	RS0	R7	R6	R5	R4	R3	R2	R1	R0
0	0	0	07H	06H	05H	04H	03H	02H	01H	00H
1	0	1	0FH	0EH	0DH	0CH	0BH	0AH	09H	08H
2	1	0	17H	16H	15H	14H	13H	12H	11H	10H
3	1	1	1FH	1EH	1DH	1CH	1BH	1AH	19H	18H

2. 位寻址区

内部 RAM 的 20H～2FH 共 16 B 是位寻址区。其 128 位的位地址范围是 00H～7FH。对被寻址的位可进行位操作。人们常将程序状态标志和位控制变量设在位寻址区内,对于该区未用到的单元也可以作为通用 RAM 使用。位地址与字节地址的关系如表 3-3 所示。

表 3-3　80C51 单片机位地址表

字节地址	位 地 址							
	D7	D6	D5	D4	D3	D2	D1	D0
20H	07H	06H	05H	04H	03H	02H	01H	00H
21H	0FH	0EH	0DH	0CH	0BH	0AH	09H	08H
22H	17H	16H	15H	14H	13H	12H	11H	11H
23H	1FH	1EH	1DH	1CH	1BH	1AH	19H	18H
24H	27H	26H	25H	24H	23H	22H	21H	20H
25H	2FH	2EH	2DH	2CH	2BH	2AH	29H	28H
26H	37H	36H	35H	34H	33H	32H	31H	30H
27H	3FH	3EH	3DH	3CH	3BH	3AH	39H	38H
28H	47H	46H	45H	44H	43H	42H	41H	40H
29H	4FH	4EH	4DH	4CH	4BH	4AH	49H	48H
2AH	57H	56H	55H	54H	53H	52H	51H	50H
2BH	5FH	5EH	5DH	5CH	5BH	5AH	59H	58H
2CH	67H	66H	65H	64H	63H	62H	61H	60H
2DH	6FH	6EH	6DH	6CH	6BH	6AH	69H	68H
2EH	77H	76H	75H	74H	73H	72H	71H	70H
2FH	7FH	7EH	7DH	7CH	7BH	7AH	79H	78H

3. 通用 RAM 区

位寻址区之后的 30H～7FH 共 80 B 为通用 RAM 区，这些单元可以作为数据缓冲器使用。这一区域的操作指令非常丰富，可方便、灵活地对数据进行处理。在实际应用中，常需在 RAM 区设置堆栈。80C51 的堆栈一般设在 30H～7FH 的范围内，栈顶的位置由堆栈指针 SP 指示。复位时 SP 的初值为 07H，在系统初始化时可以重新设置。

3.3.3　特殊功能寄存器

基本型 51 单片机中设置了与片内 RAM 统一编址的 21 个特殊功能寄存器，它们离散地分布在 80H～FFH 的地址空间中。字节地址能被 8 整除的(即十六进制的地址码尾数为 0 或 8 的)单元是具有位地址的寄存器。在 SFR 地址空间中，有效的位地址共有 83 个，如表 3－4 所示。

表 3－4　51 单片机特殊功能寄存器位地址及字节地址表

SFR	位地址/位符号(有效位 83 位)								字节地址
P0	87H	86H	85H	84H	83H	82H	81H	80H	80H
	P0.7	P0.6	P0.5	P0.4	P0.3	P0.2	P0.1	P0.0	
SP									81H
DPL									82H
DPH									83H
PCON	按字节访问，但相应位有特定含义(见第 8 章)								87H
TCON	8FH	8EH	8DH	8CH	8BH	8AH	89H	88H	88H
	TF1	TR1	TF0	TR0	IE1	IT1	IE0	IT0	
TMOD	按字节访问，但相应位有特定含义(见第 6 章)								89H
TL0									8AH
TL1									8BH
TH0									8CH
TH1									8DH
P1	97H	96H	95H	94H	93H	92H	91H	90H	90H
	P1.7	P1.6	P1.5	P1.4	P1.3	P1.2	P1.1	P1.0	
SCON	9FH	9EH	9DH	9CH	9BH	9AH	99H	98H	98H
	SM0	SM1	SM2	REN	TB8	RB8	TI	RI	
SBUF									99H
P2	A7H	A6H	A5H	A4H	A3H	A2H	A1H	A0H	A0H
	P2.7	P2.6	P2.5	P2.4	P2.3	P2.2	P2.1	P2.0	

续表

SFR	位地址/位符号（有效位 83 位）								字节地址
IE	AFH	—	—	ACH	ABH	AAH	A9H	A8H	A8H
	EA	—	—	ES	ET1	EX1	ET0	EX0	
P3	B7H	B6H	B5H	B4H	B3H	B2H	B1H	B0H	B0H
	P3.7	P3.6	P3.5	P3.4	P3.3	P3.2	P3.1	P3.0	
IP	—	—	—	BCH	BBH	BAH	B9H	B8H	B8H
	—	—	—	PS	PT1	PX1	PT0	PX0	
PSW	D7H	D6H	D5H	D4H	D3H	D2H	D1H	D0H	D0H
	CY	AC	F0	RS1	RS0	OV	—	P	
ACC	E7H	E6H	E5H	E4H	E3H	E2H	E1H	E0H	E0H
	ACC.7	ACC.6	ACC.5	ACC.4	ACC.3	ACC.2	ACC.1	ACC.0	
B	F7H	F6H	F5H	F4H	F3H	F2H	F1H	F0H	F0H
	B.7	B.6	B.5	B.4	B.3	B.2	B.1	B.0	

3.4 单片机的并行输入/输出接口

标准的单片机有 4 个 8 位的并行 I/O 接口 P0、P1、P2 和 P3。各接口均由接口锁存器、输出驱动器和输入缓冲器组成；除可以作为字节输入/输出外，各接口的每一条接口线也可以单独地用作位输入/输出线；各接口编址于特殊功能寄存器中，既有字节地址又有位地址。对接口锁存器进行读写，就可以实现接口的输入/输出操作。虽然各接口的功能不同，且结构也存在一些差异，但每个接口的位结构是相同的。所以，接口结构的介绍均以其位结构进行说明。注意，本书配套开发板上的单片机芯片还有 P4 口，其结构可参考 P1 口，这里没有再做介绍。

3.4.1 P0 接口、P2 接口的结构

当不需要外部程序存储器和数据存储器扩展时，P0 接口、P2 接口可用作通用的输入/输出接口；当需要外部程序存储器和数据存储器扩展时，P0 接口作为分时复用的低 8 位地址/数据总线，P2 接口作为高 8 位地址总线。

注意：这里的扩展还包括 I/O 接口的扩展，比如传统的可编程并行接口芯片 8255、模/数转换芯片 ADC0809 等，这时 P0 和 P2 也作为总线使用。

1. P0 接口的结构

P0 接口由 1 个输出锁存器、1 个转换开关 MUX、2 个三态输入缓冲器、输出驱动电路和 1 个与门及 1 个反相器组成，如图 3-7 所示。

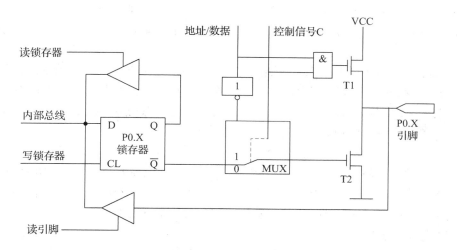

图 3-7　P0 接口的位结构

图 3-7 中控制信号 C 的状态决定了转换开关的位置。当 C＝0 时，开关处于图 3-7 中所示位置；当 C＝1 时，开关拨向反相器输出端位置。

1) P0 用作通用 I/O 接口

当系统不进行片外 ROM 扩展(此时 EA ＝ 1)，也不进行片外 RAM 扩展(内部 RAM 传送使用"MOV"类指令)时，P0 用作通用 I/O 接口。在这种情况下，单片机硬件自动使控制信号 C＝0，MUX 开关接向锁存器的反相输出端。另外，与门输出的"0"使输出驱动器的上拉场效应管 T1 处于截止状态。因此，输出驱动级工作在需外接上拉电阻的漏极开路方式。

作输出接口时，CPU 执行接口的输出指令，内部数据总线上的数据在"写锁存器"信号的作用下由 D 端进入锁存器，经锁存器的反相端送至场效应管 T2，再经 T2 反相，在 P0.X 引脚出现的数据正好是内部总线的数据。

作输入接口时，数据可以读自接口的锁存器，也可以读自接口的引脚。这要根据输入操作采用的是"读锁存器"指令还是"读引脚"指令来决定。CPU 在执行"读—修改—写"类输入指令时(如 ANL P0，A)，内部产生的"读锁存器"操作信号使锁存器 Q 端数据进入内部数据总线，在与累加器 A 进行逻辑运算之后，结果又送回 P0 的接口锁存器并出现在引脚上。读接口锁存器可以避免因外部电路原因使原接口引脚的状态发生变化造成的误读(例如，用一根接口线驱动一个晶体管的基极，在晶体管的射极接地的情况下，当向接口线写 1 时，晶体管导通，并把引脚的电平拉低到 0.7 V。这时若从引脚读数据，会把状态为 1 的数据误读为 0；若从锁存器读，则不会读错)。

CPU 在执行"MOV"类输入指令(如 MOV A，P0)时，内部产生的操作信号是"读引脚"。这时必须注意，在执行该类输入指令前要先把锁存器写入 1，目的是使场效应管 T2 截止，从而使引脚处于悬浮状态，可以作为高阻抗输入。否则，在作为输入方式之前曾向锁存器输出过 0，则 T2 导通会使引脚箝位在 0 电平，使输入高电平 1 无法读入。所以，P0 接口在作为通用 I/O 接口时，属于准双向接口。

2) P0 用作地址/数据总线

当系统进行片外 ROM 扩展(此时 EA＝0)或进行片外 RAM 扩展(外部 RAM 传送使用

"MOVX @DPTR"或"MOVX @Ri"类指令）时，P0 用作地址/数据总线。在这种情况下，单片机内硬件自动使 C＝1，MUX 开关接向反相器的输出端，这时与门的输出由地址/数据线的状态决定。

CPU 在执行输出指令时，低 8 位地址信息和数据信息分时出现在地址/数据总线上。若地址/数据总线的状态为 1，则场效应管 T1 导通、T2 截止，引脚状态为 1；若地址/数据总线的状态为 0，则场效应管 T1 截止、T2 导通，引脚状态为 0。可见，P0.X 引脚的状态正好与地址/数据线的信息相同。

CPU 在执行输入指令时，首先低 8 位地址信息出现在地址/数据总线上，P0.X 引脚的状态与地址/数据总线的地址信息相同；然后，CPU 自动地使转换开关 MUX 拨向锁存器，并向 P0 接口写入 FFH，同时"读引脚"信号有效，数据经缓冲器进入内部数据总线。

由此可见，P0 接口作为地址/数据总线使用时是一个真正的双向接口。

2. P2 接口的结构

P2 接口由 1 个输出锁存器、1 个转换开关 MUX、2 个三态输入缓冲器、输出驱动电路和 1 个反相器组成。P2 接口的位结构如图 3-8 所示。

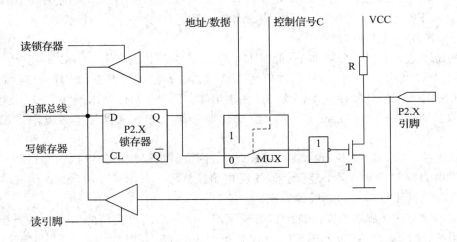

图 3-8 P2 接口的位结构

图 3-8 中的控制信号 C 的状态决定转换开关的位置。当 C＝0 时，开关处于图 3-8 中所示位置；当 C＝1 时，开关拨向地址线位置。由图 3-8 可见，输出驱动电路与 P0 接口不同，其内部设有上拉电阻（由两个场效应管并联构成，图中用等效电阻 R 表示）。

1）P2 用作通用 I/O 接口

当不需要在单片机芯片外部扩展程序存储器（EA＝0）或仅扩展 256 B 的片外 RAM 时（此时访问片外 RAM 不用"MOVX @DPTR"类指令，而是用"MOVX @Ri"类指令来实现），只用到了地址线的低 8 位，P2 接口仍可以作为通用 I/O 接口使用。

CPU 在执行输出指令时，内部数据总线的数据在"写锁存器"信号的作用下由 D 端进入锁存器，经反相器反相后送至场效应管 T，再经 T 反相，在 P2.X 引脚出现的数据正好是内部数据总线的数据。P2 接口用作输入时，数据可以读自接口的锁存器，也可以读自接口的引脚，这要根据输入操作采用的是"读锁存器"指令还是"读引脚"指令来决定。

CPU 在执行"读—修改—写"类输入指令时（如 ANL P2，A），内部产生的"读锁存器"

操作信号使锁存器 Q 端数据进入内部数据总线，在与累加器 A 进行逻辑运算之后，结果又送回 P2 的接口锁存器并出现在引脚上。

CPU 在执行"MOV"类输入指令时（如 MOV A，P2），内部产生的操作信号是"读引脚"。应在执行输入指令前把锁存器写入 1，目的是使场效应管 T 截止，从而使引脚处于高阻抗输入状态。所以，P2 接口在作为通用 I/O 接口时，属于准双向接口。

2）P2 用作地址总线

当需要在单片机芯片外部扩展程序存储器（EA＝0）或扩展的 RAM 容量超过 256 B 时（读/写片外 RAM 或 I/O 接口要采用"MOVX @DPTR"类指令），单片机内硬件自动使控制信号 C＝1，MUX 开关接向地址线，这时 P2.X 引脚的状态正好与地址线的信息相同。

3.4.2 P1 接口、P3 接口的结构

在标准的 51 单片机中，P1 接口是 51 唯一的单功能接口，仅能用作通用的数据输入/输出接口。

P3 接口是双功能接口，除具有数据输入/输出功能外，每一接口线还具有特殊的第二功能。

1．P1 接口的结构

P1 接口的位结构如图 3－9 所示。

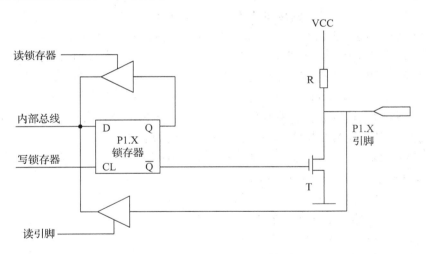

图 3－9 P1 接口的位结构

由图 3－9 可见，P1 接口由 1 个输出锁存器、2 个三态输入缓冲器和输出驱动电路组成。其输出驱动电路与 P2 接口的相同，且内部设有上拉电阻。

P1 接口是通用的准双向 I/O 接口。输出高电平时，能向外提供拉电流负载，不必再接上拉电阻。当接口用作输入时，须向锁存器写入 1。

2．P3 接口的结构

P3 接口的位结构如图 3－10 所示。P3 接口由 1 个输出锁存器、3 个输入缓冲器（其中 2 个为三态）、输出驱动电路和 1 个与非门组成。其输出驱动电路与 P2 接口和 P1 接口的相同，且内部设有上拉电阻。

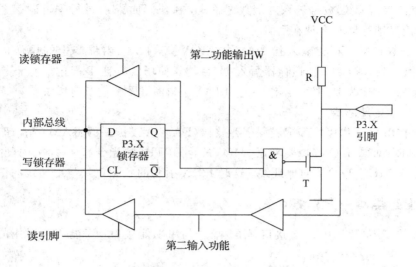

图 3-10   P3 接口的位结构

1）P3 用作第一功能的通用 I/O 接口

当 CPU 对 P3 接口进行字节或位寻址时（多数应用场合是把几条接口线设为第二功能，另外几条接口线设为第一功能，这时宜采用位寻址方式），单片机内部的硬件自动将第二功能输出线的 W 置 1，这时对应的接口线为通用 I/O 接口方式。

P3 口作为输出时，锁存器的状态（Q 端）与输出引脚的状态相同；作为输入时，也要先向锁存器写入 1，使引脚处于高阻输入状态。输入的数据在"读引脚"信号的作用下，进入内部数据总线。所以，P3 接口在作为通用 I/O 接口时，也属于准双向接口。

2）P3 用作第二功能使用

当 CPU 不对 P3 接口进行字节或位寻址时，单片机内部硬件自动将接口锁存器的 Q 端置 1。P3 接口可以作为第二功能使用，各引脚的功能如表 3-1 所示。

P3 接口相应的接口线处于第二功能，应满足的条件是：

➤ 串行 I/O 接口处于运行状态（RXD、TXD）；

➤ 外部中断已经打开（INT0、INT1）；

➤ 定时器/计数器处于外部计数状态（T0、T1）；

➤ 执行读/写外部 RAM 的指令（RD、WR）。

作为输出功能的接口线（如 TXD），由于该位的锁存器已自动置 1，与非门对第二功能输出是畅通的，即引脚的状态与第二功能输出是相同的。

作为输入功能的接口线（如 RXD），由于此时该位的锁存器和第二功能输出线均为 1，场效应晶体管 T 截止，该接口引脚处于高阻输入状态，引脚信号经输入缓冲器（非三态门）进入单片机内部的第二功能输入线。

3.4.3   并行接口的负载能力

P0、P1、P2、P3 接口的输入和输出电平与 CMOS 电平和 TTL 电平均兼容。

P0 接口的每一位接口线可以驱动 8 个 LSTTL 负载。在作为通用 I/O 接口时，由于输出驱动电路是开漏方式，由集电极开路（OC 门）电路或漏极开路电路驱动时需外接上拉电阻；当作为地址/数据总线使用时，接口线输出不是开漏的，因此无须外接上拉电阻。

P1、P2、P3 接口的每一位能驱动 4 个 LSTTL 负载。它们的输出驱动电路设有内部上拉电阻，所以可以方便地由集电极开路（OC 门）电路或漏极开路电路所驱动，而无须外接上拉电阻。

由于单片机接口线仅能提供几毫安的电流，当作为输出驱动一般的晶体管的基极时，应在接口与晶体管的基极之间串接限流电阻。

本 章 习 题

1. 51 单片机内部包含哪些主要部件？各自的功能是什么？

2. 51 单片机存储器从物理结构及功能上是如何分类的？其地址范围是多少？

3. 内部 RAM 低 128 B 划分为哪 3 个主要部分？各部分的功能是什么？

4. 51 单片机有 4 个并行 I/O 口，在使用上如何分工？试比较各口的特点，并说明"准双向口"的含义。

5. 什么是上拉电阻？为什么 P0 口作输出口时必须外接上拉电阻？

6. P0～P3 口作为通用 I/O 口且用于输入数据时，应注意什么？

7. 51 单片机引脚中有多少 I/O 口线？它们和单片机对外的地址总线和数据总线有什么关系？地址总线和数据总线各是多少位？

第 *4* 章 基本功——C51 编程基础

4.1 C51 语言的数据

C51 语言和标准 C 语言基本相同，可对常量数据和变量数据进行处理。因此，使用数据时，要明白其数据类型是常量还是变量、存放在存储器的什么区域以及变量的作用范围。本节介绍 C51 数据的有关问题。

4.1.1 数据类型

数据类型是数据的不同格式，C51 编译器支持的数据类型有位型（bit）、无符号字符型（unsigned char）、有符号字符型（signed char）、无符号整型（unsigned int）、有符号整型（signed int）、无符号长整型（unsigned long）、有符号长整型（signed long）、浮点型（float）、双精度浮点型（double）以及指针类型等。C51 编译器支持的数据类型、长度和数据表示域如表 4-1 所示。

表 4-1 C51 语言的数据类型

数据类型	长度/b	长度/B	数据表示域
bit	1		0，1
unsigned char	8	1	0～255
signed char	8	1	−128～127
unsigned int	16	2	0～65 535
signed int	16	2	−32 768～32 767
unsigned long	32	4	0～4 294 967 295
signed long	32	4	−2 147 483 648～2 147 483 647
float	32	4	±1.176E+38～±3.40E+38（6 位数字）
double	64	8	±1.176E+38～±3.40E+38（10 位数字）
指针类型	24	3	存储空间 0～65 536

C51 还支持构造数据类型，构造的数据类型（如结构、联合等）可以包括表 4-1 中所列的所有数据变量类型。

在 C 语言程序中的表达式或变量赋值运算中，有时会出现与运算对象的数据类型不一致的情况，C51 允许任何标准数据类型之间的自动隐式转换。隐式转换按以下优先级别自动进行：

bit → char → int → long → float

signed → unsigned

其中，箭头方向表示数据类型级别的高低，而不是数据转换时的顺序，转换时由低向高进行。一般来说，如果有几个不同类型的数据同时参加运算，先将低级别类型的数据转换成高级别类型的数据，再进行运算处理，并且运算结果为高级别类型的数据。

4.1.2　常量与变量

C51 语言中的数据有常量和变量之分。

1. 常量

C51 语言中的常量是不接受程序修改的固定值，可以是任意数据类型。C51 中的常量有整型常量、实型常量、字符型常量、字符串常量、符号常量等。

1）整型常量

整型常量即整常数，它可以是十进制数、八进制数、十六进制数表示的整数值。通常情况下，C51 程序设计时常用十进制数和十六进制数。整型常量的表示如表 4 - 2 所示。

表 4 - 2　整型常量的表示

整型常量类型	表 示 形 式	示　　例
十进制数	以非 0 开始的整数	6、89、722
八进制数	以 0 开始的数	023、0721
十六进制数	以 0X 或 0x 开始的数	0X21、0x45AB

说明：

（1）在整型常量后加字母"L"或"l"，表示该数为长整型。例如 23L、0xfd4l 等。

（2）整型常量在没有特别说明时总是正值。如果需要的是负值，则必须将负号"-"置于常量表达式的最前面，例如-0x56、-9 等。

2）实型常量

实型常量又称浮点常量，是一个十进制数表示的有符号实数。实型常量的值包括整数部分、尾数部分和指数部分。实型常量的形式如下：

[digits][. digits][E[+/-]digits]

说明：

（1）digits 是一位或多位十进制数字（从 0~9），E（也可以是 e）是指数符号。

（2）小数点之前是整数部分，小数点之后是尾数部分，可以省略。小数点在没有尾数时可以省略。

（3）指数部分用 E 或 e 开头，幂指数可以为负，当没有符号时视正指数的基数为 10，如 1.575E10 表示 1.575×10^{10}。

（4）在实型常量中不得出现任何空白符号。

（5）在没有特别说明的情况下，实型常量为正值。如果表示负数，需要在常量前使用负号。

（6）所有实型常量均视为双精度类型。

（7）字母 E 或 e 之前必须有数字，且 E 或 e 后面必须为整数，例如 e3、2.11e3.5 等都是不合法的指数形式。

一些实型常量的示例如下：15.75、1.575E1、1.575E−3、0.0025、2.5e3。

3）字符型常量

字符型常量是指用一对单引号括起来的一个字符，如 'a'、'9'、'!' 等。字符常量中的单引号只起定界作用，并不表示字符本身。

在 C51 语言中，字符是按其对应的 ASCII 码值来存储的，一个字符占一个字节。

注意字符 '9' 和数字 9 的区别，前者是字符常量，后者是整型常量，它们的含义和在单片机中的存储方式都是不同的。

4）字符串常量

字符串常量是指用一对双引号括起来的一串字符，双引号只起定界作用，如 "China"、"123456" 等。

在 C51 语言中，字符串常量在内存中存储时，系统会自动在字符串的末尾加一个串结束标志，即 ASCII 码值为 0 的字符 NULL，常用 '\0' 表示。因此在程序中，长度为 n 个字符的字符串常量，在内存中占 n+1 个字节的存储空间。

需特别注意字符常量与字符串常量的区别。除了表示形式不同外，其存储性质也不同，字符 'A' 只占用一个字节，而字符串 "A" 占用两个字节。

5）符号常量

C51 语言中允许将程序中的常量定义为一个标识符，称为符号常量。符号常量一般使用大写英文字母表示，以区别于一般用小写字母表示的变量。符号常量在使用前必须先定义，其定义的形式如下。

```
#define PI 3.1415926
#define TURE 1
```

#define 是 C51 语言的预处理命令，它表示经定义的符号常量在运行前将由其对应的常量替换。定义符号常量的目的是为了提高程序的可读性，便于程序的调试与修改。因此在定义符号常量时，应使其尽可能地表达所代表的常量的含义。此外，若要对一个程序中多次使用的符号常量的值进行修改，只需对预处理命令中定义的常量进行修改即可。

2. 变量

在 C51 中，其值可以改变的量称为变量。一个变量应该有一个名字（标识符），并在内存中占据一定的存储单元，在该存储单元中存放变量的值。

每个变量使用前必须定义其数据类型，这称为变量定义。变量定义的一般形式为：

　　数据类型　变量名；

其中，数据类型必须是有效的 C51 语言数据类型，变量名可以由一个或多个由逗号分隔的标识符名构成。

变量定义的例子如下：

```
int i, j, k;

unsigned char si;
```

double balance，profit，loss；

变量的定义是由其数据类型来决定，下面对变量的数据类型进行说明。

1）整型变量(int)

整型变量用无符号或有符号整型数据类型定义，其长度为 16 位，占用 2 B 的存储空间。51 系列单片机整型变量存放时高位字节在低地址位置，低位字节在高地址位置。有符号整型变量(signed int)也使用高位作为符号标志位，并使用二进制的补码表示数值。设整型变量 x 的值为 0x1234，则其在 51 系列单片机内存中的存放方式如图 4-1 所示。

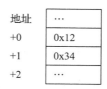

地址	...
+0	0x12
+1	0x34
+2	...

图 4-1　整型变量在内存中的存放方式

2）长整型变量(long int)

长整型变量用无符号或有符号长整型数据类型定义，其长度为 32 位，占用 4 B 的存储空间，其他方面和整型变量(int)的相似。

3）实型变量

实型变量分为单精度(float)型和双精度(double)型。其定义形式为：

float x，y；　　　　　　　　//指定 x，y 为单精度实数

double z；　　　　　　　　 //指定 z 为双精度实数

在一般系统中，一个 float 型数据在内存中占 4 B(32 位)，一个 double 型数据占 8 B(64 位)。单精度实数有 7 位有效数字，双精度实数有 15～16 位有效数字。

许多复杂的数学表达式都采用浮点变量数据类型。它用符号位表示数的符号，用阶码和尾数表示数的大小，用它们进行任何数学计算时都需要使用由编译器决定的各种不同效率等级的库函数。Keil C51 语言的浮点数变量具有 24 位精度，尾数的高位始终为 1，因而不保存。其位的分布如下：

➢ 1 位符号位；

➢ 8 位指数位；

➢ 23 位尾数。

符号位为最高位，尾数为最低位，32 位浮点变量数据类型按字节在内存中的存储顺序如表 4-3 所示。

表 4-3　浮点型变量在内存中按字节存储的格式

地　址	+0	+1	+2	+3
内　容	SEEEEEEE	EMMMMMMM	MMMMMMMM	MMMMMMMM

其中：

➢ S 为符号位，1 表示负数，0 表示正数；

➢ E 为阶码，(在两个字节中)偏移为 127；

➢ M 为 23 位尾数，最高位为"1"。

例如浮点数 12.5 的十六进制数为 0xC1480000，按图 4-2 所示的方式存放在内存中。

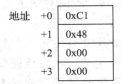

地址	+0	0xC1
	+1	0x48
	+2	0x00
	+3	0x00

图 4-2　浮点数在内存中的存放方式

4) 字符变量(char)

字符型变量用无符号或有符号字符型数据类型定义，即字符变量长度为 1 B。字符变量的定义形式如下：

　　char 变量名；

例如：

　　char c1，c2；　　　　　//表示 c1 和 c2 为字符变量，各存放一个字符

可以用下面的语句对 c1、c2 赋值：

　　c1 = 'a'; c2 = 'b';

字符变量的长度是 1 B，即 8 位。这很适合 51 单片机，因为 51 单片机每次可以处理的数据为 8 位。

C51 允许使用缩写形式来定义变量，其方法是在源程序开头位置使用 #define 语句定义缩写形式。例如：

　　#define uchar unsigned char

　　#define uint unsigned int

这样，在其下面的程序语句就可以用 uchar 代替 unsigned char、用 uint 代替 unsigned int 来定义变量，从而节省了书写时间，同时也减少了书写错误。如：

　　uchar x;　　　　　//定义变量 x 为无符号字符型变量

　　uint y;　　　　　//定义变量 y 为无符号整型变量

5) 位变量(bit)

位变量用位型数据类型定义，位变量的值可以是 1(true)或 0(false)。与 51 单片机硬件特性操作有关的位变量必须定位在 51 单片机片内存储区(RAM)的可位寻址空间中。

4.1.3　数据存储类型与 51 单片机的存储关系

1. 数据存储类型

C51 是面向 51 系列单片机及其硬件控制系统的开发工具，它定义的任何数据类型都必须以一定的存储类型的方式定位于 51 系列单片机的某一存储区中。

我们在前面章节中详细讨论了 51 单片机存储器结构的特点：在 51 系列单片机中，程序存储器与数据存储器是严格分开的，且都分为片内和片外两个独立的寻址空间，特殊功能寄存器与片内 RAM 统一编址，数据存储器与 I/O 口(I/O 空间，即外部 I/O 器件端口的地址)统一编址，这是 51 系列单片机与一般微机存储器结构不同的显著特点。

Keil C51 完全支持 51 系列单片机的硬件结构，可完全访问 51 系列单片机硬件系统的所有部分。Keil C51 编译器通过将变量、常量定义成不同的存储类型的方法，将它们定位

在不同的存储区中。Keil C51 存储类型与 51 系列单片机实际存储空间的对应关系如表 4-4 所示。

表 4-4　Keil C51 存储类型与 51 系列单片机实际存储空间的对应关系

存储类型	与 51 系列单片机存储空间的对应关系	备　注
data	直接寻址片内数据存储区，访问速度快	低 128 B
bdata	可位寻址片内数据存储区，允许位与字节混合访问	片内 20H～2FH RAM 空间
idata	间接寻址片内数据存储区，可访问片内全部 RAM	片内全部 RAM
pdata	寻址片外数据存储区的 256 B	由 MOVX @Ri 访问
xdata	片外数据存储区，64 KB 空间	由 MOVX @DPTR 访问
code	程序存储区，64 KB 空间	由 MOVC @DPTR 访问

1）data 区、idata 区、bdata 区

data 区、idata 区、bdata 区属于内部数据存储器。51 系列单片机的数据存储器包括特殊功能寄存器和数据存储器，并且必须使用不同的寻址方式才能区分出是操作特殊功能寄存器还是数据存储器。在汇编语言中，可以采用不同的指令来区分直接寻址与间接寻址。不过，Keil C51 中并没有直接寻址与间接寻址的语句，但可以以不同的存储器形式来区分操作的对象，因此就有了 data、idata、bdata 三种存储器形式。其中，data 存储器形式可以以直接寻址方式存取 0x00～0x7F 范围内的数据存储器，idata 存储器形式可以以间接寻址方式存取 0x80～0xFF 范围内的数据存储器，bdata 存储器形式可以以位寻址方式存取 0x20～0x2F 范围内的数据存储器。

2）pdata 区和 xdata 区

pdata 区和 xdata 区属于外部数据存储区，外部数据存储区是可读可写的存储区，最多可以有 64 KB。当然，这些地址不是必须用做存储区的，访问外部数据存储区是通过数据指针加载地址来间接访问的。

pdata 区仅指定 1 页或只有 256 B 的外部数据存储区，而 xdata 区可达 65 536 B。对 pdata 区和 xdata 区的操作是相似的，但对 pdata 区的寻址比对 xdata 区的寻址速度要快，因为对 pdata 区寻址只需装入 8 位地址，而对 xdata 区寻址需装入 16 位地址，所以要尽量把外部数据存储在 pdata 区中。

★ 知识点：STC89C52RC 中高 256 B RAM 的访问

细心的读者可能会有疑问，开发板使用的单片机是 STC89C52RC，RC 表示该芯片有 512 B 的 RAM，低 256 B 可以使用 data 和 idata 来访问，那么高 256 B 如何访问呢？其实 STC89C52RC 系列单片机内部数据存储器在物理和逻辑上都分为两个地址空间，即内部 RAM(256 B)和内部扩展 RAM(256 B)。内部扩展 RAM 物理上是内部 RAM，逻辑上占用外部 RAM 地址空间，而且刚好是第一页，因此可以用 pdata 来访问。

外部地址段中除了包含存储器地址外，还包含 I/O 器件的地址。对外部器件寻址可以通过指针或 C51 提供的宏，使用宏对外部操作 I/O 口进行寻址更具可读性。对外部 RAM 及 I/O 口寻址将在绝对地址访问中进行详细的讨论。

3）程序存储区 code

程序存储区是用来存放程序代码的存储器，是一种只能读取不能写入的只读存储器。

程序存储区除了用来存放程序代码外，也可存放固定的数据，例如七段数码管的显示代码等。

访问片内数据存储器(data、idata、bdata)比访问片外数据存储器(pdata、xdata)相对要快很多，其中尤其以访问 data 型数据最快。因此，可将经常使用的变量置于片内数据存储器中，而将较大以及很少使用的数据单元置于外部数据存储器中。常量只能采用 code 存储类型。

带存储类型的变量定义的一般格式为：

数据类型　存储类型　变量名；

例如：

char data v1;	//字符变量 v1 定义为 data 存储类型
bit bdata flags;	//位变量 flags 定义为 bdata 存储类型
float idata x;	//浮点变量 x 定义为 idata 存储类型
unsigned int pdata v2;	//无符号整型变量 v2 定义为 pdata 存储类型
unsigned char xdata v[10][4];	//无符号字符数组变量定义为 xdata 存储类型
unsigned char code LedTab[] =	//无符号字符数组变量定义为 code 存储类型

{0x3F, 0x06, 0x5B, 0x4F, 0x66, 0x6D, 0x7D, 0x07, 0x7F, 0xC0};

2. 存储模式

在程序设计时，有经验的程序员一般会给定存储类型，如果用户不对变量的存储类型定义，则 Keil C51 编译器自动选择默认的存储类型，默认的存储类型由编译器的编译控制命令的存储模式部分决定。

存储模式决定了变量的默认存储器类型、参数传递区和无明确存储区类型的说明，存储器模式说明如表 4-5 所示。

表 4-5　存储模式说明

存储模式	说　　明
SMALL	默认的存储类型为 data，参数及局部变量放入可直接寻址的片内 RAM 中。另外，所有对象(包括堆栈)都必须嵌入片内 RAM 中
COMPACT	默认的存储类型为 pdata，参数及局部变量放入分页的外部 RAM 中，通过 @R0 或 @R1 间接访问。栈空间位于片内 RAM 中
LARGE	默认的存储类型为 xdata，参数及局部变量放入外部 RAM 中，使用数据指针 DPTR 来进行寻址，但该指针访问效率较低。栈空间也位于外部 RAM 中

C51 允许在变量类型定义之前指定存储模式。因此定义 data char x 与定义 char data x 是等价的，但应尽量使用后一种方法。

C51 中有两种方法来指定存储模式，以下为使用两种方法来指定 COMPACT 模式。

方法 1：在开发环境 μVision 的编译器选项中选择存储模式，默认为 SMALL 模式。

方法 2：在程序的第一句加预处理命令 #pragma compact，这种方法很少使用。

本书的例程一般在变量定义时没有指定存储模式，则使用默认的 SMALL 模式，即存储类型为 data 类型。

4.2　C51 语言对单片机主要资源的控制

C51 语言对单片机应用系统主要资源的控制主要包括特殊功能寄存器的定义、片内 RAM 的使用、片外 RAM 及 I/O 口的使用、位变量的定义。片内 RAM、片外 RAM 及 I/O 口的使用又称绝对地址的访问。

4.2.1　特殊功能寄存器及其 C51 定义方法

51 单片机通过特殊功能寄存器(SFR)实现对其内部主要资源的控制。在 51 系列单片机中，除了程序计数器(PC)和 4 组工作寄存器组外，其他所有的寄存器均为特殊功能寄存器(SFR)，分布在片内 RAM 的高 128 B 中，地址范围为 80H~0FFH。SFR 中地址为 8 的倍数的寄存器具有位寻址能力。

1. 使用关键字 sfr 定义

为了能直接访问 SFR，Keil C51 编译器提供了一种与标准 C 语言不兼容，而只适用于对 51 系列单片机进行 C 语言编程的 SFR 定义方法，其定义 8 位 SFR 语句的一般格式如下：

　　　　sfr sfrName = 特殊功能寄存器地址；

其中，"sfr"是定义特殊功能寄存器的关键字；"sfrName"处一般是一个 51 系列单片机真实存在的 SFR 名；"＝"后面必须是一个整型常数，不允许带有运算符的表达式，是特殊功能寄存器"sfrName"的字节地址，这个常数的取值必须在 SFR 地址范围 0x80H~0xFFH 内。当然"sfrName"的字符名称可以任意设置，只要"＝"后边的常数值正确就行，但最好用与单片机数据手册中实际寄存器的名字相同的字符名称。例如：

　　　　sfr SCON = 0x98；　　　　　　//设置 SFR 串行口寄存器地址为 98H
　　　　sfr TMOD = 0x89；　　　　　　//设置 SFR 定时器/计数器方式控制器地址为 89H

在新的 51 单片机中，有些 SFR 在功能上组合为 16 位值，当 SFR 的高字节地址直接位于低字节之后时，这时对 16 位的 SFR 可以直接进行访问。16 位的 SFR 用关键字"sfr16"来定义，其他的与定义 8 位 SFR 的方法相同，只是"＝"后面的地址必须用 16 位 SFR 的低字节地址，即 16 位 SFR 的低地址作为"sfr16"的定义地址，其高位地址在定义中没有体现。但应注意，这种定义方法只适用于所有新的 SFR，不能用于定时器/计数器 T0 和定时器/计数器 T1 的定义。如：

　　　　sfr SCON = 0x98；　　　　　　//设置 SFR 串行口寄存器地址为 98H
　　　　sfr TMOD = 0x89；　　　　　　//设置 SFR 定时器/计数器方式控制器地址为 89H
　　　　sfr16 T2 = 0xCC；　　　　　　//定义定时器 T2 的低 8 位地址为 CCH，高 8 位地址为 CDH
　　　　sfr16 T0 = 0x8A；　　　　　　//定义错误，不能用来定义定时器/计数器 T0

对定时器/计数器 T0 的定义应为：

　　　　sfr TH0 = 0x8C；　　　　　　//定义定时器/计数器 T0 的高位地址
　　　　sfr TL0 = 0x8A；　　　　　　//定义定时器/计数器 T0 的低位地址

对定时器/计数器 T1 的定义与定时器/计数器 T0 的定义方法相同。

SFR 的"sfrName"被定义后，就可以像普通变量一样用赋值语句进行赋值，从而改变对应的 SFR 的值。

2. 通过头文件访问 SFR

因 51 系列单片机的 SFR 的数量与类型不尽相同，而且一般而言每一个 C51 源程序都要用到 SFR 的设置，所以一般把 SFR 的定义放在一个头文件中，如 Keil C51 编译器自带的头文件"reg52.h"就是为了定义 SFR。用户可以根据单片机的具体型号，通过文本编辑器对该文件进行增删。

头文件引用示例：

```
#include <reg52.h>          //引用的头文件

void main(void)             //主函数返回 void 也可以
{
    TL0 = 0xb0;            //访问定时器 T0，设置时间常数
    TH0 = 0x3c;
    TR0 = 1;               //启动定时器 T0
    ...
}
```

3. SFR 中位的定义

由于 SFR 中地址为 8 的倍数的寄存器具有位寻址能力，而且在 51 单片机的应用中，经常需要单独访问 SFR 中的位，那能否也像汇编语言一样逐一访问这些 SFR 的位呢？答案是肯定的，在 Keil C51 中规定了支持 SFR 位操作的定义，使用"sbit"来定义 SFR 的位寻址单元，当然这与标准 C 语言是不兼容的。定义 SFR 的位寻址单元的语法格式有以下三种。

（1）第一种格式：

```
sbit  bitName = sfrName ^ 位置;
```

这是一种最常用的也是最直观的定义方法。其中，"sbit"是关键字，其后在"bitName"处必须是一个 51 系列单片机真实存在的某 SFR 的位名；"="后面在"sfrName"处必须是一个 51 系列单片机真实存在的 SFR 名，且必须是已定义过的 SFR 的名字；"^"后的位置定义了在特殊功能寄存器"sfrName"中的位号，取值范围为 0～7。例如：

```
sfr PSW = 0xD0;            //先定义程序状态字 PSW 的地址为 0xD0
sbit OV = PSW^2;           //定义溢出标志 OV 为 PSW.2，地址映象为 0xD2
sbit CY = PSW^7;           //定义进位标志 CY 为 PSW.7，地址映象为 0xD7
```

（2）第二种格式：

```
sbit bitName = 字节地址 ^ 位置;
```

与第一种格式不同的是，这种格式是将第一种格式中的"sfrName"用 SFR 的地址代替，这样定义 SFR 的语句就可以省略了。例如：

```
sbit OV = 0xD0^2;          //定义溢出标志 OV，地址映象为 0xD2
sbit CY = 0xD0^7;          //定义进位标志 CY，地址映象为 0xD7
```

这里用 0xD0 代替了 PSW，同时定义 PSW 的语句就可以省略了。

（3）第三种格式：

```
sbit bitName = 位地址;
```

这里直接定义 SFR 的位寻址单元的映象地址。例如：

```
sbit OV = 0xD2;              //直接定义溢出标志 OV，地址映象为 0xD2
sbit CY = 0xD7;              //直接定义进位标志 CY，地址映象为 0xD7
```

通过定义，bitName 就可以当作普通位变量进行存取了。一般需要用户定义的位名都是 P0～P4 这几个 SFR，其余的可寻址位在 reg52.h 中都已作出定义，程序中直接使用即可。

4.2.2　绝对地址的访问

标准的 51 单片机片内有 4 个并行 I/O 口（P0～P3），因这 4 个并行 I/O 口都是 SFR，故这 4 个并行 I/O 口都采用定义 SFR 的方法定义。另外，51 系列单片机在片外可扩展并行 I/O 口，因其外部 I/O 口与外部 RAM 是统一编址的，即把一个外部 I/O 口当作外部 RAM 的一个单元来看待。

利用绝对地址访问的头文件 absacc.h 中定义的宏可对不同的存储区包括 code、data、pdata、xdata 及 I/O 端口进行访问。该头文件定义的宏有：
- ➤ CBYTE：以字节形式对 code 区寻址；
- ➤ CWORD：以字形式对 code 区寻址；
- ➤ DBYTE：以字节形式对 data 区寻址；
- ➤ DWORD：以字形式对 data 区寻址；
- ➤ PBYTE：以字节形式对 pdata 区或 I/O 口进行寻址；
- ➤ PWORD：以字形式对 pdata 区或 I/O 口进行寻址；
- ➤ XBYTE：以字节形式对 xdata 区或 I/O 口进行寻址；
- ➤ XWORD：以字形式对 xdata 区或 I/O 口进行寻址。

对于片外扩展的 I/O 口，根据硬件译码地址，将其看作片外 RAM 的一个单元，使用语句♯define 进行定义。例如：

```
♯include <absacc.h>              //必须有，不能省略
♯define   PORTA   XBYTE[0xFFC0]  //定义外部 I/O 口 PORTA 的地址为 0xFFC0H
```

当然，也可以把对外部 I/O 口的定义放在一个头文件中，然后在程序中通过♯include 语句调用，而且一旦在头文件或程序中通过使用♯define 语句对片外 I/O 口进行定义，在程序中就可以自由使用变量名（如 PORTA）来访问这些外部 I/O 口。

★ 知识点：接口和端口的区别

这里说明一下，接口（Interface）和端口（Port）是不同的概念。有的单片机教材名叫《单片机原理与接口技术》，这里的接口指的是单片机通过外部总线扩展的 I/O 接口芯片，用于连接单片机和 I/O 设备。上文中提到的外部 I/O 口 PORTA 指的是端口，端口是接口芯片内的某个寄存器，可以是控制寄存器也可以是数据寄存器。单片机对接口芯片的操作实际上是对端口的操作，要对端口操作，必须知道端口的地址。端口地址一般可以通过接口芯片与单片机连接的硬件原理图或接口芯片手册中关于寄存器地址的说明得到。

4.2.3　位变量的 C51 语言定义

Keil C51 编译器提供了一种与标准 C 语言不兼容，而只适用于对 51 系列单片机进行 C

语言编程的"bit"数据类型用来定义位变量,其具体定义方法说明如下。

1. 位变量的 C51 定义的方法

C51 通过"bit"关键字来定义位变量,一般格式如下:

```
bit bitName;
```

例如:

```
bit sFlag;              //将 sFlag 定义为位变量
```

2. C51 程序函数的参数及返回值

C51 程序的函数可包含类型为"bit"的参数,也可以将其作为返回值。

例如:

```
bit func(bit b0, bit b1)          //位变量 b0、b1 作为函数的参数
{
    return(b1);                   //位变量 b1 作为函数的返回值
}
```

注意:使用禁止中断编译器伪指令 ♯pragma disable(置于某函数的前一行,使该函数在执行期间不被中断。本控制伪指令只对其后的一个函数有效)或包含明确的寄存器组切换(using n)的函数不能返回位值,否则编译器将会给出一个错误信息。

3. 对位变量的限制

(1)位变量不能定义指针和数组。例如:

```
bit * ptr;                //用位变量定义指针,错误
bit bArray[];             //用位变量定义数组,错误
```

(2)在定义位变量时,允许定义存储类型。定义的位变量都会被放入一个位段中,此段总位于 51 系列单片机的片内 RAM 中。因此,其存储类型限制为 data 或 bdata,如果将其定义成其他类型,则在编译时会出错。

4. 可位寻址对象

对位变量的操作也可以采用先定义变量的数据类型和存储类型,其存储类型只能为 bdata,然后采用"sbit"关键字来定义可独立寻址访问的对象位。例如:

```
bdata int ibase;              //定义 ibase 为 bdata 存储类型的整型变量
bdata char bary[4];           //定义 bary[4]为 bdata 存储类型的字符型变量
sbit ibase0 = ibase^0;        //定义 ibase0 为 ibase 变量的第 0 位
sbit ibase15 = ibase^15;      //定义 ibase15 为 ibase 变量的第 15 位
sbit bary07 = bary[0]^7;      //定义 bary07 为 bary[0]数据元素的第 7 位
sbit bary36 = bary[3]^6;      //定义 bary36 为 bary[3]数据元素的第 6 位
```

对采用这种方式定义的位变量既可以位寻址又可以字节寻址。例如:

```
bary36 = 1;                   //位寻址,给 bary[3]数据元素的第 6 位赋值为 1
bary[3] = a;                  //字节寻址,给 bary[3]数据元素赋值为 a
```

注意:可独立寻址访问的对象位的位置操作符("^")后的取值依赖于位变量的数据类型,对于 char/unsigned char 型的为 $0 \sim 7$,对于 int/unsigned int 型的为 $0 \sim 15$,对于 long/unsigned long 型的为 $0 \sim 31$。

4.3　C51 语言的基本运算与流程控制语句

4.3.1　基本运算

C51 的运算是通过运算符来完成的。运算符是表示特定的算术或逻辑操作等的符号，也称为操作符。在 C51 语言中，需要进行运算的各个量通过运算符连接起来便构成一个表达式。

C51 语言的基本运算类似于 C 语言，主要包括算术运算、关系运算、逻辑运算、位运算和赋值运算等。

1. 算术运算

C51 语言一共支持 7 种算术运算：＋（加法运算或正值符号）、－（减法运算或负值符号）、＊（乘法运算符）、/（除法运算符）、％（模运算符或取余运算符）、＋＋（自增运算符）、－－（自减运算符）。

除法运算符两侧的操作数可为整数或浮点数；取余运算符两侧的操作数均为整型数据，所得结果的符号与左侧操作数的符号相同。

＋＋和－－运算符只能用于变量，不能用于常量和表达式。＋＋j 表示先加 1，再取 j 的值；j＋＋表示先取 j 的值，再加 1。自减运算也是如此。

在大多数的编译环境中，采用自增和自减操作所生成的程序代码比等价的赋值语句所生成的代码执行起来要快得多，因此推荐采用自增和自减运算符。

2. 关系运算

关系运算又称为比较运算，主要用于比较操作数的大小关系。C51 语言提供了以下 6 种关系运算符：

＜（小于）、＜＝（小于等于）、＞（大于）、＞＝（大于等于）、＝＝（等于）、!＝（不等于）

其中：＜、＜＝、＞、＞＝这 4 种运算符的优先级相同，处于高优先级；＝＝和！＝这两种运算符的优先级相同，处于低优先级。此外，关系运算符的优先级低于算术运算符的优先级，而高于赋值运算符的优先级。关系表达式的值为逻辑值，其结果只能取真和假两种值。

3. 逻辑运算

逻辑运算是对变量进行逻辑与运算、逻辑或运算及逻辑非运算。C51 语言提供的 3 种逻辑运算符如下：

＆＆（逻辑与）、||（逻辑或）、!（逻辑非）

其中：非运算的优先级最高，而且高于算术运算符的优先级；或运算的优先级最低，低于关系运算符、但高于赋值运算符的优先级。逻辑表达式的值也是逻辑量，即真或假。

4. 赋值运算与复合赋值运算

用赋值符号“＝”完成的操作即为赋值运算，它是右结合性，且优先级最低。

赋值符号前加上其他运算符构成复合运算符。C51 语言提供以下 10 种复合运算符：

＋＝、－＝、＊＝、/＝、％＝、＆＝、|＝、^＝、＜＜＝、＞＞＝

5. 位运算

位运算是对字节或字中的二进制位(bit)进行逐位逻辑处理或移位的运算。C51 语言提

供以下 6 种位运算:

&(按位与)、|(按位或)、ˆ(按位异或)、~(按位取反)、<<(左移位)、>>(右移位)

位运算的操作对象只能是整型或字符型数据,不能是实型数据。

这 6 种位运算和汇编语言中的位操作指令十分类似。位操作指令是 51 系列单片机的重要特点,所以位运算在 C51 语言控制类程序设计中的应用比较普遍。

对于二进制数来说,左移 1 位相当于该数乘 2,而右移 1 位相当于该数除 2。

在控制系统中,位操作方式比算术方式使用得更频繁。以 51 单片机片外 I/O 口为例,这种 I/O 口的字长为 1 B(8 位)。在实际控制应用中,人们常常需要改变 I/O 口中某一位的值而不影响其他位。当这个口的其他位正在点亮报警灯,或命令 A/D 转换器开始转换时,用这一位可以开动或关闭一部分电动机。正像前面已经提过的那样,有些 I/O 口是可以位寻址的(例如片内 I/O 口),但大多数片外附加 I/O 口只能对整个字节做出响应,因此要想在这些地方实现单独位控制(或线控制)就要采用位操作。例如:

```
#define <absacc.h>
#define PORTA XBYTE[0xFFC0]
void main()
{
    …
    PORTA = (POARTA & 0xBF) | 0x04;
    …
}
```

在此程序片段中,第一行定义了一个片外 I/O 口变量 PORTA,其地址在片外数据存储区的 0xFFc0 上。在 main 函数中,PORTA = (POARTA & 0xBF) | 0x04 的作用是先用"&"运算符将 PORTA.6 位置成低电平,然后用"| 0x04"将 PORTA.2 位置成高电平。

4.3.2 选择结构——if、switch 语句

通过选择结构,可以使单片机具有决策能力,从而使单片机能够按照需要在某个特定条件下完成相应的操作,即能够"随机应变"。选择结构包括 if 语句、switch 语句。

1. if 语句

if 语句是 C51 语言一个基本的条件选择语句,用来判定所给定的条件是否满足,并根据判定结果决定执行给出的两种操作之一。

C51 语言提供 3 种形式的 if 语句:

(1)形式一:

```
if(条件表达式)
{
    语句;
}
```

形式一的流程图如图 4-3 所示。形式一相当于双分支选择结构中仅有一个分支可执行,另一个分支为空。

(2)形式二:

```
if(条件表达式)
```

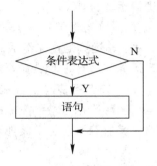

图 4-3 if 语句形式一流程图

```
   {
       语句 1；
   }
else
   {
       语句 2；
   }
```

形式二的流程图如图 4 - 4 所示，其相当于双分支选择结构。

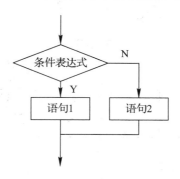

图 4 - 4　if 语句形式二流程图

（3）形式三：

```
if（条件表达式 1）
{
    语句 1；
}
else if（条件表达式 2）
{
    语句 2；
}
else if（条件表达式 3）
{
    语句 3；
}
...
else if（条件表达式 m）
{
    语句 m；
}
else
{
    语句 n；
}
```

形式三的流程图如图 4-5 所示。形式三相当于串行多分支选择结构。

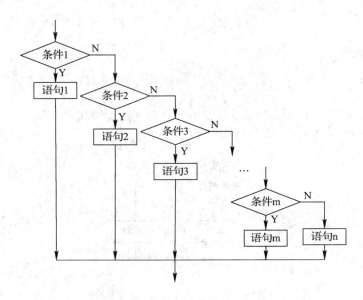

图 4-5 if 语句形式三流程图

在 if 语句中又含有一个或多个 if 语句,这种情况称为 if 语句的嵌套。在 if 语句嵌套中应注意 if 与 else 的对应关系,else 总是与它前面最近的一个 if 语句相对应。

2. switch 语句

switch 语句是多分支选择语句。if 语句只有两个分支可供选择,而实际问题中常常需要用到多分支选择,如人口统计分类、足球比赛的分数统计等。这些从理论上是可以使用嵌套的 if 语句来完成的,但是如果分支过多,嵌套的 if 语句层数就过多,程序就会变得冗长,可读性也会降低。为此,C51 语言提供了直接处理多分支选择的 switch/case 语句,用于直接处理并行多分支选择问题。

switch/case 语句的一般形式如下:

```
switch（表达式）
{   case 常量表达式 1:{语句 1;} break;
    case 常量表达式 2:{语句 2;} break;
    ...
    case 常量表达式 n:{语句 n;} break;
    default:{语句 n+1;}
}
```

注意:

(1) switch 括号内的表达式,可以是整型或字符型表达式,也可以是枚举类型的数据。

(2) switch 括号内的表达式的值与某 case 后面的常量表达式的值相同时,就执行后面的语句(可以是复合语句),遇到 break 语句则退出 switch 语句。若所有的 case 中的常量表达式的值都没有与表达式的值相匹配,则执行 default 后面的语句。

(3) 每一个 case 的常量表达式必须是互不相同的,否则将出错。

（4）各个 case 和 default 出现的次序，不影响程序的执行结果。

（5）如果在 case 语句中遗忘了 break 语句，则程序执行本行之后，不会按规定退出 switch 语句，而是将执行后续的 case 语句。case 常量表达式只是起一个语句标号的作用，并不在该处进行条件判断。在执行 switch/case 语句时，根据表达式的值找到匹配的入口标号，就从该标号开始执行下去，不再进行判断。因此，在执行一个 case 分支后，使流程跳出 switch 结构，即终止 switch 语句的执行，可以用一个 break 语句完成。switch 语句的最后一个分支可以不加 break 语句，结束后直接退出 switch 结构。

（6）由于 case 表达式是一个语句标号，因此在 case 后面虽然包含一条以上的执行语句，但可以不必用花括号括起来，程序会自动顺序执行 case 后面所有的执行语句。当然，也可以加上花括号。

（7）多个 case 可以公用一组执行语句，例如：

```
…
case 'A';
case 'B';
case 'C'; printf(">60\n"); break;
…
```

4.3.3 循环控制——while、for 语句

1. 基于 while 语句构成的循环

while 语句只能用来实现"当型"循环，一般格式如下。

```
while（表达式）
{
    语句；
}
```

其中，表达式是 while 循环能否继续的条件；语句部分是循环体，是执行重复操作的部分。只要表达式为真，就重复执行循环体内的语句；反之，则终止 while 循环，执行循环之外的下一行语句。

注意：

➤ while 语句是先判断，后执行；

➤ 如果 while 语句循环体内只有一个语句，可以不用{ }，但建议使用；

➤ while 循环体{ }后无分号。

while 循环语句程序流程图如图 4-6 所示。

while 循环结构的最大特点在于，其循环条件测试是执行循环体的开关。若要执行重复操作，首先必须进行循环条件测试，若条件不成立，则循环体内的重复操作不能执行。例如：

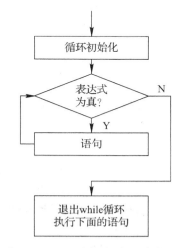

图 4-6 while 循环语句程序流程图

```
while (P1 & 0x10 == 0)
{     }
```

这个语句的作用是等待来自于用户或外部硬件的某些信号的变化。该语句对 51 单片机 P1 口的 P1.4 进行测试。如果 P1.4 电平为低(0),则由于循环体无实际操作语句,故继续测试下去(等待);一旦 P1.4 电平为高,则循环终止。

2. 基于 do-while 语句构成的循环

do-while 语句用来实现"直到型"循环结构,在循环体的结尾处而不是在开始处检测循环结束条件。其一般格式如下:

do

    {

        语句;

    }while(表达式);

do-while 语句的特点是先执行内嵌的语句,再计算表达式,如果表达式的值为非 0,则继续执行内嵌的语句,直到表达式的值为 0 时结束循环。

注意:

➢ do-while 语句是先执行,后判断;

➢ 如果 do-while 语句循环体内只有一个语句,可以不用{ },但建议使用;

➢ do-while 语句循环体{ }后无分号;

➢ do-while 语句 while(表达式)后的分号不能省略。

do-while 语句的程序流程图如图 4-7 所示。

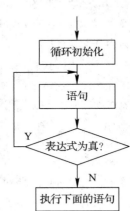

图 4-7 do-while 语句程序流程图

3. 基于 for 语句构成的循环

在 C51 语言中,for 语句是使用最灵活的循环控制语句,同时也最复杂。它不仅可用于循环次数已经确定的情况,也可用于循环次数不确定而只给出循环条件的情况;它完全可以代替 while 语句,并有更为强大的功能。for 语句的一般形式为:

    for(表达式 1;表达式 2;表达式 3)

    {

        语句;

    }

for 语句除了循环指令体外,表达式模块由 3 部分组成,即初始化表达式、结束循环测试表达式、尺度增量。

它的执行过程是:首先求解表达式 1,进行初始化;然后求解表达式 2,判断表达式是否满足给定条件,若其值非 0,则执行内嵌语句,否则退出循环;最后求解表达式 3,并回到求解表达式 2 的步骤中。

for 语句程序流程图如图 4-8 所示。

注意:

➢ for 语句 3 个表达式都是可选项,可以任意省略,但";"不能省略;

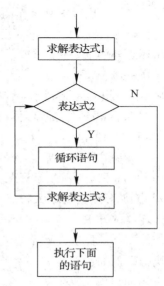

图 4-8 for 语句程序流程图

> ➢ for 语句省略表达式 1 是不对循环变量赋初值；
> ➢ for 语句省略表达式 2 是不判断循环条件的真假；
> ➢ for 语句省略表达式 3 是不对循环变量操作；
> ➢ for(;)表示无限循环。

4. 无限循环的实现

无限循环也称为死循环，一般用于单片机监控程序，单片机需要等待一个条件的改变，然后进行无限循环。无限循环可以使用以下几种结构（在实际程序中建议使用第 2 种结构）。

（1）结构一：

```
for (；；)
{
    代码段；
}
```

（2）结构二：

```
while (1)
{
    代码段；
}
```

（3）结构三：

```
do
{
    代码段；
}while (1);
```

4.3.4　break 语句、continue 语句、return 语句

在循环语句的执行过程中，如果需要在满足循环判定条件的情况下跳出代码段，可以使用 break 语句或 continue 语句；如果要从任意地方跳转到代码的某个地方，可以使用 goto 语句。

1. break 语句

break 语句只能用在 switch 语句或循环语句中，其作用是跳出 switch 语句或跳出本层循环，转去执行后面的程序。由于 break 语句的转移方向是明确的，所以不需要语句标号与之配合。使用 break 语句可以使循环语句有多个出口，在一些场合下使编程更加灵活、方便。其形式如下：

```
break;
```

注意：一个 break 语句只能跳出一层循环。

2. continue 语句

continue 语句用于退出当前循环，不再执行本轮循环，程序代码从下一轮循环开始执行，直到判断条件不满足为止。

continue 语句与 break 语句的区别在于：continue 语句只是结束本次循环，而不是终止

整个循环；break 语句则是结束循环，不再进行条件判断。continue 语句的形式如下：

  continue;

3. return 语句

return 语句一般放在函数的最后位置，用于终止函数的执行，并控制程序返回调用该函数时所处的位置。程序返回时，还可以通过 return 语句带回返回值。return 语句的形式如下：

  return;

  return(表达式);

如果 return 语句后面带有表达式，则要计算表达式的值，并将表达式的值作为函数的返回值；若不带表达式，则函数返回时将返回一个不确定的值。通常，我们用 return 语句把调用函数取得的值返回给主调函数。

4.4　C51 语言的数组与函数

数组是同类型数据的一个有序集合，指针是存放存储器地址的变量，因此数组与指针可以说是数据管理的好搭档，在第 7 章中将会对指针进行介绍。

4.4.1　数组

数组是由具有相同类型的数据元素组成的有序集合。数组是由数组名来表示的，数组中的数据由特定的下标来唯一确定。引入数组的目的，是使用一块连续的内存空间存储多个类型相同的数据，以解决一批相关数据的存储问题。数组与普通变量一样，也必须先定义，后使用。数组在 C51 语言的地位举足轻重，因此深入地了解数组是很有必要的。

数组有一维、二维、三维和多维数组之分。C51 语言中常用的有一维、二维数组和字符数组。

1. 一维数组

由具有一个下标的数组元素组成的数组称为一维数组，定义一维数组的一般形式如下。

  类型说明符　数组名[元素个数];

其中，数组名是一个标识符，元素个数是一个常量表达式，不能是含有变量的表达式。例如：

  char LEDTAB[10];

为定义一个数组名为 LEDTAB 的数组，该数组包含了 10 个字符型的元素，在定义数组时可以对数组整体进行初始化。若定义后需要对数组赋值，则只能对每个元素分别赋值。例如：

定义时初始化：

  等价于：int a[5] = {1，2，3，4，5};

  a[0] = 1；a[1] = 2；a[2] = 3；a[3] = 4；a[4] = 5;

注：全部赋值可省略元素个数。例如：

  int a[]={1，2，3，4，5，6};

定义时部分初始化：

等价于：int a[5] = {1, 2, 3}；

a[0]=1；a[1]=2；a[2]=3；a[3]=0；a[4]=0；

若需要对一维数组中的某一元素进行引用，采用数组名[下标]的形式，例如 LEDTAB[0]、LEDTAB[1]、LEDTAB[2]、LEDTAB[3]、LEDTAB[4]。

注意：下标从 0 开始到 n−1，不能越界，n 为数组元素的个数。下标可以是变量，例如 LEDTAB[i]。

2．二维数组或多维数组

具有两个或两个以上下标的数组，称为二维数组或多维数组。定义二维数组的一般形式如下：

类型说明符数组名[行数][列数]；

例如：

char ch[3][2]；　　　　//数组 ch 有 3 行 2 列共 6 个元素，元素个数 = 行数 × 列数

二维数组初始化也是在类型说明时给各下标变量赋以初值。二维数组可按行分段赋值，也可按行连续赋值。例如数组 a[5][3]按行分段赋值可写为：

int a[5][3] = { {80, 75, 92}, {61, 65, 71}, {59, 63, 70}, {85, 87, 90}, {76, 77, 85} }；

按行连续赋值可写为：

int a[5][3]={ 80, 75, 92, 61, 65, 71, 59, 63, 70, 85, 87, 90, 76, 77, 85 }；

二维数组的引用格式为：

数组名[下标 1][下标 2]

注：内存是一维的，数组元素在存储器中的存放顺序按行序优先，即"先行后列"。

3．字符数组

若一个数组的元素是字符型的，则该数组就是一个字符数组。例如：

char c[10]；

可以用字符串的方式对数组进行初始化赋值。例如：

char c[]={'C', ' ', 'p', 'r', 'o', 'g', 'r', 'a', 'm'}；

可写为：

char c[]={"C program"}；

或去掉{}写为：

char c[]="C program"；

用字符串方式赋值比用字符逐个赋值要多占一个字节，用于存放字符串结束标志'\0'。

上面的数组 c 在内存中的实际存放情况为：C program\0，'\0'是由 C 编译系统自动加上的。由于采用了'\0'标志，所以在用字符串赋初值时一般无须指定数组的长度，而由系统自行处理。

4．查表

数组的一个非常有用的功能是查表。

人们都希望单片机、控制器能对提出的公式进行高精度的数学运算，但对大多数实际应用来说，这是不可能的，也是不必要的。在许多嵌入式控制系统应用中，人们更愿意采用表格而不是数学公式计算。特别是对于传感器的非线性转换需要进行补偿的场合（如水泵流量传感器的非线性补偿），使用查表法将比采用复杂的曲线拟合所需的数学方法有

效得多，因为表格查找执行速度更快，所用代码也较少。可以将事先计算好的表装入 ROM 中，使用内插法可以增加查表值的精度，也可以减少表的长度。数组的使用非常适合于这类查表方法。

例如，可以采用如下方法在 ROM 中制作一张共阳极 LED 的显示字符段码表。

```
unsigned char code smgduan[10] =          //共阳极数码管显示译码表
{0xC0, 0xF9, 0xA4, 0xB0, 0x99, 0x92, 0x82, 0xF8, 0x80, 0x90};
```

利用字符数组可以很方便地实现 LED 段码的查表显示。

4.4.2 函数的简单介绍

函数是 C51 语言的重要组成部分，是从标准 C 语言中继承下来的。C51 有一般函数、库函数和中断函数。

1. 函数的定义

函数的定义形式如下：

```
返回值类型标识符 函数名(形式参数列表)
{
    函数体;
}
```

1）函数值类型

函数值类型就是函数返回值的类型。在本书后边的程序中，会有很多函数中都有"return x"这行代码，这个返回值也就是函数本身的类型。还有一种情况，就是这个函数只执行操作，不需要返回任何值，那么此时该函数的类型就是空类型 void，void 是可以省略的，但是一旦省略，Keil 软件会报一个警告，所以通常也就不省略了。

2）函数名

函数名可以由任意的字母、数字和下划线组成，但数字不能作为开头。函数名不能与其他函数或者变量重名，也不能是关键字。对于关键字，本书后边会慢慢接触到，比如变量的类型 int、char，流程控制语句 if、else、for 等，都是关键字，是程序中具备特殊功能的标识符，这些关键字不可以命名函数。

3）形式参数列表

形式参数列表也叫做形参列表，是函数调用时相互传递数据用的。有的函数不需要传递参数给它，则可以用 void 来替代，void 同样可以省略，但是括号是不能省略的。

4）函数体

函数体包含了声明语句部分和执行语句部分。声明语句部分主要用于声明函数内部所使用的变量，执行语句部分主要是一些函数需要执行的语句。特别注意，所有的声明语句部分必须放在执行语句之前，否则编译的时候会报错。

★ **知识点**：声明和定义的区别

这里说明一下，声明和定义是不同的概念。在日常的代码编写中，可以说处处能见到变量的声明。但是，有些同学不能真正明白"定义"和"声明"的区别，常常随便叫。定义的全称是定义性声明(defining declaration)，是一种特殊的声明，也就是说定义是包含在声明内的。声明通常指的是引用性声明(referencing declaration),是为了方便区分定义。

变量的定义(definition declaration)用于为变量分配存储空间,还可以为变量指定初始值。在程序中,变量有且仅有一个定义。定义也是声明,当定义变量的时候就声明了它的类型和名字。

声明(referencing declaration)用于向程序表明变量的类型和名字。可以通过使用 extern 声明变量名。extern 声明不是定义,也不分配存储空间。事实上,它只是说明变量定义在程序的其他地方。程序中的变量可以声明多次,但只能定义一次。

2. 中断函数

Keil C51 编译器支持直接编写中断服务程序,以减轻采用汇编语言编写中断服务程序的繁琐程度。为了在 C 语言源程序中直接编写中断服务函数,C51 编译器需要对函数的定义进行扩展,增加扩展关键字 interrupt。使用关键字 interrupt 可以将一个函数定义成中断服务函数。

由于 C51 编译器在编译时对声明为中断服务程序的函数自动添加了进行相应现场保护、阻断其他中断、返回时恢复现场等处理的程序段,因此在编写 C51 中断服务函数时可以不必考虑这些问题,而把精力主要集中在如何处理引发中断的事件上。

定义中断服务函数的一般形式为:

函数类型　函数名(形参列表)interrupt n　using n

关键字 interrupt 后面的 n 是中断号,取值范围为 $0\sim31$。编译器从 $8\times n+3$ 处产生中断向量,具体的中断号 n 和中断向量取决于不同的 51 系列单片机芯片。基本中断源和中断向量如表 4-6 所示。

表 4-6　常用中断源和中断向量

中断号 n	中断源	中断向量($8\times n+3$)
0	外部中断 0	0003H
1	定时器 0	000BH
2	外部中断 1	0013H
3	定时器 1	001BH
4	串行口	0023H
其他值	保留	$8\times n+3$

51 系列单片机可以在内部 RAM 中使用 4 个不同的工作寄存器组,每个寄存器组中包含 8 个工作寄存器(R0~R7)。C51 编译器扩展了一个关键字 using,专门用来选择 51 系列单片机中不同的工作寄存器组。using 后面的 n 是一个 $0\sim3$ 的整型常数,分别选中 4 个不同的工作寄存器组。在定义一个函数时 using 是一个选项,如果不用该选项,则由编译器选择一个寄存器组做绝对寄存器组访问。因此在定义重点函数时一般不使用关键字 using。

需要注意的是,关键字 using 和 interrupt 的后面都不允许跟一个带运算符的表达式。

关键字 using 对函数目标代码的影响如下：在函数的入口处将当前工作寄存器组保护到堆栈中，指定的工作寄存器的内容不会改变，函数返回之前将被保护的工作寄存器组从堆栈中恢复。使用关键字 using 在函数中确定一个工作寄存器组时必须十分小心，要保证任何寄存器组的切换都只在控制的区域内发生，如果做不到这一点将产生不正确的函数结果。另外还要注意，带 using 属性的函数原则上不能返回 bit 类型的值，并且关键字 using 不允许用于外部函数，关键字 interrupt 也不允许用于外部函数。

编写 51 系列单片机中断程序时应遵循如下规则：

（1）中断函数不能进行参数传递，如果中断函数中包含任何参数声明都将导致编译出错。

（2）中断函数没有返回值，如果企图定义一个返回值将得到不正确的结果。因此，建议在定义中断函数时将其定义为 void 类型，以明确说明没有返回值。

（3）在任何情况下都不能直接调用中断函数，否则会产生编译错误。因为中断函数的返回是由 51 系列单片机指令 RETI 完成的，RETI 指令影响 51 系列单片机的硬件中断系统。如果在没有实际中断请求的情况下直接调用中断函数，RETI 指令的操作结果会产生一个致命的错误。

（4）如果中断函数中用到浮点运算，必须保存浮点寄存器的状态，当没有其他程序执行浮点运算时可以不保存。C51 编译器的数学函数库 math.h 中，提供了保存浮点寄存器状态的库函数 pfsave 和恢复浮点寄存器状态的库函数 fprestore。

（5）如果在中断函数中调用了其他函数，则被调用函数所使用的寄存器组必须与中断函数所使用的寄存器组相同。用户必须保证按要求使用相同的寄存器组，否则会产生不正确的结果，这一点必须引起足够的注意。如果定义中断函数时没有使用 using 选项，则由编译器选择一个寄存器组做绝对寄存器组访问。另外，由于中断的产生不可预测，中断函数对其他函数的调用可能形成递归调用，需要时可将被中断函数所调用的其他函数定义成重入函数。

3. 库函数

C51 语言的强大功能及其高效率的重要体现之一在于其提供了丰富的可直接调用的库函数。使用库函数可以使程序代码简单、结构清晰、易于调试和维护。

每个库函数都在相应的头文件中给出了函数原型声明，在 C51 中使用库函数时，必须在源程序的开始处使用预处理命令 ♯include 将相应的头文件包含进来。C51 语言的库函数包括 I/O 库函数、标准函数库、字符函数库、字符串函数库、内部函数库、数学函数库、绝对地址访问函数库、变量参数函数库、全程跳转函数库、偏移量函数库等。以下对在 C51 程序设计时常用的函数库进行说明。

1）I/O 库函数

I/O 库函数的原型声明在头文件 stdio.h 中定义，通过单片机的串行口工作，函数功能如表 4-7 所示。如果希望支持其他 I/O 接口，只需要改动 _getkey 函数和 putchar 函数，I/O 库函数库中所有其他的 I/O 支持函数都依赖于这两个函数模块。在使用 8051 系列单片机的串行口之前，应先对其进行初始化。例如，以 2400 b/s 的波特率（12 MHz 时钟频率)初始化串行口的语句如下。

```
SCON = 0x52;          //SCON 置初值
TMOD = 0x20;          //TMOD 置初值
TH1 = 0xF3;           //T1 置初值
TR1 = 1;             //启动 T1
```

表 4 - 7　I/O 库函数

函数名	功 能 说 明
_getkey	从串口读入一个字符并返回读入的字符
_getchar	从串口读入字符,并将读入的字符传给 putchar 函数输出
gets	从串口读入一个长度为 n 的字符串并存入由 s 指向的数组中。输入时一旦检测到换行符就结束字符输入,输入成功时返回传入的参数指针,失败时则返回 NULL
ungetchar	将输入字符回送到输入缓冲区,因此再次使用 gets 函数时或 getchar 函数时可用该字符。成功时返回 char 型值,失败时则返回 EOF,且该函数不能处理多个字符
putchar	从串行口输出字符
printf	以第一个参数指向字符串制定的格式,并通过串行口输出数值和字符串,返回值为实际输出的字符数
sprintf	与 printf 函数的功能相似,但该函数的数据是通过一个指针 s 送入内存缓冲区,并以 ASCII 码的形式存储
puts	将字符串和换行符写入串行口,错误时返回 EOF,否则返回 0
scanf	在格式控制串的控制下,利用 getchar 函数从串行口读入数据,每遇到一个符合格式控制串 fmstr 规定的值,就将它按顺序存入由参数指针 argument 指向的存储单元。其中每个参数都是指针,函数返回所发现并转换的输入项数,错误则返回 EOF
sscanf	与 scanf 函数的输入方式相似,但该函数字符串的输入不是通过串行口,而是通过指针 s 指向的数据缓冲区
vprintf	将格式化字符串和数据值输出到由指针 s 指向的内存缓冲区内。类似于 sprintf 函数,但该函数接受一个指向变量表的指针,而不是变量表。返回值为实际写入到输出字符串中的字符数

　2）内部函数库

　　内部函数库提供了循环移位和延时等操作函数,其声明包含在头文件 intrins. h 中。内部函数库的函数如表 4 - 8 所示。

3）绝对地址访问函数库

绝对地址访问函数库提供了一些宏定义的函数，用于对存储空间的访问。绝对地址访问函数库的函数包含在头文件 absacc. h 中，各个函数如表 4-9 所示。

表 4-8　内部函数

函数名	功　能　说　明
crol	将字符型变量循环左移 n 位，相当于 RL 命令
irol	将整型变量循环左移 n 位，相当于 RL 命令
lrol	将长整型变量循环左移 n 位，相当于 RL 命令
cror	将字符型变量循环右移 n 位，相当于 RR 命令
iror	将整型变量循环右移 n 位，相当于 RR 命令
lror	将长整型变量循环右移 n 位，相当于 RR 命令
testbit	对字节中的 1 位进行测试，相当于 JBC bit 指令
nop	产生一个 NOP 指令

表 4-9　绝对地址访问函数

函数名	功　能　说　明
CBYTE	对 51 单片机的存储空间进行字节寻址 code 区
DBYTE	对 51 单片机的存储空间进行字节寻址 idata 区
PBYTE	对 51 单片机的存储空间进行字节寻址 pdata 区
XBYTE	对 51 单片机的存储空间进行字节寻址 xdata 区
CWORD	对 51 单片机的存储空间进行字寻址 code 区
DWORD	对 51 单片机的存储空间进行字寻址 idata 区
PWORD	对 51 单片机的存储空间进行字寻址 pdata 区
XWORD	对 51 单片机的存储空间进行字寻址 xdata 区

4.5　C51 语言的预处理命令及汇编语句的嵌入

C51 语言中提供了各种预处理命令，其作用类似于汇编程序中的伪指令。一般来说，在对 C51 源程序进行编译前，编译器需要首先对程序中的预处理命令进行处理，然后将预处理的结果和源代码一并进行编译，最后产生目标代码。预处理命令通常只进行一些符号的处理，并不执行具体的硬件操作。

4.5.1　文件包含、宏定义、条件编译

C51 语言提供的预处理指令主要有文件包含、宏定义、条件编译。为了区分预处理指令和一般的 C 语句，所有的预处理指令都以符号"♯"开头，并且结尾不用分号。

预处理指令可以出现在程序的任何位置，它的作用范围是从它出现的位置到文件尾。习惯上我们尽可能将预处理指令写在源程序的开头，这种情况下，它的作用范围就是整个源程序文件。

1. 文件包含

文件包含指令，即 ♯include 命令，是指一个程序文件将另一个指定的文件的全部内容包含进去。例如 ♯include ＜stdio. h＞就是将 C51 语言编译器提供的 I/O 库函数的说明文件 stdio. h 包含到自己的程序中。文件包含的一般形式有以下两种。

第 1 种形式：

　　♯include ＜文件名＞　　　　//系统会直接到 C 语言库函数头文件所在的目录中寻找文件

第 2 种形式：

　　♯include ″文件名″　　　　//系统会先在源程序当前目录下寻找，若找不到，再到操作
　　//系统的 path 路径中查找，最后到 C 语言库函数头文件的所在目录中查找

在使用 ♯include 命令时，应注意一个 ♯include 命令只能指定一个被包含文件，如果程序中需要包含多个文件则需要使用多个包含命令。

2. 宏定义指令

宏定义指令是指用一些标识符作为宏名，来代替其他一些符号或者常量的预处理命令。使用宏定义指令，可以减少程序中字符串输入的工作量，而且还可以提高程序的可移植性。宏定义分为不带参数的宏定义和带参数的宏定义。

（1）不带参数的宏定义：

　　♯define 宏替换名 宏替换体

♯define 是宏定义指令的关键词；宏替换名一般使用大写字母来表示，以便与变量名区别开来，但用小写字母语法上也没有错误；宏替换体可以是数值常量、算术表达式、字符和字符串等。宏定义可以出现在程序的任何地方，在编译时可由编译器替换宏为定义的宏替换体。

（2）带参数的宏定义：

　　♯define 宏替换名(形参)　带形参的宏替换体

在编译预处理时，将源程序中所有的宏替换名替换成带形参的宏替换体，其中的形参用实际参数(实参)代替。由于可以带参数，因此这种宏定义方式增强了宏定义的应用。

注意：带参数的宏定义中的形参一定要带括号，因为实参可能是任何表达式，不加括号很可能产生意想不到的错误。

3. 条件编译

在很多情况下，我们希望程序中的部分代码只有在满足一定条件时才进行编译，否则不参与编译(只有参与编译的代码最终才能被执行)，这就是条件编译。条件编译有几种指令，最基本的格式有以下 3 种。

1）♯if 型

格式如下：

    ♯if 条件 1

      代码 1；

    ♯else

      代码 2；

    ♯endif

如果条件 1 成立，那么编译器就会把代码 1 编译进去，否则代码 2 参加编译（注意：是编译进去，不是执行，这跟平时使用的 if - else 语句是不一样的）。**注意**：条件编译结束后，要在最后面加上一个♯endif。

2）♯ifdef 型

格式如下：

    ♯ifdef 标识符

      代码 1；

    ♯else

      代码 2；

    ♯endif

如果标识符已被♯define 过，则代码 1 参加编译，否则代码 2 参加编译。

3）♯ifndef 型

格式如下：

    ♯ifndef 标识符

      代码 1；

    ♯else

      代码 2；

    ♯endif

同♯ifdef 相反，如果标识符没被♯define 过，则代码 1 参加编译，否则代码 2 参加编译。

以上 3 种基本格式中的♯else 分支又可以带自己的编译选项，♯else 也可以没有或多于两个。

条件编译在程序调试过程中非常有用。例如，一个数据采集系统要支持多种方式中的某一种或几种与 PC 通信，如串口、并口、USB、CAN 总线等，这时就可以根据条件编译使得所有模块都加入到程序中，调试、测试或使用中只要打开或关闭相应的编译选项就可以打开或关闭相应的设备了。

4.5.2　C51 中汇编语句的嵌入

在 C51 源程序中调用汇编程序有两种方式，一种是嵌入式汇编，即在 C51 语言程序中嵌入一段汇编语言程序；另一种是汇编语言程序部分和 C51 程序部分为不同的模块或不同的文件，通常由 C51 程序调用汇编程序模块的变量和函数（也可称为子程序或过程）。

对函数名等定义使用 C 语言，但是在函数的内部通过编译命令控制 asm/endasm 在 C51 源程序中插入汇编语言模块，具体结构如下。

#pragma asm

汇编语句

#pragma endasm

嵌入汇编语言的项目进行编译，需要做以下工作。

（1）在项目（Project）窗口中包含汇编代码的 C 文件上单击鼠标右键，选择"Options for …"选项，单击右边的"Generate Assembler SRC File"按钮和"Assemble SRC File"按钮，使复选框由灰色变成黑色（有效）状态。

（2）根据选择的编译模式，把相应的库文件（如在 SMALL 模式时，库文件是 Keil\C51\Lib\C51S.Lib）加入到工程中，该文件必须作为工程的最后文件。

（3）最后进行编译，即可生成目标代码。

4.6　单片机 C51 编程规范

单片机 C51 编程规范规定了程序设计人员进行程序设计时必须遵循的规范。本规范主要针对 C51 编程语言和 Keil 编译器而言，包括排版、注释、命名、变量使用、代码可测性、程序效率、质量保证等内容。

4.6.1　单片机 C51 编程规范——总则

单片机 C51 编程规范总则为：① 格式清晰；② 注释简明扼要；③ 命名规范易懂；④ 函数模块化设计；⑤ 程序易读易维护；⑥ 功能准确实现；⑦ 代码空间效率和时间效率高；⑧ 适度的可扩展性。

4.6.2　单片机 C51 编程规范——数据类型定义

编程时统一采用下述新类型名的方式定义数据类型。建立一个 datatype.h 文件，在该文件中进行如下定义。

typedef	bit	bool;	//位变量
typedef	unsigned char	uint8;	//无符号 8 位整型变量
typedef	signed char	int8;	//有符号 8 位整型变量
typedef	unsigned int	uint16;	//无符号 16 位整型变量
typedef	signed int	int16;	//有符号 16 位整型变量
typedef	unsigned long	uint32;	//无符号 32 位整型变量
typedef	signed long	int32;	//有符号 32 位整型变量
typedef	float	fp32;	//单精度浮点数（32 位长度）
typedef	double	fp64;	//双精度浮点数（64 位长度）

第 16 章中的做法是建立一个 config.h 文件，该文件包含了这些数据类型的定义。当然，新类型的定义不是必须的。

4.6.3　单片机 C51 编程规范——标识符命名

1. 命名基本原则

➤ 命名要清晰明了，有明确含义，使用完整单词或约定俗成的缩写。通常，较短的单词可通过去掉元音字母形成缩写；较长的单词可取单词的头几个字母形成缩写，即"见名知意"。

➤ 命名风格要自始至终保持一致。

➤ 命名中若使用特殊约定或缩写，要有注释说明。

➤ 除了编译开关/头文件等特殊应用，应避免使用以_EXAMPLE_TEST_之类开始和结尾的定义。

➤ 同一软件产品内模块之间接口部分的标识符名称之前应加上模块标识。

2. 宏和常量命名

宏和常量用大写字母来命名，词与词之间用下划线分隔，对程序中用到的数字均应用有意义的枚举或宏来代替。

3. 变量命名

➤ 变量名采用 camel 命名法，即骆驼式命名法，首字母小写。采用该命名法的名称看起来就像骆驼的驼峰一样高低起伏，如 runningFlag。

➤ 局部变量应简明扼要，局部循环体控制变量优先使用 i、j、k 等。

➤ 局部长度变量优先使用 len、num 等。

➤ 临时中间变量优先使用 temp、tmp 等。

4. 函数命名

函数名用 pascal 命名法，即首字母大写，且与 camel 命名法类似，每个词的第一个字母大写。

5. 文件命名

一个文件包含一类功能或一个模块的所有函数，文件名称应清楚表明其功能或性质。每个 .c 文件应该有一个同名的 .h 文件作为头文件。

4.6.4　单片机 C51 编程规范——注释

1. 注释的基本原则

注释有助于对程序的阅读理解，说明程序在"做什么"，用以解释代码的目的、功能和采用的方法。一般情况下，源程序的有效注释量应在 30% 左右，且注释语言必须准确、易懂、简洁。边写代码边注释，修改代码的同时修改相应的注释，不再有用的注释要删除。

2. 文件注释

文件注释必须说明文件名、函数功能、创建人、创建日期、版本信息等相关信息。

修改文件代码时，应在文件注释中记录修改日期、修改人员，并简要说明此次修改的目的。所有的修改记录必须保持完整。

文件注释放在文件顶端，用"/ * ... * /"格式包含。

注释文本每行缩进 4 个空格，每个注释文本分项名称应对齐。

```
/ * * * * * * * * * * * * * * * * * * * * * * * * * * * * * * * * * * * * * * * * * * * * * *
    文件名称：
```

```
作  者：
版  本：
说  明：
修改记录：
＊＊＊＊＊＊＊＊＊＊＊＊＊＊＊＊＊＊＊＊＊＊＊＊＊＊＊＊＊＊＊＊＊＊＊＊＊／
```

3. 函数注释

1）函数头部注释

函数头部注释应包括函数名称、函数功能、入口参数、出口参数等内容。如有必要还可增加作者、创建日期、修改记录（备注）等相关项目。

函数头部注释放在每个函数的顶端，用"/＊...＊/"的格式包含。其中函数名称应简写为 FunctionName()，不包含入口、出口参数等信息。

```
/＊＊＊＊＊＊＊＊＊＊＊＊＊＊＊＊＊＊＊＊＊＊＊＊＊＊＊＊＊＊＊＊＊＊＊＊
函数名称：
函数功能：
入口参数：
出口参数：
备  注：
＊＊＊＊＊＊＊＊＊＊＊＊＊＊＊＊＊＊＊＊＊＊＊＊＊＊＊＊＊＊＊＊＊＊＊＊＊／
```

说明：实际工程代码应这样注释，但考虑到简洁性和篇幅，本书采用简明注释法。例如：

```
/＊延时毫秒函数，xms 为延时的毫秒数＊/
Delayms(unsigned int xms)
```

2）代码注释

代码注释应与被注释的代码紧邻，放在其上方或右方，不可放在下面。如放于上方则需与其上面的代码用空行隔开。一般少量注释应该添加在被注释语句的行尾，一个函数内的多个注释左对齐；较多注释则应加在上方，且注释行与被注释的语句左对齐。

函数代码注释用"/＊...＊/"的格式。

通常，分支语句（条件分支、循环语句等）必须编写注释。其程序块结束行"}"的右方应增加表明该程序块结束的标记"end of ..."，尤其在多重嵌套时。

4. 变量、常量、宏的注释

同一类型的标识符应集中定义，并在定义的前一行对其共性加以统一注释。对单个标识符的注释加在定义语句的行尾。

全局变量一定要有详细的注释，包括其功能、取值范围、哪些函数或过程存取它以及存取时的注意事项等。

注释用"//...//"的格式。

4.6.5　单片机 C51 编程规范——函数

1. 设计原则

1）函数的基本要求

➢ 正确性：程序要实现设计要求的功能。

➢ 稳定性和安全性：程序运行稳定、可靠、安全。

➢ 可测试性：程序便于测试和评价。

➤ 规范/可读性：程序书写风格、命名规则等符合规范。

➤ 扩展性：代码为下一次升级扩展留有空间和接口。

➤ 全局效率：软件系统的整体效率高。

➤ 局部效率：某个模块/子模块/函数本身的效率高。

2）编制函数的基本原则

➤ 单个函数的规模尽量限制在 200 行以内(不包括注释和空行)。一个函数只完成一个功能。

➤ 函数局部变量的数目一般不超过 5 个。

➤ 函数内部局部变量定义区和功能实现区(包含变量初始化)之间空一行。

➤ 函数名应准确描述函数的功能。通常使用动宾词组为执行某操作的函数命名。

➤ 函数的返回值要清楚明了，尤其是出错返回值的意义要准确无误。

➤ 不要把与函数返回值类型不同的变量，以编译系统默认的转换方式或强制的转换方式作为返回值返回。

➤ 减少函数本身或函数间的递归调用。

➤ 尽量不要将函数的参数作为工作变量。

2. 函数定义

➤ 函数若没有入口参数或者出口参数，应用 void 明确申明。

➤ 函数名称与出口参数类型定义间应该空一格且只空一格。

➤ 函数名称与括号( )之间无空格。

➤ 函数形参必须给出明确的类型定义。

➤ 多个形参的函数，后一个形参与前一个形参的逗号分割符之间添加一个空格。

➤ 函数体的前后花括号"{ }"各独占一行。

3. 局部变量定义

➤ 同一行内不要定义过多变量。

➤ 同一类的变量在同一行内定义，或者在相邻行定义。

➤ 先定义 data 型变量，再定义 idtata 型变量，再定义 xdata 型变量。

➤ 数组、指针等复杂类型的定义放在定义区的最后。

➤ 变量定义区不做较复杂的变量赋值。

4. 功能实现区规范

➤ 一行只写一条语句。

➤ 注意运算符的优先级，并用括号明确表达式的操作顺序，避免使用默认优先级。

➤ 各程序段之间使用一个空行分隔，加以必要的注释。程序段指能完成一个较具体的功能的一行或多行代码。程序段内的各行代码之间的相互依赖性要强。

➤ 不要使用难懂的技巧性很高的语句。

➤ 源程序中关系较为紧密的代码应尽可能相邻。

➤ 完成功能简单、关系非常密切的一条或几条语句可编写为函数或定义为宏。

4.6.6 单片机 C51 编程规范——排版

1. 缩进

代码的每一级均往右缩进 4 个空格(1 个 Tab 键)的位置。注意要用 Tab 键，不要用空格键缩进(容易数错),组合键 Shift ＋ Tab 可以实现左缩进。

2. 分行

过长的语句(超过 80 个字符)要分成多行书写;长表达式要在低优先级操作符处划分新行,操作符放在新行之首,划分出的新行要进行适当的缩进,使排版整齐,语句可读。避免把注释插入分行中。

3. 空行

➢ 文件注释区、头文件引用区、函数间应该有且只有一行空行。

➢ 相邻函数之间应该有且只有一行空行。

➢ 函数体内相对独立的程序块之间可以用一行空行或注释来分隔。

➢ 函数注释和对应的函数体之间不应该有空行。

➢ 文件末尾有且只有一行空行。

4. 空格

➢ 函数语句尾部或者注释之后不能有空格。

➢ 括号内侧(即左括号后面和右括号前面)不加空格,多重括号间不加空格。

➢ 函数形参之间应该有且只有一个空格(形参逗号后面加空格)。

➢ 同一行中定义的多个变量间应该有且只有一个空格(变量逗号后面加空格)。

➢ 表达式中,若有多个操作符连写的情况,应使用空格对它们分隔:

◆ 在两个以上的关键字、变量、常量进行对等操作时,它们之间的操作符前后均加一个空格;

◆ 在两个以上的关键字、变量、常量进行非对等操作时,其前后均不应加空格;

◆ 逗号只在后面加空格;

◆ 双目操作符,如比较操作符、赋值操作符("＝"、"＋＝")、算术操作符("＋"、"％")、逻辑操作符("＆＆"、"＆")、位操作符("＜＜"、"^")等,前后均加一个空格;

◆ 单目操作符,如"!"、"～"、"＋＋"、"－－"、"＆"(地址运算符)等,前后不加空格;

◆ "→"、"."前后不加空格;

◆ if、for、while、switch 等关键字与后面的括号间加一个空格。

5. 花括号

if、else if、else、for、while 语句无论其执行体是一条语句还是多条语句都必须加花括号,且左右花括号各独占一行。

do-while 结构中,"do"和"{"均各占一行,"}"和"while( );"共同占用一行。具体格式如下所示。

```
if ( )
{

}
else
{

}
do
```

```
    {

    }while（ ）；
```

6. switch 语句

每个 case 和其判据条件独占一行。

每个 case 程序块需用 break 结束。特殊情况下需要从一个 case 块顺序执行到下一个 case 块的时候除外，但需要在交界处明确注释如此操作的原因，以防止出错。

case 程序块之间空一行，且只空一行。

每个 case 程序块的执行语句保持 4 个空格(1 个 Tab 键)的缩进。

一般情况下都应该包含 default 分支，具体格式如下。

```
    switch（ ）
    {
        case x：

        break；

        case x：

        break；

        default：

        break；
    }
```

4.6.7　单片机 C51 编程规范——程序结构

1. 基本要求

(1) 有 main 函数的 .c 文件应将 main 函数放在最前面，并明确用 void 声明参数和返回值。

(2) 对由多个 .c 文件组成的模块程序或完整监控程序，建立公共引用头文件，将需要引用的库头文件、标准寄存器定义头文件、自定义的头文件、全局变量等均包含在内，供每个文件引用。通常，标准函数库头文件采用尖角号＜＞标志文件名，自定义头文件采用双撇号""标志文件名。

(3) 每个 .c 文件有一个对应的 .h 文件，.c 文件的注释之后首先定义一个唯一的文件标志宏，并在对应的.h 文件中解析该标志。这样处理的原因如下：

在一个头文件中，一般应包含以下内容：

(1) 对应 .c 使用的宏。

(2) 其他 .c 文件要用到的在对应 .c 中定义的全局变量，进行 extern 声明。

(3) 对应 .c 内自定义类型的声明，比如结构体类型。

(4) 对应 .c 内提供给其他文件使用的全局函数。

这里需要说明的是，已经定义过此变量的文件不需要进行外部声明。比如在 time.c

中，定义了一个变量 int a，需要在别的 .c 文件中使用，可以进行如下处理。

在 time.c 中要定义文件标志宏：

　　♯define __TIME_C_

在 time.h 中加入如下代码解析该标志：

　　♯ifndef __TIME_C_

　　extern int a；

　　♯endif

这样，time.c 文件中就不会出现"extern int a；"这条语句了。

对于确定只被某个 .c 文件调用的定义可以单独列在一个头文件中单独调用。

2．函数的形参

➢ 由函数调用者负责检查形参的合法性。

➢ 尽量避免将形参作为工作变量使用。

3．循环

➢ 尽量减少循环嵌套层数。

➢ 在多重循环中，应将最忙的循环放在最内层。

➢ 循环体内工作量最小。

➢ 尽量避免循环体内含有判断语句。

本 章 习 题

1. 为什么 C51 程序中应尽可能采用无符号格式？

2. C51 支持的数据类型有哪些？

3. 关键字 bit 与 sbit 的意义有何不同？

4. C51 支持的存储器分区有哪些？与单片机存储器有何对应关系？

5. C51 有哪几种编译模式？每种编译模式的特点如何？

6. 中断函数是如何定义的？各种选项的意义如何？

7. C51 应用程序的参数传递有哪些方式？特点如何？

8. C51 函数在数据类型方面进行了哪些调整？

第 5 章　51 单片机中断系统

5.1　中断系统结构与中断控制

中断系统使 CPU 具有对外界紧急事件的实时处理能力。当 CPU 在处理某件任务时，发生了紧急情况或者有更重要的任务需要处理，就必须停止当前的任务转去处理更重要的事情，结束后再继续处理之前的任务，如图 5-1(a) 所示，实现该功能的系统称之为中断系统。

中断的请求源称为中断源，当几个中断源同时请求中断时，CPU 通常根据中断源的轻重缓急排队，优先处理最紧急的中断源。每一个中断有一个优先级别，称为中断优先级，CPU 处理的中断源请求称为中断（服务）程序。如图 5-1(b) 所示，当 CPU 正在执行中断服务时，发生了另一个优先级别更高的中断请求，则当前的中断服务被打断，转而处理优先级更高的中断，处理完这个优先级更高的中断服务后，再接着执行之前被打断的优先级别低的中断，这个过程称为中断嵌套。

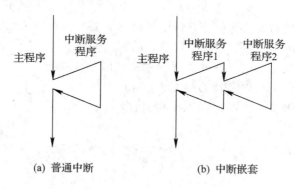

(a) 普通中断　　　　　　　(b) 中断嵌套

图 5-1　中断示意图

5.1.1　中断系统结构

STC89C52RC 单片机有 8 个中断源，如表 5-1 所示。这 8 个中断源是在 8051 单片机基本型所具备的外部中断 0($\overline{\text{INT0}}$)、定时器 T0(Timer0)、外部中断 1($\overline{\text{INT1}}$)、定时器 T1/Timer1、串口中断(UART)这 5 个中断源的基础上，增加了定时器 T2(Timer2)、外部中断 2($\overline{\text{INT2}}$)、外部中断 3($\overline{\text{INT3}}$)这 3 个中断源。

中断系统结构如图 5-2 所示。该结构图在学习中断系统的过程中非常重要,能够帮助读者理解中断产生的条件和过程。中断的产生需要若干条件,满足这些条件需要相应的控制寄存器的配合,这些寄存器的作用和设置方法将在本章和其他章节中作具体介绍。

表 5-1　STC89C52RC 中断源

中断源	中断向量入口地址	中断号	8051 基本型	STC89C52RC
外部中断 0(INT0)	0003H	0	√	√
定时器 T0(Timer0)	000BH	1	√	√
外部中断 1(INT1)	0013H	2	√	√
定时器 T1(Timer1)	001BH	3	√	√
串口中断(UART)	0023H	4	√	√
定时器 T2(Timer2)	002BH	5	×	√
外部中断 2(INT2)	0033H	6	×	√
外部中断 3(INT3)	003BH	7	×	√

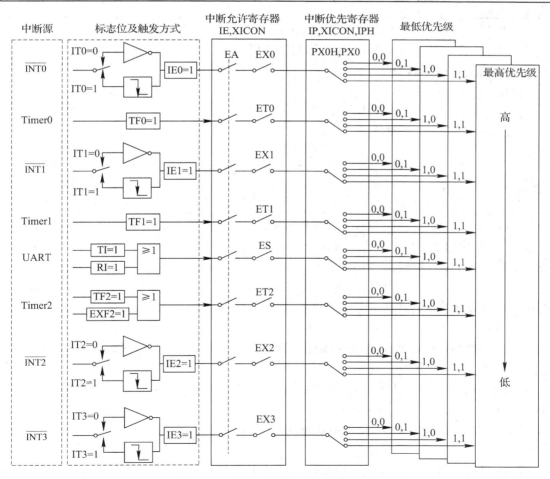

图 5-2　STC89C52RC 中断系统结构

5.1.2 中断控制寄存器

一个完整的中断包括中断请求、中断允许、中断服务和中断返回这 4 个过程，每个过程都需要相关的寄存器进行控制。与中断控制相关的寄存器如表 5 - 2 所示。下面对表 5 - 2 中的寄存器逐一介绍。

表 5 - 2　中断控制寄存器

符号	地址	位地址及符号							
IE	A8H	EA	—**	ET2	ES	ET1	EX1	ET0	EX0
IP	B8H	—	—	PT2	PS	PT1	PX1	PT0	PX0
IPH *	B7H	PX3H	PX2H	PT2H	PSH	PT1H	PX1H	PT0H	PX0H
TCON	88H	TF1	TR1	TF0	TR0	IE1	IT1	IE0	IT0
SCON	98H	SM0/FE	SM1	SM2	REN	TB8	RB8	TI	RI
T2CON *	C8H	TF2	EXF2	RCLK	TCLK	EXEN2	TR2	C/$\overline{\text{T2}}$	CP/$\overline{\text{RL2}}$
XICON *	C0H	PX3	EX3	IE3	IT3	PX2	EX2	IE2	IT2

注：①"＊"表示 STC89C52RC 中增加的寄存器。

②"＊＊"表示未定义位，取值对操作无影响。

1. 中断允许寄存器 IE

作用：开放或屏蔽中断。

复位状态：IE(0×00 0000B)。

寻址方式：字节寻址和位寻址。

其格式如下：

寄存器	地址	位	D7	D6	D5	D4	D3	D2	D1	D0
IE	A8H	位名	EA	—	ET2	ES	ET1	EX1	ET0	EX0

EA：CPU 总中断允许控制位。EA＝1，CPU 开放中断；EA＝0，CPU 屏蔽所有中断申请。EA 的作用是使中断允许形成两级控制，各中断源首先受 EA 控制，其次还受各中断源的中断允许控制位控制。

ET2：定时器/计数器 T2 溢出中断允许位。ET2＝1，允许 T2 中断；ET2＝0，禁止 T2 中断。8051 基本型单片机无此位的定义。

ES：串口中断允许位。ES＝1，允许串口中断；ES＝0，禁止串口中断。

ET1：定时器/计数器 T1 溢出中断允许位。ET1＝1，允许 T1 中断；ET1＝0，禁止 T1 中断。

EX1：外部中断 1 中断允许位。EX1＝1，允许外部中断 1 中断；EX1＝0，禁止外部中断 1 中断。

ET0：定时器/计数器 T0 溢出中断允许位。ET0＝1，允许 T0 中断；ET0＝0，禁止 T0 中断。

EX0：外部中断 0 中断允许位。EX0＝1，允许外部中断 0 中断；EX0＝0，禁止外部中断 0 中断。

2. 定时器/计数器 T0/T1 控制寄存器 TCON

作用：控制定时器/计数器 T0 和 T1 及外部中断 0 和外部中断 1。

复位状态：TCON(0000 0000B)。

寻址方式：字节寻址和位寻址。

其格式如下：

寄存器	地址	位	D7	D6	D5	D4	D3	D2	D1	D0
TCON	88H	位名	TF1	TR1	TF0	TR0	IE1	IT1	IE0	IT0

寄存器 TCON 的高 4 位 D7~D4 用来控制 T0 和 T1；低 4 位 D3~D0 用来控制外部中断 0 和外部中断 1。

TF1：T1 溢出标志位。当 T1 加一计数满后，TF1 会由硬件置 1。该标志为 TF1 向 CPU 申请中断，当 CPU 响应中断(进入中断)后，TF1 由硬件自动清 0。

TR1：定时器/计数器 T1 启动位。TR1=1 时，T1 启动计数。

TF0：T0 溢出标志位，其工作过程与 TF1 的工作过程一样。

TR0：定时器/计数器 T0 启动位，其工作过程与 TR1 的工作过程一样。

IE1：外部中断 1($\overline{INT1}$/P3.3)标志位。IE1=1，外部中断 1 向 CPU 请求中断，当 CPU 响应中断(进入中断)后，IE1 由硬件自动清 0。

IT1：外部中断 1 触发方式控制位。IT1=0，$\overline{INT1}$/P3.3 引脚的低电平信号使 IE1=1，向 CPU 申请中断；IT1=1，$\overline{INT1}$/P3.3 引脚的下降沿使 IE1=1，向 CPU 申请中断。

IE0：外部中断 0($\overline{INT0}$/P3.2)标志位。IE0=1，外部中断 0 向 CPU 请求中断，当 CPU 响应中断(进入中断)后，IE0 由硬件自动清 0。

IT0：外部中断 0 触发方式控制位。IT0=0，$\overline{INT0}$/P3.2 引脚的低电平信号使 IE0=1，向 CPU 申请中断；IT0=1，$\overline{INT0}$/P3.2 引脚的下降沿使 IE0=1，向 CPU 申请中断。

3. 定时器/计数器 T2 控制寄存器 T2CON

作用：控制定时器/计数器 T2。

复位状态：T2CON(0000 0000B)。

寻址方式：字节寻址和位寻址。

其格式如下：

寄存器	地址	位	D7	D6	D5	D4	D3	D2	D1	D0
T2CON	C8H	位名	TF2	EXF2	RCLK	TCLK	EXEN2	TR2	C/$\overline{T2}$	CP/$\overline{RL2}$

TF2：定时器 T2 溢出标志位。计数满后，TF2 会由硬件置 1，该标志位必须由软件清 0。当 RCLK 或 TCLK=1 时，该标志不会被置 1。

EXF2：定时器 T2 外部标志。当 EXEN2=1 并且 T2EX 的负跳变产生捕获或重装时，EXF2 置位。定时器 T2 中断使能时，EXF2=1 将使 CPU 从中断向量处执行定时器 T2 的中断子程序。EXF2 必须由软件清 0。在递增/递减计数器模式(DCEN=1)中，EXF2 不会引起中断。

RCLK：接收时钟标志。RCLK=1 时，定时器 T2 溢出脉冲作为串行口模式 1 和模式 3 的接收时钟；RCLK=0 时，定时器 T1 的溢出脉冲作为接收时钟。

TCLK：发送时钟标志。TCLK=1 时，定时器 T2 溢出脉冲作为串行口模式 1 和模式 3

的发送时钟；TCLK＝0 时，定时器 T1 的溢出脉冲作为发送时钟。

EXEN2：定时器 T2 外部使能标志。当 EXEN2＝1 并且定时器 T2 不作为串口时钟时，允许 T2EX 的负跳变产生捕获或重装；EXEN2＝0 时，T2EX 的负跳变对定时器 T2 无效。

TR2：定时器 T2 启动位，TR2＝1 时，定时器 T2 启动。

C/$\overline{T2}$：定时器 T2 定时/计数功能选择位。C/$\overline{T2}$＝0 时，为内部定时器功能（OSC/12 或 OSC/6）；C/$\overline{T2}$＝1 时，为外部计数器功能（下降沿）。

CP/$\overline{RL2}$：捕获/重装标志位。CP/$\overline{RL2}$＝1，在 EXEN2＝1 时，T2EX 的下降沿产生捕获；CP/$\overline{RL2}$＝0，在 EXEN2＝0 时，定时器 T2 溢出或 T2EX 的下降沿都可以使定时器自动重装。当 RCLK＝1 或 TCLK＝1 时，该位无效且定时器强制为溢出后自动重装。

4. 串口控制寄存器 SCON

作用：串口通信控制。

复位状态：SCON（0000 0000B）。

寻址方式：字节寻址和位寻址。

其格式如下：

寄存器	地址	位	D7	D6	D5	D4	D3	D2	D1	D0
SCON	98H	位名	SM0/FE	SM1	SM2	REN	TB8	RB8	TI	RI

SCON 中与中断有关的控制位共两位，即 TI 和 RI。

TI：串行口发送中断标志位。串行口以方式 0 发送时，发送完 8 位数据，TI＝1；串行口以方式 1、2、3 发送时，在发送停止位的开始时 TI＝1。TI＝1 时，串行口向 CPU 申请（发送）中断，该标志位只能由软件清 0。

RI：串行口接收中断标志位。串行口允许接收，且为方式 0 时，接收完第 8 位数据后，RI＝1；串行口以方式 1、2、3 接收，且 SM2＝0 时，接收到停止位时，RI＝1；串行口以方式 2、3 接收，且 SM2＝1 时，接收完第 9 位 RB8 为 1 时，再接收到停止位 RI＝1。

RI＝1 时，串行口向 CPU 申请（接收）中断，该标志位只能由软件清 0。

串行中断请求由 TI 和 RI 的逻辑或得到，即无论是发送标志还是接收标志都会产生串行中断请求。

5.2 中断优先级与中断函数

5.2.1 中断优先级

在 5.1 节中，介绍了中断优先级的概念。

STC89C52RC 的 8 个中断源都具有 4 个中断优先级 0、1、2、3，可以实现两级的中断嵌套，中断嵌套的基本规则有两条。

➢ 低优先级的中断可被高优先级的中断打断，反之不行。

➢ 一个被响应的中断不会被同级的中断打断。

各中断源的中断优先级由 IP（B8H）、XICON（C0H）和 IPH（B7H）3 个寄存器控制。

8051 基本型单片机通过 IP 寄存器可设置两个中断优先级，即高优先级和低优先级，可以实现两级中断嵌套。STC89C52RC 单片机通过增加的特殊功能寄存器 XICON 和 IPH，可实现设置 4 个中断优先级。此处只介绍基本型单片机的中断优先级控制寄存器 IP。

IP：中断优先级控制寄存器。

作用：设置各个中断的优先级。

复位状态：IP（××00 0000B）。

寻址方式：字节寻址和位寻址。

其格式如下：

寄存器	地址	位	D7	D6	D5	D4	D3	D2	D1	D0
IP	B8H	位名	—	—	PT2	PS	PT1	PX1	PT0	PX0

PT2：定时器/计数器 T2 中断优先级设定位。PT2＝0，优先级为低；PT2＝1，优先级为高。（8051 基本型无此位）

PS：串行中断优先级设定位。PS＝0，优先级为低；PS＝1，优先级为高。

PT1：定时器/计数器中断 1 优先级设定位。PT1＝0 优先级为低；PT1＝1，优先级为高。

PX1：外部中断 1 优先级设定位。PX1＝0，优先级为低；PX1＝1，优先级为高。

PT0：定时器/计数器中断 0 优先级设定位。定义同 PT1。

PX0：外部中断 0 优先级设定位，定义同 PX1。

各中断源的优先级设置如表 5－3 所示。需要注意的是，寄存器 IPH 只能字节寻址。

表 5－3　中断优先级设置

中断源	中断编号	中断优先级设置（IP）	中断请求标志位	中断允许控制位	自然优先级
外部中断 0 $\overline{\text{INT0}}$(P3.2)	0	PX0	IE0	EX0/EA	1 最高
定时器/计数器 T0(P3.4)	1	PT0	TF0	ET0/EA	2
外部中断 1 $\overline{\text{INT1}}$(P3.3)	2	PX1	IE1	EX1/EA	3
定时器/计数器 T1(P3.5)	3	PT1	TF1	ET1/EA	4
串口 UART	4	PS	RI＋TI	ES/EA	5
定时器/计数器 T2(P1.0)	5	PT2	TF2＋EXF2	ET2/EA	6 最低

在表 5－3 中，优先级相同时，哪一个中断请求会被 CPU 响应，取决于中断的自然优先级。表 5－3 中，如果各中断源的优先级相同，中断响应则按照自上向下、自然优先级由高

到低的顺序执行，外部中断 0 的自然优先级最高，定时器/计数器 T2 的自然优先级最低，CPU 会响应自然优先级高的中断。

5.2.2 中断函数的结构形式

采用 C 语言编程时，中断号即可表示中断查询次序，中断号越小，中断查询次序越高。各中断源的中断号参见表 5－1。C 语言中中断函数的格式如下：

    函数类型 函数名 interrupt n using m

其中 n(0～7)为各中断源的中断号，具体可参见表 5－1；m(0～3)为寄存器编号，由特殊功能寄存器中程序状态字 PSW 的 RS1 和 RS0 确定，编程时 using m 可省略。例如：

void	EXINT0(void)	interrupt	0	//外部中断 0 中断函数
void	Timer0(void)	interrupt	1	//定时器 T0 中断函数
void	EXINT1(void)	interrupt	2	//外部中断 1 的中断函数
void	Timer1(void)	interrupt	3	//定时器 T1 中断函数
void	Uart0(void)	interrupt	4	//串口中断函数
void	Timer2(void)	interrupt	5	//定时器 T2 中断函数

5.3 外部中断源的 C51 编程

外部中断 0($\overline{INT0}$)、外部中断 1($\overline{INT1}$)有两种触发方式，即下降沿触发和低电平触发。低电平触发时，相应引脚低电平的持续时间至少为两个时钟周期；下降沿触发时，高电平和低电平都至少维持一个时钟周期。

外部中断请求的标志位位于 TCON 寄存器中的 IE0(TCON.1)、IE1(TCON.3)。

外部中断的触发方式由 TCON 寄存器中的 IT0(TCON.0)、IT1(TCON.2)控制。如 ITx＝0(x＝0，1)时，则在 $\overline{ITNx}$(x＝0，1)引脚检测到至少两个时钟周期的低电平后，相应的中断标志位 IEx(x＝0，1)被置 1，向 CPU 申请中断；当 ITx＝1(x＝0，1)时，则在 $\overline{INTx}$(x＝0，1)引脚检测到高电平至少持续一个时钟周期，随后的低电平也至少持续一个时钟周期后，相应的中断标志位 IEx(x＝0，1)被置 1，向 CPU 申请中断。当外部中断被响应后，外部中断请求标志位 IE0、IE1 会被硬件自动清 0。

5.3.1 外部中断源初始化

外部中断源的初始化主要包括触发方式的设置、中断允许和设置中断优先级等。例如，使外部中断 0 为下降沿触发，外部中断 1 为低电平触发，且外部中断 1 的优先级高于外部中断 0 的优先级，则允许它们中断的初始化程序如下。

```
void ExIntInit(void)              //外部中断初始化函数
{
    IT0 = 1;                      //外部中断 0 下降沿触发
    IT1 = 0;                      //外部中断 1 低电平触发
    PX1 = 1;                      //外部中断 1 的优先级为 1
    EA = 1;                       //全局中断允许
```

```
        EX0 = 1;                        //允许外部中断 0 中断
        EX1 = 1;                        //允许外部中断 1 中断
    }
```

单片机复位后，与中断有关的寄存器的值都为 0x00，因此默认所有中断的优先级都为 0。要设置外部中断 1 的优先级为 1，需要对寄存器 IP 中的 PX1 位进行设置，IP 寄存器可以位寻址，故 PX1＝1。这里将外部中断 1 的优先级设置为 1，可以使外部中断 1 的优先级高于外部中断 0 的优先级。如果需要其他的外部中断源，采用同样的设置方式将代码添加到初始化函数 ExIntInit 中即可。

5.3.2　编程示例

【例 5 - 1】　利用 5.3.1 小节的初始化函数完成以下功能：无外部中断时，LED3 亮；外部中断 0 发生时，P0 口所接的 LED 发光二极管在点亮和熄灭之间切换。

例 5 - 1 的原理图如图 5 - 3 所示。

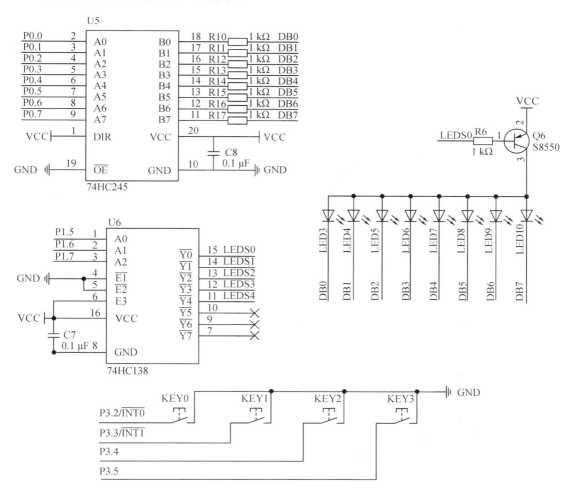

图 5 - 3　例 5 - 1 的原理图

图 5 - 3 中，通过 74HC138 译码器控制三极管 Q6 的导通，通过 74HC245 驱动发光二

极管,KEY0 和 KEY1 模拟外部中断。当译码器输入端 A2A1A0(P1.7~P1.5) = 000 时,输出 $\overline{Y0}$ 即 LEDS0 为低电平,三极管 Q6 导通。此时,如果单片机 P0 口输出低电平,即 74HC245 的 DB7~DB0 都输出低电平,数码管发光。

【程序代码】

```c
/* * * * * * * * * * * * main. c 文件程序源代码 * * * * * * * * * * * * * * * * * * */
#include <reg52.h>

sbit LSA = P1^5;              //译码器输出选择
sbit LSB = P1^6;
sbit LSC = P1^7;

void Delayms(unsigned int);   //延时函数声明
void ExIntInit(void);         //外部中断 0 初始化函数声明

/* 主函数 */
void main(void)
{
    ExIntInit();              //外部中断初始化
    LSA = 0;                  //选中 LED
    LSB = 0;
    LSC = 0;
    while(1)
    {
        P0 = 0xfe;            //点亮 LED0
    }
}

/* 外部中断 0 的中断函数 */
void EXINT0() interrupt 0     //外部中断 0 的中断函数
{
    P0 = 0xff;                //LED 灭
    Delayms(500);
    P0 = 0x00;                //LED 亮
    Delayms(500);
}

/* 延时函数,xms 为延时的毫秒数 */
void Delayms(unsigned int xms)
{
    unsigned int i, j;
    for (i = xms;i>0;i——)
        for (j = 110;j>0;j——);
```

```
    }
/ * 外部中断 0 初始化 * /
void ExIntInit(void)
{
    IT0 = 0;                     //低电平触发方式
    EX0 = 1;                     //打开 INT0 的中断允许
    EA = 1;                      //打开总中断
}
```

【程序解析】

本例中，用 KEY0 来模拟外部中断 0，外部中断的初始化包括设置触发方式、允许外部中断 0 中断和 CPU 开中断，如果涉及到中断优先级，则还需设置优先级。在本例中，为了观察中断的过程，外部中断的触发方式设置为低电平触发，只要 KEY0 按下，就一直处于中断过程中，如果采用下降沿触发，中断只会在 KEY0 按下时发生。关于这一点，可修改触发方式并观察现象。

本例用按键模拟外部中断，但在程序中并没有对按键进行检测，这是因为在原理图中，按键 KEY0 已经被（只能）接到单片机的 P3.2(INT0)引脚，该引脚只要满足设定的触发方式，会自动执行中断函数，而不是像普通的函数那样需要调用。外部中断对主程序的打断发生在主程序的 while(1)循环中。

【例 5 - 2】　原理图同例 5 - 1。无外部中断时，P0 口接的 LED 闪烁；外部中断 0 发生时，LED 从下向上移动 3 圈；外部中断 1 发生时，LED 从上向下移动 3 圈。要求外部中断 1 可以打断外部中断 0。

【程序代码】

```
/ * * * * * * * * * * * * * * main. c 文件程序源代码 * * * * * * * * * * * * * * * /
#include <reg52. h>
#include <intrins. h>

sbit LSA = P1^5;            //译码器输出选择
sbit LSB = P1^6;
sbit LSC = P1^7;

void EXint_Init(void);
void Delayms(unsigned int);
void Down2Up(int);          //从下向上函数声明
void Up2Down(int);          //从上向下函数声明

/ * 主函数 * /
void main(void)
{
    EXint_Init();
    LSA = 0;
    LSB = 0;
```

```
    LSC = 0;                    //译码器输出 Y0 为 0, Q6 导通
    while(1)                    //等待中断
    {
      P0 = 0xff;
      Delayms(250);
      P0 = 0x00;
      Delayms(250);
    }
}


/* 外部中断初始化函数 */
void EXint_Init(void)
{
  IT0 = 0;                      //外部中断 0 低电平触发
  IT1 = 0;                      //外部中断 1 低电平触发
  PX1 = 1;                      //外部中断 1 的优先级为高
  EA = 1;                       //全局中断允许
  EX0 = 1;                      //允许外部中断 0 中断
  EX1 = 1;                      //允许外部中断 1 中断
}


/* 延时函数, xms 为延时的毫秒数 */
void Delayms(unsigned int xms)
{
  unsigned int i, j;

  for(i = xms;i > 0;i——)
  {
    for (j = 110;j > 0;j——);
  }
}


/* 外部中断 0 的中断函数 */
void EXINT0() interrupt 0
{
    Down2Up(3);                 //外部中断 0, 从下向上移动 3 圈
}


/* 外部中断 1 的中断函数 */
void EXINT1() interrupt 2
{
  Up2Down(3);                   //外部中断 1, 从上向下移动 3 圈
}
```

```
/*从下向上函数,执行 x 圈 */
void Down2Up(int x)
{
    int i, j;
    unsigned char sel = 0xfe;          //初始状态为 1111 1110
    for (i = 0;i < x;i++)              //执行循环 x 圈
    {
        for(j=0;j<8;j++)
        {
            P0 = sel;
            Delayms(250);
            sel = _crol_(sel, 1);      //循环左移 1 位
        }
    }
}


/*从上向下函数,执行 x 圈 */
void Up2Down(int x)
{
    int i, j;
    unsigned char sel = 0x7f;          //初始状态为 0111 1111

    for (i = 0;i < x;i++)              //执行循环 x 圈
    {
        for(j = 0;j < 8;j++)
        {
            P0 = sel;
            Delayms(250);
            sel = _cror_(sel, 1); //循环右移 1 位
        }
    }
}
```

【程序解析】

外部中断 0 的中断函数名称为 EXINT0,中断号为 0;外部中断 1 的中断函数名称为 EXINT1,中断号为 2,都无参数传递。外部中断 0 与例 5-1 相同,外部中断 0 和外部中断 1 中,分别采用了循环左移函数_crol_和循环右移函数_cror_,这两个函数是 C51 已经定义好的函数,使用时只要在程序开始处加入♯include <intrins. h>即可。

在中断初始化中除了设置触发方式及开中断外,还涉及到外部中断优先级的设置。单片机在复位后,所有中断的优先级都是低优先级,在此情况下,中断按照自然优先级,外部中断 0 的自然优先级高于外部中断 1 的自然优先级,因此外部中断 1 是不能打断外部中断 0 的。例 5-2 中要求外部中断 1 能够打断外部中断 0,就必须设置外部中断 1 为高优先级,

即外部中断 1 的优先级为高，则 PX1＝1。从运行结果可以看到，当在外部中断 0 中进行从下向上移动的过程中，外部中断 1 发生，则从下向上会被从上向下打断。需要注意的是，当外部中断 1 执行完成后，外部中断 0 会从被打断的位置继续执行，这一点，从亮灯的位置可以观察到。

外部中断 0 必须是由 P3.2($\overline{\text{INT0}}$)引脚引入，而外部中断 1 必须是由 P3.3($\overline{\text{INT1}}$)引脚引入。

如要用其他的外部中断，只需在以上代码中作以下修改。

(1) 中断初始化，包括中断源的触发方式、优先级和中断允许。

(2) 中断函数名称 EXINTi(i＝0～3)、中断号(0，2，6，7)。

(3) 各中断服务程序。

本 章 习 题

1. 与外部中断有关的寄存器有哪几个？每个寄存器中各位的功能分别是什么？

2. 外部中断的标志位分别是什么？当 CPU 响应中断后，这些标志位的值分别是什么？

3. 外部中断的触发方式有几种？如何设置？

4. STC89C52 单片机有几个中断优先级？当优先级相同时，外部中断的响应顺序是怎样的？

5. 利用开发板完成以下功能：外部中断 0 发生时，P0 口所接发光二极管自上向下循环点亮 3 圈；当外部中断 1 发生时，发光二极管自上下向中间点亮 3 圈。要求外部中断 1 可以打断外部中断 0，并且外部中断 0 恢复后可以从上次被打断的 LED 灯开始点亮。

第 *6* 章　定时器与数码管显示

6.1　51 单片机定时器/计数器的基本知识

在单片机的工业控制及家居民用控制中，往往需要定时检测某个参数或按一定的时间间隔来进行某项控制，比如每天的定时闹钟、交通信号灯的定时更替、电动机的速率控制等，此时就需要用到定时器/计数器。STC89C51 有 2 个 16 位的定时器/计数器，STC89C52 有 3 个 16 位的定时器/计数器。与定时器相关的寄存器在第 5 章中进行了简单的介绍，本章将进行更详细的讲解。顾名思义，定时器/计数器可以实现定时器(Timer)或者计数器(Counter)功能。定时器是对单片机的内部时钟计数，由于单片机的内部时钟周期或频率已知，因此计数就可以转化为定时；计数器则是对外部输入事件进行计数。由此可见，无论是定时还是计数，本质上都是计数，只是计数的对象不同。

6.1.1　定时器/计数器的基本结构

定时器/计数器的实质是加 1 计数器(16 位)，由高 8 位和低 8 位两个寄存器组成。TMOD 是定时器/计数器的工作方式寄存器，用于确定定时器/计数器的工作方式和功能；TCON 是控制寄存器，用于控制 T0、T1 的启动和停止及设置溢出标志。定时器/计数器的基本结构如图 6-1 所示。

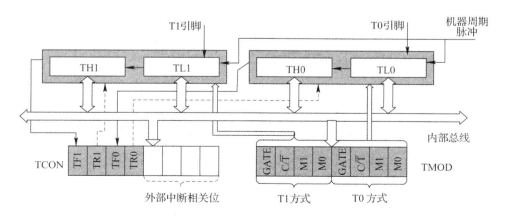

图 6-1　定时器/计数器的基本结构

在作为定时器使用时，是对单片机内部的机器周期计数，因其内部频率为晶振频率的 1/12，如果晶振频率为 12 MHz，则定时器每接收一个输入脉冲的时间为 1 μs；当用做对外部事件进行计数时，接相应的外部输入引脚 T0(P3.4)或 T1(P3.5)，当检测到输入引脚上的电平由高变低时，计数器加 1。

6.1.2 特殊功能寄存器

1. 工作方式寄存器 TMOD(89H)

TMOD 用于设置定时器/计数器的工作方式，低 4 位用于 T0，高 4 位用于 T1。其格式如下：

D7	D6	D5	D4	D3	D2	D1	D0
GATE	C/$\overline{T}$	M1	M0	GATE	C/$\overline{T}$	M1	M0

GATE：门控位。GATE＝0 时，只要用软件使 TCON 中的 TR0 或 TR1 为 1，就可以启动定时器/计数器工作；GATE＝1 时，要用软件使 TR0 或 TR1 为 1，同时外部中断引脚也为高电平时，才能启动定时器/计数器工作，即此时定时器/计数器的启动多了一个条件。

C/$\overline{T}$：定时/计数模式选择位。0 为定时模式，1 为计数模式。

M1M0：工作方式设置位。定时器/计数器有 4 种工作方式，由 M1M0 进行设置，如表 6-1 所示。

表 6-1 定时器/计数器的工作方式

M1M0	工作方式	说　明
00	方式 0	13 位定时器/计数器
01	方式 1	16 位定时器/计数器
10	方式 2	8 位自动重装定时器/计数器
11	方式 3	T0 分成两个独立的 8 位定时器/计数器；T1 在此方式下停止计数

2. 控制寄存器 TCON

TCON 的低 4 位用于控制外部中断，这点在 5.1.2 小节中已作介绍；TCON 的高 4 位用于控制定时器/计数器的启动和中断申请。其格式如下：

D7	D6	D5	D4	D3	D2	D1	D0
TF1	TR1	TF0	TR0				

TF1(TCON.7)：T1 溢出中断请求标志位。T1 计数溢出时，由硬件自动置 TF1 为 1。CPU 响应中断后，TF1 由硬件自动清 0。T1 工作时，CPU 可随时查询 TF1 的状态，所以 TF1 可用做查询测试的标志。TF1 也可以用软件置 1 或清 0，同硬件置 1 或清 0 的效果一样。

TR1(TCON.6)：T1 运行控制位。TR1 置 1 时，T1 开始工作；TR1 置 0 时，T1 停止工作。TR1 由软件置 1 或清 0，所以用软件可以控制定时器/计数器的启动与停止。

TF0(TCON.5)：T0 溢出中断请求标志位，其功能与 TF1 的类同。

TR0(TCON.4)：T0 运行控制位，其功能与 TR1 的类同。

6.2　定时器/计数器的工作方式

1. 方式 0

方式 0 为 13 位计数，由 TL0 的低 5 位(高 3 位未用)和 TH0 的 8 位组成。TL0 的低 5 位溢出时向 TH0 进位，TH0 溢出时，置位 TCON 中的 TF0 标志，向 CPU 发出中断请求。图 6-2 所示为定时器/计数器 T0 的结构，T1 的结构与 T0 的结构类似，图中的机器周期就是系统时钟信号的 12 分频后的信号。

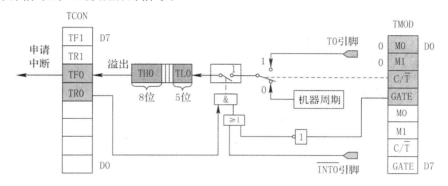

图 6-2　方式 0 的逻辑结构图

图 6-2 的工作过程如下：

当 GATE＝0 时，GATE 经反相后使或门输出为 1，此时仅由 TR0 控制与门的开启，与门输出 1 时，控制开关接通，计数开始。C/$\overline{T}$＝1 时，对 T0 引脚输入的外部信号计数；C/$\overline{T}$＝0 时，则对内部机器周期信号计数。TR0＝1 时，计数启动，由设定的初值开始计数。当计数发生溢出时，会有标志位 TF0 被置 1，可以查询 TF0 来判断计数或者定时时间是否已到，或者 TF0 会向 CPU 申请中断。

当 GATE＝1 时，由外中断引脚信号控制或门的输出，此时由外中断引脚信号和 TR0 共同控制与门的开启。当 TR0＝1 时，外中断引脚信号引脚的高电平启动计数，外中断引脚信号引脚的低电平停止计数。这种方式常用来测量外中断引脚上正脉冲的宽度。

2. 方式 1

方式 1 为 16 位计数，由 TL0 作为低 8 位、TH0 作为高 8 位组成 16 位加 1 计数器，如图 6-3 所示。方式 1 的工作过程与方式 0 的类似，只是计数器的位数不同。通常，方式 1 较方式 0 在装载初值时更方便，一般可使用方式 1 来代替方式 0。

3. 方式 2

方式 2 为自动重装初值的 8 位计数方式，如图 6-4 所示。在这种方式下，TH0 和 TL0 装载相同的初值，并以 TL0 中的初值开始计数。当计数溢出时，TH0 中的初值会自动重装到 TL0 中，为下一次计数做准备。方式 2 的工作过程与方式 0 的工作过程类似。方式 2 特别适合于用做较精确的脉冲信号发生器。

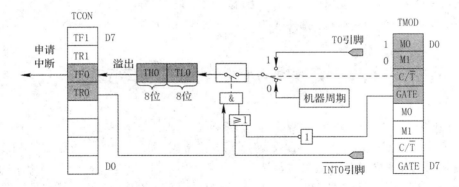

图 6-3 方式 1 的逻辑结构图

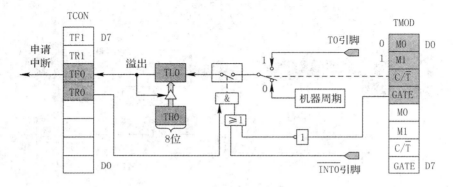

图 6-4 方式 2 的逻辑结构图

4. 方式 3

图 6-5 所示为方式 3 的逻辑结构图，该方式只适用于定时器/计数器 T0。当设定定时器 T1 处于方式 3 时，定时器 T1 不能计数。方式 3 将 T0 分成为两个独立的 8 位计数器 TL0 和 TH0。其中，T0 的高 8 位 TH0 作为 8 位定时器使用，由 TR1 控制启动，溢出后 TF1 会置 1；低 8 位 TL0 可以实现定时或计数功能，由 TR0 控制启动，标志位为 TF0。T1 仍可用于方式 0、1、2，但不能使用中断。只有在 T1 被串口占用时，T0 才使用方式 3。

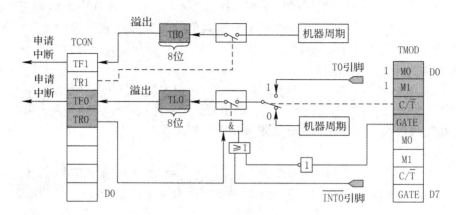

图 6-5 方式 3 的逻辑结构图

6.3　定时器/计数器的应用

6.3.1　定时器/计数器的初始化

1. 初始化步骤

在使用定时器时，应对它进行初始化编程。通常需要完成以下几个步骤：

（1）设置特殊功能寄存器 TMOD，配置好工作方式。

（2）设置计数寄存器 TH 和 TL 的初值。

（3）定时器/计数器在中断方式工作时，需编程 IE 寄存器，开 CPU 中断和源中断。

（4）设置 TCON，通过 TR0 或 TR1 置 1 启动定时器计数。

另外，如定时器/计数器工作在查询方式时，则在程序执行过程中还需判断 TCON 寄存器的 TF0 位，以监测定时器的溢出情况。

2. 计数初值的计算

方式 0 是 13 位定时器/计数器，其最大计数值为 $2^{13}=8192$；方式 1 是 16 位定时器/计数器，其最大计数值为 $2^{16}=65536$；方式 2、方式 3 均为 8 位定时器/计数器，其最大计数值为 $2^8=256$。

设已知 N 为计数值，如工作于方式 1，则可按下式装载计数寄存器初值

$$TH=(65536-N) / 256$$
$$TL=(65536-N) \% 256$$

如工作于方式 2，则可按下式装载计数寄存器初值

$$TH=TL=256-N$$

另外，在定时器工作方式下，由于定时器/计数器是对单片机内部的机器周期脉冲进行计数，其定时间隔还与外接的晶振频率紧密相关。

单片机中时间单位脉冲的周期是：

$$T=\frac{12}{f_c}$$

假定晶振的频率是 12 MHz，则 1 个机器周期为 1 μs，因此每秒定时器所记录的时间单位脉冲的个数是 1 s/1 $\mu s=10^6$，那么定时器从 0～50 000 需要的时间为（$50000/10^6$）s，即 0.05 s。

如果晶振的频率是 6 MHz，则 1 个机器周期为 2 μs，因此每秒定时器所记录的时间单位脉冲的个数是 1 s/2 $\mu s=0.5\times10^6$，则定时器从 0～50 000 需要的时间为（$50000/(0.5\times10^6)$）s，即 0.1 s。

因此，如果设定定时器计数初值为 X，机器周期为 T_c，定时器定时时间为 T_d，则

$$T_d=(2^n-X)T_c$$

n 为定时器的位数，则定时器的初值为

$$X=2^n-\frac{T_d}{T_c}$$

得到初值 X 后，则可根据定时器的工作方式来装载 TH 与 TL。

6.3.2 应用举例

【例 6 - 1】 如图 6 - 6 所示，P0.1 口输出频率为 0.5 Hz 的方波。可以通过 P0.1 口接的 LED 灯的亮灭来观察现象，即 LED 亮灭各 1 s。

P0 口所接的发光二极管由开发板上的 LEDS0 控制，且该位连接到 3 - 8 译码器 74HC138 的输出端，因此 P1.5、P1.6、P1.7 需赋值 0 以选中该位。

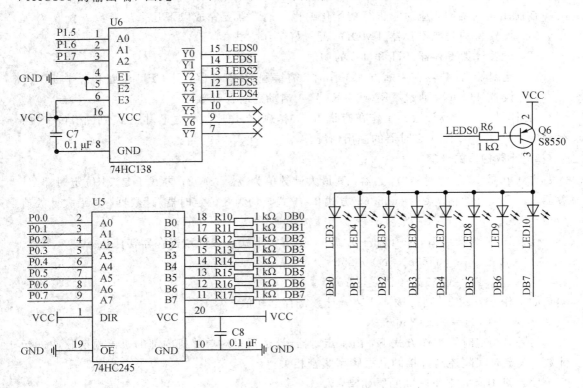

图 6 - 6 例 6 - 1 的电路图

【程序代码】

1. 查询方式

```
/ * * * * * * * * * * * * * main.c 文件程序源代码 * * * * * * * * * * * * * * * * /
#include <reg52.h>


/ * * * * * * 端口定义 * * * * * * * * * * * * * * * * * * * * /
sbit Wave = P0^1;              //位定义，Wave 即代表 P0.1
sbit LSC = P1^7;               //特殊功能寄存器的位定义
sbit LSB = P1^6;               //3 - 8 译码器的输入端
sbit LSA = P1^5;               //控制三极管 Q2~Q6 的导通


void main(void)                //主函数
{
```

```
unsigned char cnt = 0;                    //定义一个计数变量，记录 T0 的溢出次数

    LSA = 0;                              //本开发板的 P0 发光二极管片选地址
    LSB = 0;
    LSC = 0;
    Wave = 0;                             //初始化 P0.1 等于 0
    TMOD = 0x01;                          //设置定时器 T0 工作于方式 1
    TH0 = (65536－18432)/256;             //计数器初值
    TL0 = (65536－18432)%256;
    TR0 = 1;                              //启动定时器
    while (1)                             //主循环
    {
        if (TF0 == 1)                     //判断 T0 是否溢出
        {
            TF0 = 0;                      //T0 溢出后，清 0 中断标志
            TL0 = －18432/256;            //计数器初值
            TH0 = －18432%256;
            cnt++;                        //计数值自加 1
            if (cnt >= 50)               //判断 T0 溢出是否达到 50 次，即 1 s
            {
                cnt = 0;                  //达到 50 次后计数值清 0
                Wave = ～Wave;            //Wave 取反：0→1、1→0
            }
        }
    }
}
```

【程序解析】

由于输出频率 f＝0.5 Hz，则周期 T＝1/f＝1/0.5＝2 s，所以 P0.1 口输出高、低电平，持续时间分别为 1 s。TMOD 寄存器：可选用定时器 T0，工作于方式 1 的定时方式。

TMOD 可根据如下格式进行设置：

D7	D6	D5	D4	D3	D2	D1	D0
GATE	C/$\overline{T}$	M1	M0	GATE	C/$\overline{T}$	M1	M0

TMOD 高 4 位用于设置 T1，因与本题无关，所以都取 0；D3 位 GATE＝0，因为本题与外部中断 0 无关，采用定时方式；D2 位 C/$\overline{T}$＝0，采用 16 位的工作方式 1；D1 和 D0 位 M1M0＝01。所以 TMOD＝00000001B，即 0x01。

TH0 与 TL0 初值：晶振是 11.0592MHz，时钟周期就是 1/11 059 200，机器周期是 12/11 059 200 s。假如要定时 20 ms，就是 0.02 s，要经过 x 个机器周期得到 0.02 s，即 $x \times (12/11\ 059\ 200)＝0.02$，得到 $x＝18\ 432$。16 位定时器的溢出值是 65 536（因 65 535 再加 1 才是溢出），因此可以这样操作，先给 TH0 和 TL0 一个初始值，并使其经过 18 432 个机器周期后刚好达到 65 536，也就是溢出，溢出后可以通过检测 TF0 的值得知刚好是 0.02 s。那么初值 $y＝65536－18432＝47104$。

赋初值 TH0＝(65536－18432)/256，TL0＝(65536－18432)％256，运算符"/"表示除法取整，"％"表示除法取余，可以得到初值的高 8 位和低 8 位。如果用十六进制表示初值就是 0xB800，也可写成是 TH0＝0xB8，TL0＝0x00。

TR0＝1 启动定时器，从设置的初值 47104 开始定时，每经过一个机器周期就在初值的基础上加 1，经过 18432 个机器周期(20 ms)后，计数器溢出使得 TF0＝1。因此，在 while(1) 循环中等待 TF0＝1，表示 20 ms 定时到。由于输出方波的高低电平各 1s，而方式 1 下的最大定时时间也不过 $2^{16} \times 12/11059200$ s，即 71 ms 左右。因此在程序中定义了一个中断次数计数器 cnt，每次计数溢出 cnt 加 1，当 cnt＝50 时，说明已经有 50 次的 20 ms 定时溢出，也就是 1 s 的时间。这时，只要把输出电平取反，即可得到 1 s 定时。

在主程序中可以看到，当 TF0＝1 时，需要将 TF0 清 0，为下次计数溢出做准备。另外，还重新装载了定时初值，如果不重新装载，则下一次的计数就是从 0 开始，定时时间是 71 ms 而不是 20ms。

在本例中，在主程序的 while(1)循环中一直在等待定时器溢出即 TF0＝1，因此程序的执行效率很低。第 5 章中介绍了定时器中断，本章又介绍了和定时器有关的寄存器，下面采用中断方式来实现本例。

2. 中断方式

```
/ * * * * * * * * * * * *main.c 文件程序源代码 * * * * * * * * * * * * * * */
#include <reg52.h>

//端口定义
sbit Wave = P0^1;              //位定义，Wave 即代表 P0.1
sbit LSC = P1^7;               //特殊功能寄存器的位定义
sbit LSB = P1^6;               //3-8 译码器的输入端
sbit LSA = P1^5;               //控制三极管 Q2～Q6 的导通
unsigned char cnt = 0;         //定义一个计数变量，记录 T0 的溢出次数

void main (void)               //主函数
{
    LSA = 0;                   //本开发板的 P0 发光二极管片选地址
    LSB = 0;
    LSC = 0;
    Wave = 0;                  //初始化 P0.1 等于 0
    TMOD = 0x01;               //设置定时器 T0 工作于方式 1
    TH0 =(65536-18432)/256);   //计数器初值
    TL0 = (65536-18432)%256;
    TR0 = 1;                   //启动定时器
    ET0 = 1;                   //允许 T0 中断
    EA = 1;                    //开中断
    while (1);                 //模拟主程序其他工作
}
```

```
/ ＊ T0 中断服务程序 ＊ /
void Timer0(void) interrupt 1      //定时器 T0 中断响应
{
    TH0＝(65536－18432)/256；       //计数器初值
    TL0＝(65536－18432)%256；
    cnt＋＋；                        //计数值自加 1
    if (cnt ＞＝ 50)                 //判断 T0 溢出是否达到 50 次
    {
        cnt ＝ 0；                   //达到 50 次后计数值清 0
        Wave ＝ ～Wave；             //Wave 取反：0→1、1→0
    }
}
```

【程序解析】

主程序中增加了 2 条指令，ET0＝1 是允许 T0 中断，EA＝1 是允许总中断，或称开中断。这样在定时器启动后，单片机就不必一直等待 TF0＝1，而可以去做其他的工作，当 20ms 定时时间到时，单片机会自动转去执行中断服务程序。与查询方式相比，在中断程序当中，并未执行 TF0＝0 的清 0 操作，这是因为采用中断方式时，进入中断后 TF0 会被硬件自动清 0。

中断函数的格式为：

```
void 函数名() interrupt n
```

函数名称要直观体现其功能，定时器/计数器 T0 的中断编号为 1，详见第 5 章相关内容。

【例 6 - 2】　定时器 T0 外接按键 KEY2 用于模拟计数输入，工作于计数模式，当 5 个计数值满，P0.1 口发光二极管取反。本例的电路图是在例 6 - 1 的基础上增加了按键部分，如图 6 - 7 所示。

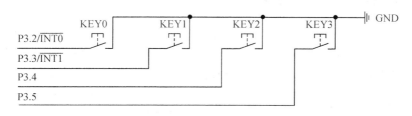

图 6 - 7　例 6 - 2 的局部电路图

【程序代码】

```
/ ＊ ＊ ＊ ＊ ＊ ＊ ＊ ＊ ＊ ＊ ＊ ＊ main. c 文件程序源代码 ＊ ＊ ＊ ＊ ＊ ＊ ＊ ＊ ＊ ＊ ＊ ＊ ＊ ＊ ＊ ＊ ＊ /
#include ＜reg52. h＞

sbit LED ＝ P0^1；               //位定义，LED 即代表 P0.1
sbit LSA ＝ P1^5；
sbit LSB ＝ P1^6；
```

```
sbit LSC = P1^7;

void main(void)
{
    LSA = 0;                    //本开发板的 P0 发光二极管片选地址
    LSB = 0;
    LSC = 0;
    TMOD = 0x06;                //设置定时器 T0 工作于方式 2，计数方式
    TL0 = 256-5;                //计数器初值
    TH0 = 256-5;
    TR0 = 1;                    //启动定时器
    ET0 = 1;                    //开中断
    EA = 1;
    while (1);                  //主循环
}

/*T0 中断服务程序*/
void Timer0(void)interrupt 1   //定时器 T0 中断响应
{
    LED = ~LED;                 //反向
}
```

【程序解析】

TMOD 寄存器：定时器 T0 工作于方式 2，计数方式。由于只需计数 5 次，采用可自动装载的方式 2，因此 TMOD=00000110B。

TH1 与 TL1 初值：由于 5 个计数值计满，计数初值 X=256-5=251。

由于采用自动装载方式，因此在中断函数中不需要手动重新装载初值。

6.3.3　用定时器实现 PWM 控制

脉冲宽度调制（Pulse Width Modulation，PWM）是利用微处理器的数字输出来对模拟电路进行控制的一种技术手段，广泛应用在测量、通信到功率控制与变换等许多领域中。PWM 顾名思义就是调节脉冲的宽度，简单来说就是调节一个周期中高电平所占的百分比，也就是调节占空比。比如可以通过调节占空比来控制直流电机的通电时间，以达到调速的目的，或通过调节占空比控制加热时间，进行温度控制等。

【例 6-3】　利用定时器 T0 产生 PWM 来控制 P0 口 LED 灯的亮度，其原理图如图 6-6 所示。

【程序代码】

```
/************main.c 文件程序源代码*******************/
#include <reg52.h>

sbit LSA = P1^5;
sbit LSB = P1^6;
```

```
sbit LSC = P1^7;
unsigned char HighRH = 0;          //高电平重载值的高字节
unsigned char HighRL = 0;          //高电平重载值的低字节
unsigned char LowRH = 0;           //低电平重载值的高字节
unsigned char LowRL = 0;           //低电平重载值的低字节

void ConfigPWM(unsigned int, unsigned char);
void ClosePWM(void);

void main(void)
{
   unsigned int i;

   EA = 1; //开总中断
   LSA = 0;
   LSB = 0;
   LSC = 0;
   while (1)
   {
      ConfigPWM(100, 10);          //频率 100Hz, 占空比 10%
      for (i = 0; i < 40000; i++);
      ClosePWM();
      ConfigPWM(100, 40);          //频率 100Hz, 占空比 40%
      for (i = 0; i < 40 000; i++);
      ClosePWM();
      ConfigPWM(100, 90);          //频率 100Hz, 占空比 90%
      for (i = 0; i < 40 000; i++);
      ClosePWM();                  //关闭 PWM, 相当于占空比 100%
      for (i = 0; i < 40 000; i++);
   }
}

/* 配置并启动 PWM, fr 为频率, dc 为占空比 */
void ConfigPWM(unsigned int fr, unsigned char dc)
{
   unsigned int high, low;
   unsigned long tmp;
   tmp = (11 059 200/12) / fr;      //计算一个周期所需的计数值
   high = (tmp * dc) / 100;         //计算高电平所需的计数值
   low = tmp - high;                //计算低电平所需的计数值
   high = 65 536 - high + 12;       //计算高电平的重载值并补偿中断延时
   low = 65 536 - low + 12;         //计算低电平的重载值并补偿中断延时
   HighRH = (unsigned char)(high >> 8);//高电平重载值拆分为高低字节
```

```
        HighRL = (unsigned char)high;
        LowRH = (unsigned char)(low >> 8);        //低电平重载值拆分为高低字节
        LowRL = (unsigned char)low;
        TMOD &= 0xF0;                              //清 0 T0 的控制位
        TMOD |= 0x01;                              //配置 T0 为模式 1
        TH0 = HighRH;                             //加载 T0 重载值
        TL0 = HighRL;
        ET0 = 1;                                  //使能 T0 中断
        TR0 = 1;                                  //启动 T0
        P0 = 0xff;                                //输出高电平
    }


    /* 关闭 PWM */
    void ClosePWM(void)
    {
        TR0 = 0;                                  //停止定时器
        ET0 = 0;                                  //禁止中断
        P0 = 0xff;                                //输出高电平
    }


    /* T0 中断服务函数，产生 PWM 输出 */
    void Timer0(void) interrupt 1
    {
        if (P0 == 0xff)                           //当前输出为高时，装载并输出低电平
        {
            TH0 = LowRH;
            TL0 = LowRL;
            P0 = 0x00;
        }
        else                                      //当前输出为低时，装载并输出高电平
        {
            TH0 = HighRH;
            TL0 = HighRL;
            P0 = 0xff;
        }
    }
```

【程序解析】

51 单片机中没有专门的 PWM 模块，所以这里用定时器加中断的方式来产生 PWM。程序中的关键部分在于产生 PWM 的函数 ConfigPWM，该函数有两个形参，即脉冲频率和占空比，根据这两个参数，计算出高低电平的持续时间，把这两个时间作为定时器的初值，通过逻辑控制实现占空比的调节。例如，先输出高电平并以高电平的定时值作为初值启动定时器，当高电平定时时间到后，在中断函数中输出低电平，并把低电平的定时值作为定时器的初值，开始低电平定时。

从运行结果可以看到，P0 口接的 LED 灯从最亮到灭一共 4 个亮度等级。如果希望更

多的亮度等级，可以在主程序的 while(1)循环中加入占空比选择，占空比选择越多，则亮度变化越连续。

6.4　数码管的显示原理及实现

6.4.1　数码管的显示原理

数码管(即发光二极管显示器，Light Emitting Diode，LED)是一种常用的人机接口器件，由多个(7 个或 8 个)发光二极管组成，其中的每一个发光二极管称为一个"段(segment)"，分别用 a、b、c、d、e、f、g、dp 表示，因此可称为七段数码管或八段数码管，八段数码管比七段数码管多了一个小数点(dp)。当发光二极管的阳极为高电平、阴极为低电平时，发光二极管可以导通发光，通过点亮数码管不同的段，就可以显示不同的字型。数码管的结构如图 6-8 所示。

由于数码管的每一段都是一个发光二极管，因此可以把所有发光二极管的阴极或阳极接到一起，称为公共(com)端，如图 6-8 所示，这两种接法的数码管分别称为共阴极(Common Cathode)数码管和共阳极(Common Anode)数码管。

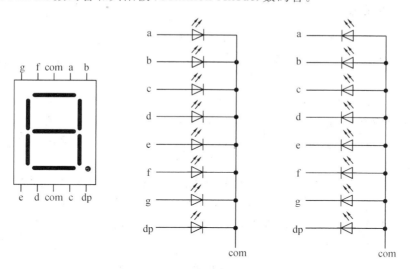

图 6-8　数码管的结构和原理

如前所述，数码管分为共阴极和共阳极两种。对共阴极数码管，设计或使用时只要将公共端接地，a～dp 中的某些段加高电平，对应的段就会点亮。如要显示"0"，则将 a～f 接高电平即可。对共阳极数码管，公共端接高电平，a～dp 中为低电平的段即可点亮。因此共阴极数码管和共阳极数码管的显示代码相反。表 6-2 为数码管的显示代码表。

表 6-2 中的显示代码不带小数点，如果要加小数点，则将共阴极显示代码的最高位都改为 1，共阳极代码的最高位都改为 0 即可。

数码管内部发光二极管的点亮需要超过 5 mA 的电流，而单片机的 I/O 口无法提供这么大的电流，因此数码管与单片机在连接时需要增加驱动电路。常用的驱动方法有通过上拉电阻或三极管放大方式，也可以采用专门的显示驱动芯片，如 74HC573 等。

表 6-2　数码管的显示代码表

显示字符	共阴极字型码	共阳极字型码	显示字符	共阴极字型码	共阳极字型码
0	0x3f	0xc0	8	0x7f	0x80
1	0x06	0xf9	9	0x6f	0x90
2	0x5b	0xa4	A	0x77	0x88
3	0x4f	0xb0	b	0x7c	0x83
4	0x66	0x99	C	0x39	0xc6
5	0x6d	0x92	d	0x5e	0xa1
6	0x7d	0x82	E	0x79	0x86
7	0x07	0xf8	F	0x71	0x8e

6.4.2　数码管静态显示

本书中采用三极管电流放大以及 74HC245 驱动数码管。相对于 74HC573 的单向数据传输和锁存，74HC245 可实现 8 位数据的双向传输。数码管接口电路显示原理如图 6-9 所示。

图 6-9 中 74HC245 的引脚 A0～A7 为数据输入端；B0～B7 为数据输出端；$\overline{OE}$ 为输出允许，低电平有效；DIR 为数据传输方向控制，DIR＝1 时，数据由 A 到 B；DIR＝0 时，数据由 B 到 A。74HC138 为译码器，A2A1A0 为输入，$\overline{Y0}$～$\overline{Y7}$ 为输出。当输入 A2A1A0 的取值从 000～111 时，$\overline{Y0}$～$\overline{Y7}$ 中对应的引脚输出为低电平，其余输出全为高电平。

LED2 为 4 位共阳极数码管，每个数码管的公共端经 PNP 三极管 S8550 接电源作为数码管的位选端，并提供数码管点亮所需电流。各三极管的导通由基极 LEDS1～LEDS4 控制，而 LEDS1～LEDS4 则由单片机的 P1.5～P1.7 经译码器 74HC138 控制。单片机的 P0 口通过 74HC245 控制数码管的段选端 a～dp。74HC245 在这里除了作为数据传输外，还起到缓冲作用，否则流进单片机 P0 口的电流将超过 P0 口的承受范围。

数码管静态显示就是当显示某一个字符时，相应的发光二极管恒定地导通或截止。例如显示字型"0"的过程为：

（1）单片机 P0 口送段选码，显示"0"的十六进制代码 C0，即二进制 11000000，除了 g 和 dp 段外，其他段都点亮。

（2）P1.5～P1.7 送位选码，控制译码器 74HC138 的输出端 $\overline{Y0}$～$\overline{Y4}$ 中的一个输出低电平，即 5 个三极管的基极 LEDS0～LEDS4 中的一个为低电平，从而使其中某一个三极管导通。三极管导通后，则其所接的数码管显示"0"，其余数码管所接的三极管截止，则这些数码管熄灭。

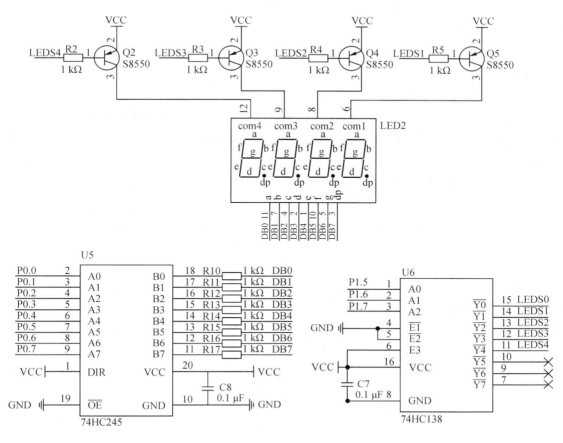

图 6 - 9　数码管接口电路

【例 6 - 4】　利用图 6 - 9 所示电路,在数码管最低位显示字型"0"。

【程序代码】

```
/ * * * * * * * * * * * * * main.c 文件程序源代码 * * * * * * * * * * * * * * * * * * /
# include <reg52.h>


//端口定义
sbit LSC = P1^7;                        //特殊功能寄存器的位定义

sbit LSB = P1^6;                        //3 - 8 译码器的输入端

sbit LSA = P1^5;                        //控制三极管 Q2~Q6 的导通

unsigned char code smgduan[] =          //共阳极的显示代码表 0~9
{0xc0, 0xf9, 0xa4, 0xb0, 0x99, 0x92, 0x82, 0xf8, 0x80, 0x90};


void main(void)
{
    LSC = 0;

    LSB = 0;

    LSA = 1;                            //译码器输出 Y1 等于 0,Q5 导通,最低位显示
```

```
        P0 = smgduan[0];                    //显示代码经 P0 口输出
    while (1);
    }
```

【程序解析】

可以看出，只要选通需要显示的数码管的位选，P0 口即可输出显示的段码。

【例 6-5】 在例 6-4 的基础上，在数码管最低位间隔 1 s 循环显示字型"0"~"9"。

和例 6-4 比较可以看出，只需在程序中采用循环查表的方式，将表 6-2 中的显示代码依次经 P0 口输出，并延时 1 s 即可实现本例的功能要求，具体实现可在例 6-4 的基础上自行修改。本例采用不同的编程方式，以及结构化的编程方法，使得主程序的代码并不会因为功能的增加而过于复杂，也便于程序的修改和移植。

在工程文件下，除了添加主程序 main.c 之外，还要添加 led.c 和 led.h 两个文件，如图 6-10 所示。

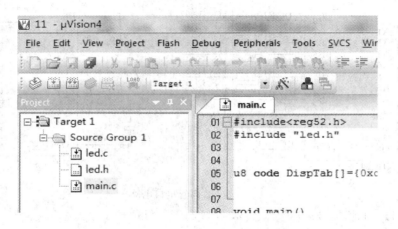

图 6-10　项目文件

首先对 led.h 文件进行说明。这是用户自定义的头文件，包括对硬件接口的定义以及对 LED 显示过程中所需要的底层功能函数进行声明。

```
/* * * * * * * * * * * * * * led.h 文件程序源代码 * * * * * * * * * * * * * * * * */
#ifndef __LED_H_
#define __LED_H_
#include <reg52.h>

/* * * * * * * * 端口定义 * * * * * * * * * */
sbit LSC = P1^7;                    //特殊功能寄存器的位定义
sbit LSB = P1^6;                    //3-8 译码器的输入端
sbit LSA = P1^5;                    //控制三极管 Q2~Q6 的导通

/* * * * * * * 函数声明 * * * * * * * * * */
/* 数码管显示函数 */
void LedScan(unsigned char pos, unsigned char dispCode);
```

＃endif

对于"＃ifndef _标识_"、"＃define _标识_"、"＃endif"这些条件编译命令可参考第 4 章，它们在这里起的作用是防止头文件出现重复包含，否则会发生函数和变量的重复声明。头文件中包含了 reg52. h 文件，这是因为程序的端口定义中涉及对 P0 和 P1 口的定义，它们的端口寄存器都在特殊功能寄存器中；显示代码经 P0 口输出，sbit 是特殊功能寄存器的位定义。函数声明部分则包含了对显示过程中用到的函数进行声明。

在 led. c 文件中，需要对 led. h 文件中声明的函数进行定义，代码如下。

```
/* * * * * * * * * * * * * * led. c 文件程序源代码 * * * * * * * * * * * * */
#include "led. h"


/* 显示函数，pos 显示位置，dispCode 显示代码 */
void LedScan(unsigned char pos, unsigned char dispCode)
{
    switch (pos)                //位选，选择点亮的数码管
    {
      case 0:
        LSA = 1;
        LSB = 0;
        LSC = 0; break;         //显示第 0 位
      case 1:
        LSA = 0;
        LSB = 1;
        LSC = 0; break;         //显示第 1 位
      case 2:
        LSA = 1;
        LSB = 1;
        LSC = 0; break;         //显示第 2 位
      case 3:
        LSA = 0;
        LSB = 0;
        LSC = 1; break;         //显示第 3 位
    }
    P0 = dispCode;              //发送段码
}
```

在 led. c 文件一开始包含 led. h 文件，原因就是前面所说的，led. c 文件中要对 led. h 文件中所声明的函数进行定义。led. c 文件中定义了两个函数，一个是延时函数 Delayms，已反复出现多次；另一个是数码管显示函数 LedScan，下面对其进行说明。函数 LedScan 需要两个形参 pos 和 dispCode，分别表示显示位置和显示代码。pos＝0 时，最低位数码管显示；pos＝3 时，最高位数码管显示，具体的显示位置取决于 led. h 文件中端口定义中的位

定义，这三个位对应于原理图 6-9 中译码器的输入，用于对数码管进行位选通。

主程序 main.c 的代码如下。

```
/* * * * * * * * * * * * * * *main.c 文件程序源代码* * * * * * * * * * * * * */
#include <reg52.h>
#include "led.h"              //自定义的头文件

unsigned char code smgduan[] //共阳极的显示代码表 0～9
{0xc0, 0xf9, 0xa4, 0xb0, 0x99, 0x92, 0x82, 0xf8, 0x80, 0x90};

void main(void)
{
    unsigned char j = 0;

    while(1)
    {
      for (j = 0; j < 10; j++)
      {
        LedScan(0, smgduan[j]);
        Delayms(1000);         //间隔一段时间扫描
        LedScan(0, 0xff);
      }
    }
}
```

可以看到，主程序非常简洁。程序中包含 led.h 文件，这是因为下面所调用的显示函数 LedScan 是在 led.h 文件中声明的。在这个例子中，表面上虽然将代码分成了三个文件，但实际上，led.h 文件和 led.c 文件可以直接应用于后面的动态显示中，只需要修改主程序的部分代码，即可以实现不同的显示方式。

上面采用的是利用软件延时的方法实现间隔 1 s 显示递增。这种方法有两个缺点，首先，时间不够准确；其次，延时 1 s 期间可能会对系统的信号检测部分造成影响，可参考后续键盘检测部分。可以采用单片机的定时器实现 1 s 定时，即 50 次 20 ms 定时溢出。由于采用了定时方式，所以将 led.c 文件中的函数 Delayms 删除，只需修改主程序即可，代码如下。

```
/* * * * * * * * * * * * * * *main.c 文件程序源代码* * * * * * * * * * * * * */
#include <reg52.h>
#include "led.h"

unsigned char code smgduan[] =          //共阳极的显示代码表 0～9
{0xc0, 0xf9, 0xa4, 0xb0, 0x99, 0x92, 0x82, 0xf8, 0x80, 0x90};
```

```
void main(void)
{
    unsigned char count = 0;              //溢出次数计数器
    unsigned char sec = 0;                //显示值 0~9

    TMOD = 0x01;                          //设置 T0 为模式 1
    TH0 = -18 432/256;                    //定时初值 20ms 高 8 位
    TL0 = -18 432%256;                    //定时初值 20ms 低 8 位
    TR0 = 1;                              //启动 T0
    while (1)
    {
        if (TF0 == 1)                     //等待 T0 计数溢出
        {
            TF0 = 0;                      //清除溢出标志
            TH0 = -18 432/256;            //重装定时初值
            TL0 = -18 432%256;
            count++;                      //溢出次数加 1
            if (count >= 50)              //判断 T0 溢出是否达到 50 次
            {
                count = 0;                //达到 50 次后计数值清 0
                LedScan(0, smgduan[sec]); //显示当前值
                sec++;                    //显示值加 1
                if (sec > 9)              //当显示值超过 9 后,从 0 开始
                {
                    sec = 0;
                }
            }
        }
    }
}
```

　　从以上两个例子可以看出,数码管静态显示的优点是亮度较高,且编程简单。如果要增加显示的位数,需要占用单片机的其他 I/O 口。也就是说,每一位数码管都需要一个 8 位 I/O 口控制,如果要显示年月日"2018 01 01",则需要 8 个数码管。采用静态显示方式时,单片机不能直接提供这么多的硬件资源,因此静态显示占用的硬件资源比较多,一般用于显示位数较少的场合。数码管的显示代码表一般定义在 code 区,即程序存储区,以节省有限的内部 RAM 资源。

6.4.3　数码管动态显示

　　如果要显示较多的位数,如前面提到的显示年月日"2018 01 01",静态显示无法实现,就需要用动态显示方式。动态显示是将所有数码管的 a~dp 段并接在一起,构成段口;将各个显示器的位的公共端接在不同的口线上,构成位口,并分别控制。

【例 6-6】 利用图 6-9 所示电路，实现 4 个数码管从低到高依次显示"1"、"2"、"3"、"4"。

先对电路原理进行分析，译码器的输入 A2A1A0(P1.7～P1.5)决定了数码管的选通位置，具体如表 6-3 所示。

表 6-3 译码器输入与数码管选通表

译码器输入			译码器输出				数码管选通位置
A2	A1	A0	$\overline{Y1}$	$\overline{Y2}$	$\overline{Y3}$	$\overline{Y4}$	
P1.7	P1.6	P1.5	LEDS1	LEDS2	LEDS3	LEDS4	
0	0	1	0	1	1	1	第 0 位
0	1	0	1	0	1	1	第 1 位
0	1	1	1	1	0	1	第 2 位
1	0	0	1	1	1	0	第 3 位

显示函数流程图如图 6-11 所示。

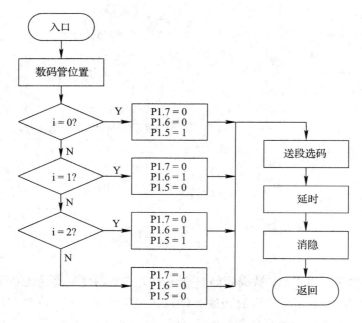

图 6-11 显示函数流程图

【程序代码】

```
/***********main.c 文件程序源代码***************/
#include <reg52.h>
#include "led.h"

unsigned char code smgduan[] =          //共阳极的显示代码表 0～9
{0xc0, 0xf9, 0xa4, 0xb0, 0x99, 0x92, 0x82, 0x0f8, 0x80, 0x90};
```

```
void main(void)
{
    unsigned char  j;
    while (1)
    {
        for ( j =0;j < 4;j++)
        {
            LedScan(j, smgduan[j + 1]);        //第 j 位数码管显示 j + 1
            Delayms(1);                        //间隔一段时间扫描
            LedScan(j, 0xff);
            LSA = 1;
            LSB = 1;
            LSC = 1;                           //消隐
        }
    }
}
```

【程序解析】

本例中可以直接使用例 6 - 5 中的 led. h 文件和 led. c 文件，只需修改主程序中的部分代码即可。由于要 4 位数码管动态显示，因此在调用显示函数 LedScan 时形参 pos 是从 0～3 变化。这里特别要注意理解参数传递的过程。扫描过程的不断再循环程序中是通过 for 语句实现的。动态显示其实就是利用人眼的视觉暂留现象，和电影放映一样，每次扫描就是一帧图像，当帧和帧之间的间隔时间足够短时，图像看起来就是连续的。

动态显示的一般过程如下：

(1) 依次送位选码，将要显示该字型的数码管选通，未选通的数码管不会显示该字型。

(2) 送段选码，一般通过查表方式将数码管显示代码经相应的 I／O 口输出。此时，实际上给所有的数码管都送了相同的显示代码，但只有位选选通的数码管会显示。

(3) 延时一段时间。

(4) 消隐，所有的位选均无效，数码管均熄灭。

(5) 返回步骤(1)，持续显示。

在例 6 - 5 中，我们用一位数码管实现了 0～9 s 计时功能。在较多位数时间显示的场合(如交通灯计时)，就需要更多位数的动态显示了。

【例 6 - 7】　设计 60 s 倒计时的计时器，其原理图如图 6 - 9 所示。

【程序代码】

```
/ * * * * * * * * * * * * *main. c 文件程序源代码 * * * * * * * * * * * * * * /
#include <reg52. h>
#include "led. h"
unsigned char code smgduan[]=                  //共阳极的显示代码表 0～9
{0xc0, 0xf9, 0xa4, 0xb0, 0x99, 0x92, 0x82, 0x0f8, 0x80, 0x90};
unsigned char T0RH = 0;                        //T0 重载值的高字节
unsigned char T0RL = 0;                        //T0 重载值的低字节
```

```
    unsigned int cnt;                           //中断次数计数器
    unsigned char sec;                          //倒计时秒数

    void ConfigTimer0(unsigned char);

    void main(void)
    {
        cnt = 0;                                //中断次数计数器
        sec = 60;                               //秒数初值
        ConfigTimer0(2);                        //配置 T0 定时 2 ms
        EA = 1;                                 //开中断
        TR0 = 1;                                //启动 T0
        while(1)
        {
            LedScan(0, smgduan[sec%10]);        //显示个位值
            LedScan(1, smgduan[sec/10]);        //显示十位值
        }
    }
    /* 配置 T0，ms 为 T0 的定时时间 */
    void ConfigTimer0(unsigned char ms)
    {
        unsigned long tmp;                      //临时变量

        tmp = 11 059 200 / 12;                  //定时器计数频率
        tmp = (tmp * ms) / 1000;                //计算所需的计数值
        tmp = 65536 - tmp;                      //计算定时器重载值
        tmp = tmp + 18;                         //补偿中断响应延时造成的误差
        T0RH = (unsigned char)(tmp >> 8);       //定时器重载值拆分为高低字节
        T0RL = (unsigned char)tmp;
        TMOD& = 0xF0;                           //清 0 T0 的控制位
        TMOD| = 0x01;                           //配置 T0 为模式 1
        TH0 = T0RH;                             //加载 T0 重载值
        TL0 = T0RL;
        ET0 = 1;                                //使能 T0 中断
    }

    /* T0 中断服务函数，完成数码管、按键扫描与秒表计数 */
    void Timer0(void) interrupt 1
    {
        TH0= T0RH;                              //重新加载重载值
        TL0= T0RL;
```

```
        cnt++;                              //中断次数加 1
        if (cnt >= 500)                     //中断 500 次为 1 s
        {
            cnt = 0;
            sec--;                          //达到 50 次后计数值清 0
            if (sec <= 0)                   //当显示值到 0 后,从 60 开始
            {
                sec = 60;
            }
        }
    }
```

【程序解析】

上面给出了主程序代码,采用的是定时器中断方式。led. h 文件和 led. c 文件参考例 6 - 6,只是把动态显示的消隐加在了 led. c 文件的函数 LedScan 中,读者可自行完成。

函数 ConfigTimer0 用来配置定时时间,这种方式更加灵活。在主程序中设置 2ms 定时并启动定时器工作,当定时时间到,进入中断函数后,刷新秒数,500 次中断后秒数减 1,然后在主程序的 while(1)循环中进行显示。数码管的动态显示和电影放映一样,一般来说,只要每秒大于 24 帧,即约为 42 Hz 时,画面就是连续的。还有一句广告词,"100 Hz 无闪烁",意思是如果刷新频率超过 100 Hz,人眼看着就更加舒服,现在有些显示器的刷新频率已经达到 144 Hz。这个例程里面还留有一点不足的地方,while 循环一直在刷新显示,这样显示就占用了绝大多数的 CPU 资源,实际工程中是不能这样的。通常的做法是通过定时器在中断中定时刷新,因为过高的刷新频率是没有意义的。因此在本章习题部分,读者可对这个例程进行改写。

以上代码只能显示 60~01 的秒倒计时,如果要显示 60~00 的秒倒计时,需把指令 if (sec <= 0)改为 if (sec < 0),但是这样会在第二次循环显示中出错,原因在于主程序中把秒变量 sec 定义为无符号字符型 unsigned char,也就是说变量 sec 是正值,因此只需把 sec 定义为 signed char 即可实现 60~00 的秒倒计时。从这个简单的例子也可以看出,在定义一个变量时,一定要考虑变量的正负和可能的取值范围。

本 章 习 题

1. 标准的 51 单片机中与定时器/计数器有关的特殊功能寄存器有哪几个? 它们的功能各是什么?

2. 假定单片机外接 6 MHz 晶振,当定时器分别处于方式 0、方式 1 和方式 2 时,其最大的定时范围是多少?

3. 使用函数 ConfigTimer0,用定时器 T0 在开发板上编程实现从 P0. 7 引脚产生周期为 5 s 的方波,可用 LED 模拟结果。

4. 使用函数 ConfigPWM，用定时器 T1 编程实现从 P0.5 引脚产生高电平宽度为 1 ms，低电平宽度为 4 ms 的矩形波，可用 LED 模拟结果。

5. 在开发板上编程实现：利用 T1 产生定时时钟，控制 8 个 LED 循环点亮（跑马灯），闪动频率为 10 次/s（8 个灯依次亮一遍为一个周期），要求利用中断实现。

6. 在开发板上编程实现：采用两个定时器/计数器，其中 T0 作为定时器，工作于方式 1，T1 作为计数器。T0 溢出时，在 P0.0 产生一个周期为 100 ms 的方波，然后把 P0.0 的输出作为 T1 的计数脉冲，T1 计数溢出时，P0.1 取反一次，产生一个周期为 2 s 的方波。注：该题给出另外一种长定时的解决方案，需要一根杜邦线完成电路连接。

7. 将例 6-6 数码管的动态显示改写为在定时中断中固定时间刷新的方式，思考一下定时时间应为多少合适。

8. 在开发板上编程实现计数秒表的设计，要求如下：

（1）两位数码管显示，可以显示 00～99 s。

（2）两个按键，分别为启动/停止键（KEY0）、清 0 键（KEY1）。

第 7 章 键盘与 LCD 显示

键盘是最常用的开关量输入设备，是一种常开型按钮开关。可以利用键盘选择系统的工作方式、设置参数和切换显示等，常见的按键有弹性按键、贴片按键和自锁式按键等。单片机检测按键状态的原理如图 7-1 所示。将按键的一端接地，另一端经上拉电阻接单片机的 I/O 口，当按键松开时，I/O 口读到的状态为高电平，否则为低电平。

常用的按键电路有两种形式，即独立式按键和矩阵式按键。独立式键盘中每一个按键都要占用一根 I/O 口线，占用单片机资源较多，适用于按键较少的场合；矩阵式按键则由 I/O 口线构成行线和列线，每根行线和列线上都可以接多个按键，适用于按键较多的场合。

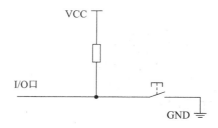

图 7-1 按键接口电路

液晶显示器(Liquid Crystal Display，LCD)可以显示数字、字母、汉字以及图形图像等内容，应用非常广泛。液晶显示器由液晶显示部分和控制器两部分组成，控制器通过控制液晶显示区的电压，实现字符的显示。LCD 可分为段型、字符型和点阵型三种，其中 1602 字符型液晶是应用最广泛的液晶显示器之一。

7.1 独立式键盘的检测原理及实现

7.1.1 独立式键盘的检测原理与编程实现

1. 检测原理

独立式按键比较简单，它们各自独立地与单片机的 I/O 口连接，如图 7-2 所示。4 个按键分别接到单片机的口线上，当按键 KEY0 弹起时，P3.2 引脚经单片机 P3 口内部的上拉电阻与+5 V 电源相接，在 P3.2 上呈现高电平；按下时，则与地形成一条通路，P3.2 引脚电位呈现出低电平，因此可以通过读取 P3.2 引脚的电平状态来判断按键是否被按下。

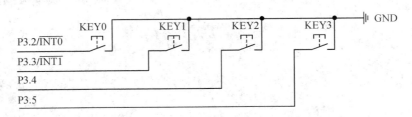

图 7-2 独立式按键

需要注意的是，对于单片机的 I/O 口而言，要保证能正确地读取引脚状态，必须首先保证内部锁存器输出的是 1，如果锁存器输出 0，则无论外部信号是 1 还是 0，这个引脚读进来的都是 0。51 单片机在复位后，各引脚的端口锁存器默认的输出状态是 1，也就是说，在读取引脚状态之前，如果没有对引脚做过任何操作，就可以直接读取引脚状态；否则，在读取引脚状态之前，必须要进行写 1(对整个端口写 FFH) 操作。

2. 编程实现

【例 7-1】 将图 7-3 所示 P3 口接的 4 个独立按键的状态通过 P0 口的 LED 灯反映出来。

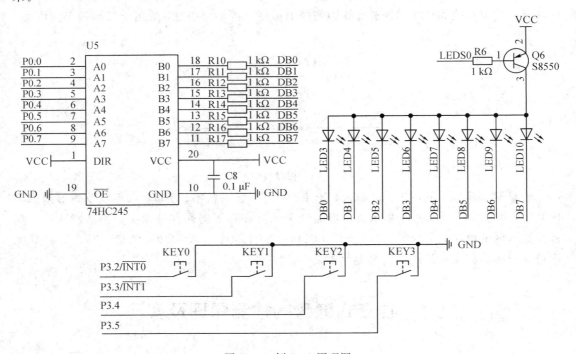

图 7-3 例 7-1 原理图

【程序代码】

```
/ * * * * * * * * * * * main. c 文件程序源代码 * * * * * * * * * * * * * * * * * * /
#include <reg52.h>
sbit LED0 = P0^0;              //LED 灯接口定义
sbit LED1 = P0^1;
sbit LED2 = P0^2;
sbit LED3 = P0^3;
```

```
    sbit KEY0 = P3^2；                //按键接口定义
    sbit KEY1 = P3^3；
    sbit KEY2 = P3^4；
    sbit KEY3 = P3^5；
    sbit LSA = P1^5；
    sbit LSB = P1^6；
    sbit LSC = P1^7；

    void main(void)
    {
      LSA = 0；
      LSB = 0；
      LSC = 0；
      while (1)
      {
        LED0 = KEY0；                //按下时为 0，对应的 LED 点亮
        LED1 = KEY1；
        LED2 = KEY2；
        LED3 = KEY3；
      }
    }
```

【程序解析】

这是一个非常简单的单片机 I/O 口的例子，就是把按键的状态读进来，然后再输出。从原理图也可以看出，每个按键按下时，对应的 I/O 口线输入的是低电平，而 P0 口所接的 LED 也是低电平驱动，逻辑状态一致，可以直接输出；若 LED 是高电平驱动，就需要把按键的状态取反后再输出。

上面的代码是分别对 I/O 口线操作，也可以直接对整个端口操作，代码会更加简洁。

```
/ * * * * * * * * * * * * * * main. c 文件程序源代码 * * * * * * * * * * * * * * * * /
#include <reg52. h>

sbit LSA = P1^5；
sbit LSB = P1^6；
sbit LSC = P1^7；

void main(void)
{
  LSA = 0；
  LSB = 0；
  LSC = 0；
  while (1)
  {
    //P3 = 0x00；
```

```
    P0 = (P3 >> 2) | 0xf0;              //P3 口按键状态通过 P0 口 LED 反映出来
    }
}
```

这段代码中的位操作可根据硬件电路自行理解。注意代码中被注释掉的指令 P3＝0x00，如果这条指令也被执行，则无论 P3 按键状态是什么，读进来的状态始终是低电平，LED 灯始终处于点亮状态。这就是前面提到的，读操作之前，一定要保证 I/O 口之前的输出状态是 1。

7.1.2　键盘消料

通常检测按键的动作并不是检测一个固定的电平值，而是检测电平值的变化，即按键在按下和弹起这两种状态之间的变化，只要发生了这种变化就说明按键产生动作了。

编程时，可以把每次扫描到的按键状态都保存起来，当一次按键状态扫描进来的时候，与前一次的状态做比较，如果发现这两次按键状态不一致，就说明按键产生动作了。当上一次的状态是未按下而现在是按下，此时按键的动作就是"按下"；当上一次的状态是按下而现在是未按下，此时按键的动作就是"弹起"。显然，每次按键动作都会包含一次"按下"和一次"弹起"，可以任选其一来执行程序，或者两个都用，以执行不同的程序。

单片机系统中所使用的键盘都是机械式的弹性按键，因为存在机械触点的弹性作用，在按键闭合和弹起的瞬间都会出现抖动，如图 7-4 所示。按键按下时，一般都会保持 100 ms 以上，抖动一般会持续 5～10 ms，为了确保对按键的一次闭合或者一次断开只响应一次，必须进行按键的消抖处理。就是当检测到按键状态变化时，不是立即去响应动作，而是先等待闭合或断开稳定后再进行处理。消除按键抖动可以采用软件消抖或硬件消抖来实现。

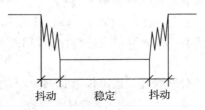

抖动　　　稳定　　　抖动

图 7-4　按键抖动

硬件消抖常用 R-S 触发器或并联电容的方式，这种方式会增加硬件开销，因此使用较少。软件消抖指在检测到有按键闭合时，延时一小段时间之后再次检测，如果仍然检测到按键闭合，则认为按键真正闭合。

【例 7-2】　在数码管最低位显示按键 KEY2 的按下次数，其硬件原理图如图 7-5 所示。

【程序代码】

```
/＊＊＊＊＊＊＊＊＊＊＊＊＊＊＊main.c 文件程序源代码＊＊＊＊＊＊＊＊＊＊＊＊＊＊＊＊/
#include <reg52.h>

sbit KEY2 = P3^4;              //按键接口定义
sbit LSA  = P1^5;
sbit LSB  = P1^6;
```

```
sbit LSC = P1^7;
unsigned char code smgduan[] =            //数码管显示字符转换表
{0xc0，0xf9，0xa4，0xb0，0x99，0x92，0x82，0xf8，0x80，0x90};
void Delayms(unsigned int);               //函数声明
void main(void)
{
    bit keybuf = 1;                       //按键值暂存，临时保存按键的扫描值
    bit backup = 1;                       //按键值备份，保存前一次的扫描值
    unsigned char cnt = 0;                //按键计数，记录按键按下的次数

    LSA = 1;
    LSB = 0;
    LSC = 0;
    P0 = smgduan[cnt];                    //显示按键次数初值
    while (1)
    {
        keybuf = KEY2;                    //把当前扫描值暂存
        if (keybuf != backup)             //当前值与前次值不相等说明按键有动作
        {
            Delayms(10);                  //延时大约 10 ms
            if (keybuf == KEY2)           //判断扫描值有没有发生改变，即按键确实有动作
            {
                if (backup == 0)          //如果前次值为 0，说明当前是弹起动作
                {
                    cnt++;                //按键次数加 1
                    if (cnt >= 10)        //加到 10 就清 0 重新开始
                    {
                        cnt = 0;
                    }
                    P0 = smgduan[cnt];    //计数值显示到数码管上
                }
                backup = keybuf;          //更新备份为当前值，以备进行下次比较
            }
        }
    }
}


/* 延时函数，xms 为延时的毫秒数 */
void Delayms(unsigned int xms)
{
    unsigned int i, j;
    for(i = xms; i > 0; i--)
    {
```

```
    for(j = 110; j > 0; j－－);
   }
  }
```

在程序中，检测的是按键按下后弹起这一个完整的过程。按一次按键，就会产生"按下"和"弹起"两个动作，选择在"弹起"时进行加 1 操作再经数码管显示。消抖则采用了软件延时的方法。

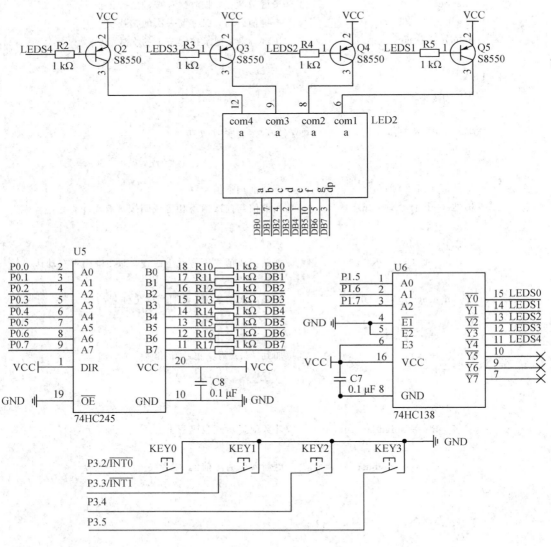

图 7-5 例 7-2 的原理图

【程序解析】

通常，在初学时可以采用延时的方法来消抖，延时时间一般在 10 ms 左右。在上面例子的主程序中，while(1)循环一直在判断按键的状态，除此之外并没有做其他的工作，这仅仅是为了理解和学习对按键的操作。在实际的项目中，主程序中可能包含有各种各样的工作，比如对温湿度及其他物理量的测量、控制和数据处理等，如果在延时 10 ms 消抖的过程中，某一事件发生了，那么该事件可能就检测不到，因此要尽量缩短延时时间，并能可靠消抖。常用的方法有以下两种：

（1）中断方式。启用一个定时器中断，每 2 ms 进行一次中断，扫描一次按键状态并且存储起来，连续扫描 8 次后，对比这 8 次的按键状态是否是一致的。8 次按键的时间大概是 16 ms，这 16 ms 内如果按键状态一直保持一致，那就可以确定按键现在处于稳定阶段，而不是抖动阶段。

（2）查询方式。其方法原理与第一种方法类似，不同之处在于查询方式不采用定时器中断，在主程序中，每隔一段时间 t 就检测一次按键状态，然后将每次检测到的按键状态以位变量的形式由低位到高位移位的方式存储到事先定义好的一个无符号字符型变量中，再判断该字符型变量是否为"00"或"FF"，如果是，则表示该按键处于稳定状态。其中，时间 t 可以大概估计，不需要很精确。8051 单片机中除了乘法和除法运算为 4 个机器周期外，其余都为 1～2 个机器周期。

【例 7 - 3】 将例 7 - 2 中的延时消抖方式改为查询和中断方式。

【程序代码-查询方式】

```
/ * * * * * * * * * * * * main.c 文件程序源代码 * * * * * * * * * * * * * * /
#include <reg52.h>

sbit LSA = P1^5;
sbit LSB = P1^6;
sbit LSC = P1^7;
sbit KEY2 = P3^4;                      //按键定义

void Delayms(unsigned int);            //延时函数声明
void Scankey(void);                    //键扫描函数声明

unsigned char code smgduan[16]={0xc0, 0xf9, 0xa4, 0xb0, 0x99, 0x92, 0x82, 0x0f8, 0x80,
0x90};                                 //显示 0～9 的值
bit KeySta = 1;                        //当前按键状态

void main(void)
{
    bit backup = 1;                    //按键值备份，保存前一次的扫描值
    unsigned char cnt = 0;             //按键计数，记录按键按下的次数

    LSA = 1;
    LSB = 0;
    LSC = 0;                           //最低位显示
    P0 = smgduan[cnt];                 //显示按键次数初值
    while (1)
    {
```

```
        if (KeySta ! = backup)                    //当前值与前次值不相等说明按键有动作
        {
            if (backup == 0)                       //如果前次值为 0，则说明当前是弹起动作
            {
                cnt++;                             //按键次数加 1
                if (cnt >= 10)                     //到 10 就清 0 重新开始
                {
                    cnt = 0;
                }
                P0 = smgduan[cnt];                 //计数值显示到数码管上
            }
            backup = KeySta;                       //更新备份为当前值，以备进行下次比较
        }
        Delayms(2);                                //模拟运行时间大约 2 ms 的一段主程序
        Scankey();
    }
}


/* 延时函数，xms 为延时的毫秒数 */
void Delayms(unsigned int xms)
{
    unsigned int i, j;
    for (i = xms;i > 0;i——)
    {
        for (j = 110;j > 0;j——);
    }
}


/* 按键状态的扫描并消抖 */
void Scankey(void)
{
    static unsigned char keybuf              //扫描缓冲区，保存一段时间内的扫描值

    keybuf=0xFF;
    keybuf = (keybuf << 1) | KEY2;           //缓冲区左移一位，当前扫描值移入最低位
    if (keybuf == 0x00)
    {                                        //连续 8 次扫描值都为 0，认为按键已按下
        KeySta = 0;
    }
    else if (keybuf == 0xFF)
    {                                        //连续 8 次扫描值都为 1，认为按键已弹起
```

```
        KeySta = 1;
    }
    else
    {
        ;
    }                              //其他情况，不更新 KeySta
}
```

【程序解析】

在主程序中，用延时 2 ms 模拟一段运行时间约为 2 ms 的程序段，每隔 2ms 就进行一次键扫描 Scankey。Scankey 函数中定义了一个字符型变量 keybuf，每次扫描按键时，都把按键的状态移入变量 keybuf 的最低位，然后判断 keybuf 是否等于 0x00 或 0xFF，只有当 8 次扫描值都为 0 或 1 时，keybuf 才等于 0x00 或 0xFF，此时按键就处于稳定按下或稳定弹起的状态。

【程序代码-中断方式】

```
/* * * * * * * * * * * * * * * * main.c 文件程序源代码 * * * * * * * * * * * * * */
#include <reg52.h>

sbit LSA = P1^5;
sbit LSB = P1^6;
sbit LSC = P1^7;
sbit KEY2 = P3^4;                  //按键定义
unsigned char code smgduan[16] = {0xc0, 0xf9, 0xa4, 0xb0, 0x99, 0x92, 0x82, 0x0f8, 0x80,
0x90};                             //显示 0~9 的值
bit KeySta = 1;                    //当前按键状态

/* * * * 主函数 * * * */
void main(void)
{
    bit backup = 1;                //按键值备份，保存前一次的扫描值
    unsigned char cnt = 0;         //按键计数，记录按键按下的次数

    LSA = 1;
    LSB = 0;
    LSC = 0;                       //最低位显示
    EA = 1;                        //使能总中断
    TMOD = 0x01;                   //设置 T0 为模式 1
    TH0 = 0xF8;                    //为 T0 赋初值 0xF8CD，定时 2 ms
    TL0 = 0xCD;
    ET0 = 1;                       //使能 T0 中断
    TR0 = 1;                       //启动 T0
    P0 = smgduan[cnt];             //显示按键次数初值
    while (1)
```

```
            {
                if (KeySta ！ = backup)          //当前值与前次值不相等说明按键有动作
                {
                    if (backup == 0)             //如果前次值为 0，说明当前是弹起动作
                    {
                        cnt++;                   //按键次数加
                        if (cnt >= 10)
                        {                        //加到 10 就清 0 重新开始
                            cnt = 0;
                        }
                        P0 = smgduan[cnt];       //计数值显示到数码管上
                    }
                    backup = KeySta;             //更新备份为当前值，以备进行下次比较
                }
            }
        }


/* T0 中断服务函数，用于按键状态的扫描并消抖 */
void Timer0() interrupt 1
{
    static unsigned char keybuf=0xFF;    //扫描缓冲区，保存一段时间内的扫描值

    TH0 = 0xF8;                          //重新加载初值
    TL0 = 0xCD;
    keybuf = (keybuf << 1) | KEY2;       //左移一位，当前扫描值移入最低位
    if (keybuf == 0x00)
    {
        KeySta = 0;                      //连续 8 次扫描值都为 0，认为按键按下
    }
    else if (keybuf == 0xFF)
    {
        KeySta = 1;                      //连续 8 次扫描值都为 1，认为按键弹起
    }
    else
    {
        ;
    }                                    //其他情况，不更新 KeySta
}
```

【程序解析】

采用中断方式和查询方式的扫描原理相同，中断方式采用了 2 ms 的定时器中断，在中断程序中进行键扫描，并把当前按键值左移入 keybuf 的最低位，然后判断 keybuf 是否等于 0x00 或 0xFF 来确定按键处于哪种状态。

7.2　矩阵式键盘的检测原理及实现

7.2.1　矩阵式键盘的接口电路与检测原理

1. 接口电路

前面已经提到，当按键较多时，应采用矩阵式键盘。图 7-6 所示为 4 × 4 矩阵式键盘的接口电路，图中 P2.3～P2.0 构成键盘的行线，P2.7～P2.4 构成键盘的列线，这样通过单片机的 8 根 I/O 口线即可构成 4 × 4 键盘。相比于独立式键盘，矩阵式键盘大大节省了硬件资源。当键盘中某个按键按下时，其所在的行线和列线就被接通，可以设行线或列线为低电平，没有按下的按键所在的行线和列线就都为高电平，由此即可检测按键的状态。

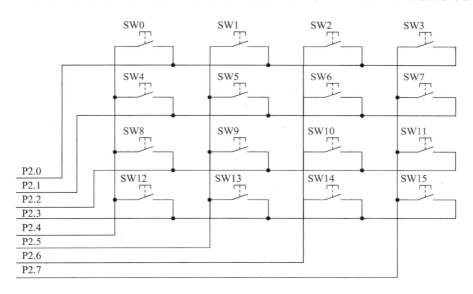

图 7-6　矩阵式键盘的接口电路

2. 扫描原理

以图 7-6 为例，分别说明矩阵式键盘的扫描原理。图中 P2.0～P2.3 为行，P2.4～P2.7 为列，可以使行为输出，然后读列的值；也可以使列为输出，然后读行的值。把输出定义为 KeyOut1～KeyOut4，输入定义为 KeyIn1～KeyIn4。每次使矩阵按键的一个 Key-Out 输出低电平，其他三个输出高电平，判断当前所有 KeyIn 的状态；下次中断时再使下一个 KeyOut 输出低电平，其他三个输出高电平，再次判断所有的 KeyIn，通过快速的中断不停地循环进行判断，就可以最终确定哪个按键被按下了。

对于扫描间隔时间和消抖时间，因为图 7-6 中有 4 个 KeyOut 输出，要中断 4 次才能完成一次全部按键的扫描，所以采用 1 ms 中断判断 4 次采样值，消抖时间是 16 ms(1×4×4)。

7.2.2 矩阵式键盘编程

【例 7-4】 在图 7-6 所示的矩阵式键盘电路中，按下相应的数字键(在开发板上的矩阵键盘标有 0～9)时，在数码管最低位显示相应的键号，按键消抖采用定时器中断方式。

在本例题中，涉及了外部键盘及数码管等硬件资源，通过 key.h 文件对这些硬件资源进行配置，声明相关函数。

【程序代码】

```c
/ * * * * * * * * * * * * * * key.h 文件程序源代码 * * * * * * * * * * * * * * * * * /
#ifndef __KEY_H_
#define __KEY_H_

#include <reg52.h>

sbit KEY_IN_1 = P2^4;              //矩阵按键的扫描输入引脚 1
sbit KEY_IN_2 = P2^5;              //矩阵按键的扫描输入引脚 2
sbit KEY_IN_3 = P2^6;              //矩阵按键的扫描输入引脚 3
sbit KEY_IN_4 = P2^7;              //矩阵按键的扫描输入引脚 4
sbit KEY_OUT_1 = P2^0;             //矩阵按键的扫描输出引脚 1
sbit KEY_OUT_2 = P2^1;             //矩阵按键的扫描输出引脚 2
sbit KEY_OUT_3 = P2^2;             //矩阵按键的扫描输出引脚 3
sbit KEY_OUT_4 = P2^3;             //矩阵按键的扫描输出引脚 4
sbit LSA = P1^5;                   //LED 位选译码地址引脚 A
sbit LSB = P1^6;                   //LED 位选译码地址引脚 B
sbit LSC = P1^7;                   //LED 位选译码地址引脚 C

void KeyScan(void);                //键扫描函数声明
void KeyDriver(void);              //键驱动函数声明
#endif


/ * * * * * * * * * * * * * * key.c 文件程序源代码 * * * * * * * * * * * * * * * * * * /
#include "key.h"

extern void KeyAction(unsigned char keycode);
const unsigned char code KeyCodeMap[4][4] = {
                                   //矩阵按键到标准键码的映射表
    { '1', '2', '3', 0x26 },       //数字键1、数字键2、数字键3、向上键
    { '4', '5', '6', 0x25 },       //数字键4、数字键5、数字键6、向左键
    { '7', '8', '9', 0x28 },       //数字键7、数字键8、数字键9、向下键
    { '0', 0x1B, 0x0D, 0x27 }};    //数字键0、Esc键、回车键、向右键
unsigned char pdata KeySta[4][4] = {{1, 1, 1, 1}, {1, 1, 1, 1}, {1, 1, 1, 1}, {1, 1, 1,
1}};                               //全部矩阵按键的当前状态
```

```
/* 按键驱动函数，检测按键动作，调用相应的动作函数 */
void KeyDriver(void)
{
    unsigned char i, j;
    //按键值备份，保存前一次的值
    static unsigned char pdata backup[4][4] = {
    {1, 1, 1, 1}, {1, 1, 1, 1}, {1, 1, 1, 1}, {1, 1, 1, 1}};

    for (i = 0; i < 4; i++)                          //循环检测 4 × 4 的矩阵按键
    {
        for (j = 0; j < 4; j++)
        {
            if (backup[i][j] != KeySta[i][j])        //检测按键动作
            {
                if (backup[i][j] != 0)               //按键按下时执行动作
                {
                    KeyAction(KeyCodeMap[i][j]);      //调用按键动作函数
                }
                backup[i][j] = KeySta[i][j];          //刷新前一次的备份值
            }
        }
    }
}


/* 按键扫描及消抖函数 */
void KeyScan(void)
{
    unsigned char i;
    static unsigned char keyout = 0;                 //矩阵按键扫描输出索引
    static unsigned char keybuf[4][4] = {             //矩阵按键扫描缓冲区
        {0xFF, 0xFF, 0xFF, 0xFF},   {0xFF, 0xFF, 0xFF, 0xFF},
        {0xFF, 0xFF, 0xFF, 0xFF},   {0xFF, 0xFF, 0xFF, 0xFF} };

    keybuf[keyout][0] = (keybuf[keyout][0] << 1) | KEY_IN_1;
    keybuf[keyout][1] = (keybuf[keyout][1] << 1) | KEY_IN_2;
    keybuf[keyout][2] = (keybuf[keyout][2] << 1) | KEY_IN_3;
    keybuf[keyout][3] = (keybuf[keyout][3] << 1) | KEY_IN_4;
                                                     //消抖后更新按键状态
    for (i = 0; i < 4; i++)                           //每行 4 个按键，所以循环 4 次
    {
        if ((keybuf[keyout][i] & 0x0F) == 0x00)
        {
            KeySta[keyout][i] = 0;
```

```
        }
        else if ((keybuf[keyout][i] & 0x0F) == 0x0F)
        {
            KeySta[keyout][i] = 1;
        }
    }
    keyout++;                              //输出索引递增，扫描下一行
    keyout &= 0x03;                        //最多4行
    switch (keyout)                        //根据索引值，释放当前输出引脚
    {                                      //拉低下次扫描输出引脚
        case 0:
            KEY_OUT_4 = 1;
            KEY_OUT_1 = 0;
            break;

        case 1:
            KEY_OUT_1 = 1;
            KEY_OUT_2 = 0;
            break;

        case 2:
            KEY_OUT_2 = 1;
            KEY_OUT_3 = 0;
            break;

        case 3:
            KEY_OUT_3 = 1;
            KEY_OUT_4 = 0;
            break;

        default:
            break;
    }
}


/************* main.c 文件程序源代码 ******************/
#include <reg52.h>
#include "key.h"

unsigned char disBuf;                      //显示缓冲
unsigned char code smgduan[10]=
{0x40,0x79,0x24,0x30,0x19,0x12,0x02,0x78,0x00,0x10};
unsigned char T0RH = 0;
```

```
unsigned char T0RL = 0;
void ConfigTimer0(unsigned char ms);              //定时器初始化函数声明
void KeyAction(unsigned char);                    //键值处理函数声明

void main(void)
{
    EA = 1;
    LSA = 1;                                      //选中数码管 0 进行显示
    LSB = 0;
    LSC = 0;
    ConfigTimer0(1);                              //定时器 0 定时时间为 1 ms
    disBuf = 0;                                   //默认显示 0
    P0 = smgduan[disBuf];
    while (1)
    {
        KeyDriver();                              //按键扫描程序
        P0 = smgduan[disBuf];
    }
}


/* T0 中断函数 */
void Timer0(void) interrupt 1                     //定时器 0 中断程序，用于按键扫描
{
TH0 = T0RH;
TL0 = T0RL;
    KeyScan();                                    //按键扫描
}


/* 配置 T0，ms 为 T0 的定时时间 */
void ConfigTimer0(unsigned char ms)
{
    unsigned long tmp;                            //临时变量

    tmp = 11 059 200 / 12;                        //定时器计数频率
    tmp = (tmp * ms) / 1000;                      //计算所需的计数值
    tmp = 65536 - tmp;                            //计算定时器重载值
    tmp = tmp + 18;                               //补偿中断响应延时造成的误差
    T0RH = (unsigned char)(tmp >> 8);             //定时器重载值拆分为高低字节
    T0RL = (unsigned char)tmp;
    TMOD&. = 0xF0;                                //清 0 T0 的控制位
    TMOD| = 0x01;                                 //配置 T0 为模式 1
    TH0 = T0RH;                                   //加载 T0 重载值
    TL0 = T0RL;
```

```
        ET0 = 1;                                //使能 T0 中断
        TR0＝1;
    }


    /＊按键处理程序＊/
    void KeyAction(unsigned char keycode)       //键值处理程序
    {
        if (keycode ＞= 0x30 && keycode ＜= 0x39)   //键值 ASCII 码为 30～39
        {                                       //即 0～9 对应的 ASCII 码
            disBuf = keycode − 0x30;            //0～9
        }
    }
```

【程序解析】

主程序中启用了定时器 T0 定时 1 ms，在定时器中断中进行键扫描，键扫描时以变量 keyout 作为行索引，一次扫描一行上所有按键，并把各个按键的状态分别移入各键的 key-buf 的低位进行消抖，消抖的原理与独立式按键的相同。每一行扫描完成后，行索引值 keyout 加 1，对下一行进行扫描，整个扫描过程就是逐行扫描。定时器初始化函数部分，可根据定时器初值的计算方法加深理解。

7.3　LCD1602 的显示原理及实现

7.3.1　LCD1602 的显示原理

1602 液晶的控制器是采用日立公司的 HD44780 集成电路，HD44780 内置了 DDRAM、CGROM 和 CGRAM。

1. DDRAM(Display Data RAM)

DDRAM 就是显示数据 RAM 或称显存，用来存放待显示的字符代码。HD44780 内部共有 80(40×2)B，如表 7－1 所示，但 LCD1602 的显示屏幕只有 16×2 字符，只取前 16 列，其地址和屏幕位置的对应关系如表 7－2 所示。

表 7－1　HD44780 内部 DDRAM 地址

	显示位置	1	2	3	4	⋯	16	⋯	40
DDRAM 地址	第 1 行	00H	01H	02H	03H	⋯	0FH	⋯	27H
	第 2 行	40H	41H	42H	43H	⋯	4FH	⋯	67H

表 7－2　LCD1602 内部 DDRAM 地址

	显示位置	1	2	3	4	5	⋯	15	16
DDRAM 地址	第 1 行	00H	01H	02H	03H	04H	⋯	0EH	0FH
	第 2 行	40H	41H	42H	43H	44H	⋯	4EH	4FH

如果希望在 LCD1602 屏幕的第一行第一列显示字符"A",只要向 DDRAM 的 00H 地址写入"A"字的代码。也就是说,只要向 DDRAM 的显示地址中写入待显字符的代码,该字符就会显示在液晶显示器对应的位置上。如在第二行显示,第二行地址要在第一行地址上加 40H。

2. CGROM 和 CGRAM

CGROM(Character Generator ROM)和 CGRAM(Character Generator RAM)都是字符产生器,用于存放显示字符。CGROM 中存放了 HD44780 已定义的 192 个常用字符,如表 7-3 所示;而 CGRAM 则用于存放用户自定义的字符,共 8 个。

表 7-3 显示字符表

高4位\低4位	0000	0001	0010	0011	0100	0101	0110	0111	1000	1001	1010	1011	1100	1101	1110	1111
xxxx0000	CGRAM (1)			0	@	P	`	p				—	タ	ミ	α	p
xxxx0001	(2)		!	1	A	Q	a	q			。	ア	チ	ム	ä	q
xxxx0010	(3)		"	2	B	R	b	r			「	イ	ツ	メ	β	θ
xxxx0011	(4)		#	3	C	S	c	s			」	ウ	テ	モ	ε	∞
xxxx0100	(5)		$	4	D	T	d	t			、	エ	ト	ヤ	μ	Ω
xxxx0101	(6)		%	5	E	U	e	u			・	オ	ナ	ユ	σ	ü
xxxx0110	(7)		&	6	F	V	f	v			ヲ	カ	ニ	ヨ	ρ	Σ
xxxx0111	(8)		'	7	G	W	g	w			ア	キ	ヌ	ラ	g	π
xxxx1000	(1)		(	8	H	X	h	x			イ	ク	ネ	リ	√	x
xxxx1001	(2)		)	9	I	Y	i	y			ウ	ケ	ノ	ル	⁻¹	y
xxxx1010	(3)		*	:	J	Z	j	z			エ	コ	ハ	レ	j	千
xxxx1011	(4)		+	;	K	[	k	{			オ	サ	ヒ	ロ	×	万
xxxx1100	(5)		,	<	L	¥	l					ヤ	シ	フ	ワ	¢	円
xxxx1101	(6)		—	=	M	]	m	}			ュ	ス	ヘ	ン	ŧ	÷
xxxx1110	(7)		.	>	N	^	n	→			ヨ	セ	ホ	゛	ñ	
xxxx1111	(8)		/	?	O	_	o	←			ッ	ソ	マ	゜	ö	█

前面提到在屏幕的第一行第一列显示字符"A"，通过查找 CGROM 表格，字符"A"的高 4 位为 0100，低 4 位为 0001，均为二进制，合并得到 01000001，即 41H，恰好是字符"A"的 ASCII 码。也就是说，只需在显示地址 DDRAM 的 00H 单元中写入 41H，即可在第一行第一列显示字符"A"，这种显示字符的方式使得软件编程更方便。

7.3.2 LCD1602 硬件接口介绍

1602 型 LCD 分有背光（16 个引脚）和无背光（14 个引脚）两种。16 脚 1602 型 LCD 引脚可分成三类，如图 7-7 所示。

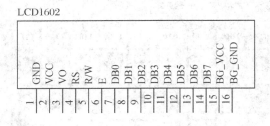
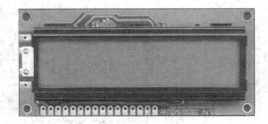

图 7-7 LCD1602 引脚及实物图

1. 电源引脚

引脚 1 和引脚 2 分别是电源地（GND）和电源（VCC）。

2. 数据引脚

引脚 7~14 共 8 个引脚是双向数据总线的第 0 位到第 8 位。由于单片机的 P0 口无上拉电阻，因此如果需要接到 P0 口，则必须接上拉电阻；如果接到其他并口，则可不接上拉电阻。

3. 控制引脚

引脚 3：VO 为液晶显示器对比度调整端，接正电源时对比度最弱，接地电源时对比度最高。一般使用时可以通过一个 10 kΩ 的电位器调整对比度，避免产生"鬼影"。

引脚 4：RS 为寄存器选择，高电平"1"时为数据寄存器，低电平"0"时为指令寄存器。

引脚 5：R/W 为读写信号线，高电平"1"时进行读操作，低电平"0"时进行写操作。

引脚 6：E（或 EN）端为使能（Enable）端，高电平"1"时读取信息，负跳变时执行指令。

引脚 15~16：背光电源。

7.3.3 LCD1602 的指令

LCD1602 的指令共有 11 条，下面用 LCD1602 的一般操作过程来介绍常用指令，其他指令可参考其技术手册。需要注意的是，在进行某一方式的显示过程中可能只用到部分指令。

1. 显示模式设置

LCD1602 在显示某一内容之前，首先要设置其显示方式，这个过程就是初始化或驱动，在初始化中需要进行的主要工作如下。

（1）每次显示刷新之前或之后需要进行清屏操作。

清屏指令码为 01H。格式如下：

指令功能	指　令　编　码								
清屏	RS	R/W	DB7	DB6	DB5	DB4	DB3	DB2	DB1	DB0
	0	0	0	0	0	0	0	0	0	1

功能：① 清除液晶显示器，将 DDRAM 的所有地址填入"空白"的 ASCII 码 20H；

② 光标归位，回到显示器左上方；

③ 地址计数器(AC)的值设置为 0。

（2）LCD1602 与单片机有两种接口方式，即 4 位和 8 位数据接口。在显示时，可根据显示内容选择 5×7 点阵和 5×10 点阵，5×7 点阵可显示 2 行，而 5×10 点阵只能显示 1 行。

以上显示控制可通过指令功能设定指令来实现。格式如下：

指令功能	指　令　编　码								
功能设置	RS	R/W	DB7	DB6	DB5	DB4	DB3	DB2	DB1	DB0
	0	0	0	0	1	DL	N	F	×	×

功能：设定数据总线位数、显示的行数及字型。参数设定的情况如表 7-4 所示。

表 7-4　显示功能参数设定

位名	设　　　置	
DL	0：数据总线为 4 位	1：数据总线为 8 位
N	0：显示 1 行	1：显示 2 行
F	0：5×7 点阵/每字符	1：5×10 点阵/每字符

例如，本书开发板采用的是 8 位数据总线，如果采用 2 行显示，只能采用 5×7 点阵。因此 DL＝1，N＝1，F＝0，则该指令为 38H。

（3）显示时是否需要光标，光标是否闪烁，新的显示内容显示后，光标向哪个方向移动，这些需要以下两条指令设置。

① 显示开关控制指令。格式如下：

指令功能	指　令　编　码								
显示开关控制	RS	R/W	DB7	DB6	DB5	DB4	DB3	DB2	DB1	DB0
	0	0	0	0	0	0	1	D	C	B

功能：控制显示器开/关、光标显示/关闭以及光标是否闪烁。参数设定的情况如表 7-5 所示。

表 7-5　显示开关控制参数设定

位名	设　　　置	
D	0：显示功能关	1：显示功能开
C	0：无光标	1：有光标
B	0：光标闪烁	1：光标不闪烁

例如，要显示光标闪烁，则需设置 D＝1，C＝1，B＝0，因此指令为 0EH。

② 进入模式设置指令。格式如下；

指令功能	指 令 编 码									
进入模式设置	RS	R/W	DB7	DB6	DB5	DB4	DB3	DB2	DB1	DB0
	0	0	0	0	0	0	0	1	I/D	S

功能：设定每次输入一位数据后光标的移位方向，并且设定每次写入的一个字符是否移动。参数设定的情况如表 7－6 所示。

表 7－6　进入模式参数设定

位名	设 置	
I/D	0：写入新数据后光标左移	1：写入新数据后光标右移
S	0：写入新数据后显示屏不移动	1：写入新数据后显示屏整体右移一个字符

例如，一般情况下，显示新内容后仅仅光标右移，则 I/D＝1，S＝0，因此指令为 06H。

2．数据显示

初始化完成后，接下来就是将待显示的内容写入到 LCD1602 的 DDRAM 中进行显示。

（1）读 LCD1602。在写显示内容之前，包括上一步初始化时的写命令之前，都先要进行读操作，这是因为 LCD1602 是一个慢速器件，在对其进行操作时，必须要确定其是否处于空闲状态，如果空闲，就可以向其写命令或数据了。读取忙信号或 AC 地址指令格式如下：

指令功能	指 令 编 码									
读忙信号或 AC 地址	RS	R/W	DB7	DB6	DB5	DB4	DB3	DB2	DB1	DB0
	0	1	BF	AC 内容（7 位）						

其中，最高位 DB7 为忙碌标记 BF(Busy Flag)。BF＝1，表示液晶显示器忙，暂时无法接收单片机送来的数据或指令；BF＝0，表示液晶显示器可以接收单片机送来的数据或指令。这条指令还可以读取地址计数器 AC(Address Counter)的值，即 DB6～DB0 位。

（2）写显示数据。显示过程是通过设定 DDRAM 指令来完成的，即把显示代码写入到 DDRAM 中。

指令功能	指 令 编 码									
DDRAM 指令设置	RS	R/W	DB7	DB6	DB5	DB4	DB3	DB2	DB1	DB0
	0	0	1	DDRAM 地址（7 位）						

前面已经讲到，LCD1602 中 DDRAM 的最大地址为 4FH，即 01001111B，最高位为 0，而该指令中最高位为 1。因此，指令码是将相应的地址码的最高位置为 1，即指令码＝地址码＋80H。

7.3.4 LCD1602 操作时序及编程实现

1. LCD1602 的基本操作时序

在对 LCD1602 操作时，对 RS、R/W、E 三个引脚的操作至关重要。对 LCD1602 进行读写操作：当 RS=0 时，读写指令；当 RS=1 时，读写数据；当 R/W=0 时，写数据或指令；当 R/W=1 时，读数据或指令；使能端 E 高电平，读操作；使能端 E 负跳变，写操作。对各引脚的操作时序总结如表 7-7 所示，时序参数表如表 7-8 所示。

表 7-7　1602 时序表

功　能		RS	R/W	E	DB7～DB0
读操作	读状态	0	1	高电平	状态字
	读数据	1	1		数据
写操作	写指令	0	0	下降沿	操作指令
	写数据	1	0		待显示内容

表 7-8　1602 时序参数表

时序参数	符号	极限值			单位	测试条件
		最小值	典型值	最大值		
E 信号周期	t_C	400	—	—	ns	引脚 E
E 脉冲宽度	t_{PW}	150	—	—	ns	
E 上升沿/下降沿时间	t_R, t_F	—	—	25	ns	
地址建立时间	t_{SP1}	30	—	—	ns	引脚 E、RS、R/W
地址保持时间	t_{HD1}	10	—	—	ns	
数据建立时间（读操作）	t_D	—	—	100	ns	引脚 DB7～DB0
数据保持时间（读操作）	t_{HD2}	20	—	—	ns	
数据建立时间（写操作）	t_{SP2}	40	—	—	ns	
数据保持时间（写操作）	t_{HD2}	10	—	—	ns	

t_C：使能引脚 E 从本次上升沿到下次上升沿的最短时间是 400 ns。

t_{PW}：使能引脚 E 高电平的持续时间最短是 150 ns。

t_R, t_F：使能引脚 E 的上升沿时间和下降沿时间，不超过 25 ns。

t_{SP1}：RS 和 R/W 引脚使能后至少保持 30 ns，使能引脚 E 才可以变成高电平。

t_{HD1}：使能引脚 E 变成低电平后，至少保持 10 ns，之后 RS 和 R/W 引脚才能进行变化。

t_D：使能引脚 E 变成高电平后，最多 100 ns 后，1602 送数据，正常读取状态或者数据。

t_{HD2}：使能引脚 E 变成低电平后，至少保持 20 ns，DB 总线数据才可以变化。

t_{SP2}：DB 数据总线准备好后，至少保持 40 ns，使能引脚 E 才可以拉高。

t_{HD2}：写操作过程中，引脚 E 变成低电平后，至少保持 10 ns，DB 总线数据才可以变化。

从 1602 时序参数表可以看出，最长的时间 E 信号周期不过 400 ns，而 51 单片机执行一条指令最少需要 1 μs，因此时间条件可以满足要求。

2. LCD1602 的时序图及其读写操作的编程

1）读操作时序

根据表 7-7，读状态字时，要满足的条件是 RS＝0，R/W＝1，E 为高电平。要正确地读取状态，除了要满足上述条件外，还必须要满足上述信号在时间上的先后顺序，这一点我们可以根据图 7-8 所示的读时序图来确定。下面根据时序图 7-8 来说明读状态的编程过程。

读 LCD1602 状态的目的在于确定其是否处于忙碌状态，如果是，则需等待直到它空闲为止，才能进行下一步操作。

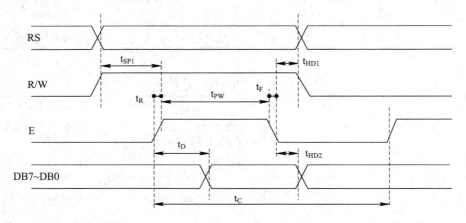

图 7-8　LCD1602 读时序

开发板上，LCD1602 的数据线接单片机的 P0 口，读操作时，要保证能正确读取，首先要向 P0 口的端口锁存器写 0xFF；读状态时，RS 引脚为低电平，R/W 引脚为高电平；在 RS 和 R/W 引脚状态有效后，t_{SP1} 至少保持 30 ns 后，使能端 E 才能变成高电平。前面已经说过 LCD1602_E＝1 这条指令的执行时间至少是 1 μs，远大于 30 ns，因此只要这条指令执行结束，t_{SP1} 自然满足要求。接下来，使能端 E 高电平的持续时间 t_{pw} 至少维持 150 ns，同理，sta ＝ P0 这条指令的执行时间也远大于 150 ns，然后拉低使能端，LCD1602 的状态经 P0 口读入并保存到变量 sta 中。根据读 LCD1602 的指令格式，可以看到，忙碌标志是读到的 8 位二进制数的最高位，因此 sta & 0x80 就是取最高位，如果最高位为 1 就等待，直到最高位为 0 为止。

读数据的时序与读状态的时序基本类似，不同在于读数据时 RS＝1，其余过程完全相同。读取状态字的代码如下：

```
void LcdWaitReady(void)
{
    unsigned char sta;
```

```
    P0 = 0xFF;                    //保证正确读取
    LCD1602_RS = 0;
    LCD1602_RW = 1;
    do
    {
      LCD1602_E = 1;
      sta = P0;                   //读取状态字
      LCD1602_E = 0;
    }
      while (sta & 0x80);         //b7 等于 1 表示 LCD1602 正忙，重复检测直到等于 0
  }
```

2）写操作时序

写操作分为写数据和写命令，从时序表 7 - 7 和时序图 7 - 9 中可以看出，写命令时 RS＝0，写数据时 RS＝1，其他完全相同。下面根据时序图和时序参数来说明写命令的编程过程。

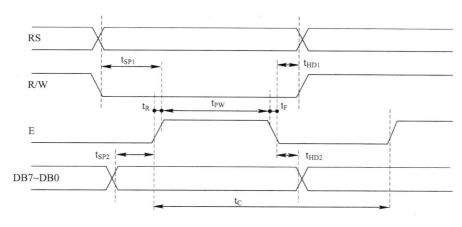

图 7 - 9　LCD1602 写时序

前面已经讲过，LCD1602 是个慢速器件，因此对其进行操作前，必须要保证它处于空闲状态。因此，写命令前，首先要测忙。假设 LCD1602 处于空闲状态，根据时序图，有 RS＝0，R/W＝0，因为写操作时，是在使能端 E 的下降沿将数据写入 LCD1602，所以要先将使能端 E 拉低。接下来待写入的数据上线，再把 E 拉高，根据时序图，RS 和 R/W 信号有效到使能端拉高之间的时间 t_{SP1} 应为 30 ns，这个时间由指令 P0 = com 的执行时间保证，再拉低使能端 E。同理，指令 LCD1602_E = 0 的执行时间足够满足使能端高电平的持续时间 t_{PW}。写命令代码如下：

```
    void LcdWriteCom(unsigned char com)
    {                             //com 命令
    LcdWaitReady();
    LCD1602_E= 0;                 //使能
    LCD1602_RS= 0;                //选择发送命令
    LCD1602_RW= 0;                //选择写入
```

```
    P0= com;                        //放入命令
    LCD1602_E= 1;                   //写入时序
    LCD1602_E= 0;
}
```

7.3.5 LCD1602 显示实战

LCD1602 与单片机的接口原理图如图 7－10 所示。由原理图可知，LCD 采用的是 8 位数据接口。

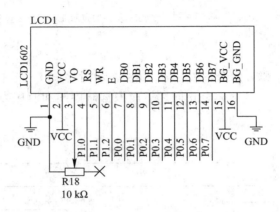

图 7－10 LCD1602 与单片机接口

【例 7－5】 在 LCD1602 的第一行居中显示"HELLO WORLD!"，第二行显示字符"0123456789ABCDEF"。

关于工程文件的管理，参照例 7－4。

【程序代码】

```
/* * * * * * * * * * * * * *lcd1602.h 文件程序源代码 * * * * * * * * * * * * * * * */
#ifndef __LCD_H_
#define __LCD_H_

#include <reg52.h>

/*端口定义*/
sbit LCD1602_E = P1^2;              //LCD1602 使能端 E
sbit LCD1602_RW = P1^1;             //LCD1602 读写控制端 RW
sbit LCD1602_RS = P1^0;             //LCD1602 数据/指令端 RS

/*函数声明*/
/* 在 51 单片机 12 MHz 时钟下的延时函数*/
void Delayms(unsigned int xms);
/* LCD1602 写入 8 位命令子函数*/
void LcdWriteCom(unsigned char com);
/* LCD1602 写入 8 位数据子函数*/
```

```
void LcdWriteData(unsigned char dat);
/ * LCD1602 显示字符串子函数 * /
void LcdShowStr(unsigned char x, unsigned char y, unsigned char * DData);
/ * LCD1602 初始化子程序 * /
void LcdInit(void);
#endif
/ * * * * * * * * * * * * lcd1602.c 文件程序源代码 * * * * * * * * * * * * * * * /
#include "lcd1602.h"

/ * 延时 1ms 函数，xms 为延时的毫秒数 * /
void Delayms(unsigned int xms)
{
  unsigned int i, j;

  for(i = xms;i > 0;i——)
  {
    for(j = 110;j > 0;j——);
  }
}

/ * 测忙 * /
void LcdWaitReady(void)
{
  unsigned char sta;

  P0 = 0xFF;                      //保证读准确
  LCD1602_RS = 0;
  LCD1602_RW = 1;
  do
  {
    LCD1602_E = 1;
    sta = P0;                     //读取状态字
    LCD1602_E = 0;
  }
    while (sta & 0x80);           //D7 等于 1 表示液晶正忙，重复检测直到等于 0
}

/ * 向 LCD 写命令，com 为待写入命令 * /
void LcdWriteCom(unsigned char com)
{                                 //com 命令
  LcdWaitReady();
  LCD1602_E = 0;                  //使能
  LCD1602_RS = 0;                 //选择发送命令
```

```
    LCD1602_RW = 0;                          //选择写入

    P0 = com;                                //放入命令
    LCD1602_E = 1;                           //写入时序
    LCD1602_E = 0;
}

/* 向 LCD 写数据，dat 为待写入数据 */
void LcdWriteData(unsigned char dat)
{                                            //dat 数据使能清 0
    LcdWaitReady();
    LCD1602_E = 0;                           //使能清 0
    LCD1602_RS = 1;                          //选择输入数据
    LCD1602_RW = 0;                          //选择写入

    P0 = dat;                                //写入数据
    LCD1602_E = 1;                           //写入时序
    LCD1602_E = 0;
}

/* 设置显示位置，x 为列，y 为行 */
void LcdSetCursor(unsigned char x, unsigned char y)
{                                            //x 为列，y 为行
    unsigned char addr;
    if (y == 0)                              //y 等于 0，显示第一行
    {
        addr = 0x00 + x;
    }
    else
    {
        addr = 0x40 + x;                     //若 y 为 1(显示第二行)，则地址码加 0x40
    }
    LcdWriteCom(addr | 0x80);                //指令码为地址码加 0x80
}

/* 显示字符串，*DData 字符串指针 */
void LcdShowStr(unsigned char x, unsigned char y, unsigned char * DData)
{                                            // x 为列，y 为行，* DData 为字符串指针
    LcdSetCursor(x, y);
    while ( * DData != '\0')
    {
        LcdWriteData( * DData++);            //在某行某列显示字符串中的第几位字符
    }
```

```
    }

/ * LCD 初始化 * /
void LcdInit(void)                          //LCD 初始化子程序
{
    LcdWriteCom(0x38);                      //2 行显示，5 × 7 点阵
    LcdWriteCom(0x0c);                      //开显示，显示光标
    LcdWriteCom(0x06);                      //写一个指针加 1
    LcdWriteCom(0x01);                      //清屏
}


/ * * * * * * * * * * * * * main.c 文件程序源代码 * * * * * * * * * * * * * * * * /
#include <reg52.h>
#include "lcd1602.h"

unsigned char code Disp1[] ="   HELLO WORLD!    ";
unsigned char code Disp2[] ="0123456789ABCDEF";

/ * 主程序 * /
void main(void)
{
    LcdInit();                              //1602 初始化
    LcdShowStr(0, 0, Disp1);                //第一行显示" HELLO WORLD!    "
    LcdShowStr(0, 1, Disp2);                //第二行显示"0123456789ABCDEF"
    while (1);
}
```

【程序解析】

在 LCD1602 显示过程中，最主要的两个函数是写命令函数 LcdWriteCom 和写数据函数 LcdWriteData。通过写命令函数对 LCD1602 进行初始化和设定显示位置，通过写数据函数可以显示单个字符或字符串。此外，在写操作之前需要测忙。

需要注意的是，主程序中 Disp1 和 Disp2 中存放的是这两个字符串的 ASCII 码，在对 LCD1602 的 DDRAM 写数据以进行显示时，写的内容就是每个字符的 ASCII 码，这些字符的 ASCII 码是内置的，如表 7-3 所示。

7.3.6　指针的应用

在例 7-5 显示字符串的函数中用到了指针，要理解指针，需要先理解变量的访问方式。要访问一个变量，有两种方式，一种是通过变量名来访问，另一种是通过变量的地址来访问。在 C 语言中，地址就等同于指针，变量的地址就是变量的指针。要把地址送到"地址输入框"内，这个"地址输入框"相当于一个特殊的变量——保存地址的变量，称之为指针变量，简称为指针，通常说的指针就是指指针变量。关于指针的定义和操作，请参考 C 语言相关教材。

指针是访问一个地址连续的数据块的有效方法。以例 7-5 字符串 Disp2 为例，假设编译器给这个字符串在内部 ROM 中分配的地址从 0010H 单元开始，并且由于该字符串数组的类型为 char 型，即每个字符占用一个存储单元，则字符串 Disp2 的存储形式如下表 7-9 所示。

表 7-9 字符串数组的存储形式

存储单元地址	存储内容	显示字符
0100H	30H	0
0101H	31H	1
…	…	…
010EH	45H	E
010FH	46H	F
0110H	\0	

需要注意的是，字符在内存中是以其 ASCII 码形式存储的，字符'0'的 ASCII 码是 30H，以此类推。在字符串的末尾，编译器会自动添加一个'\0'作为字符串结束标志。因此，一个由 N 个字符组成的字符串在存储器中占用 N+1 个存储单元。

在函数 LcdShowStr 中的形参 *DData 是一个指针型变量，指针变量指向哪个存储单元的地址，就可以对这个存储单元的内容进行访问，通常的说法就是指针指向了该变量。

在例 7-5 的主程序中，调用显示函数的格式为 LcdShowStr（0，1，Disp2），可见形参是指针变量 *DData，实参是数组名 Disp2。在参数传递时，指针一开始指向表 7-9 数组元素的首地址 0100H，这样就把 ASCII 码 30H 送显示，显示字符'0'，接下来指针加 1，直到最后一个字符'F'，当指针变量指向的存储单元的内容为字符串结束标志'0'时，全部内容显示完成。

本 章 习 题

1. 键盘接口在硬件设计和软件设计时需要考虑哪些方面的问题？

2. 将 16 个按键的键号在一位数码管上显示出来。

3. 4 位数码管动态显示"1"～"4"。

4. 在 LCD1602 液晶显示器上，第一行显示"Welcome To CSLG!"，第二行显示 16 个按键的键号，即当某个按键按下时，在第二行显示该键相应的键号。

第 *8* 章 UART 串行口通信

随着多微机系统的广泛应用和计算机网络技术的普及,计算机的通信功能愈来愈重要。计算机通信是指计算机与外部设备或计算机与计算机之间的信息交换。没有通信,单片机所实现的功能仅仅局限于单片机本身,就无法通过其他设备获得有用信息,也无法将自己产生的信息告诉其他设备。单片机通信如果没处理好,它和外围器件的合作程度就会受到限制,最终整个系统也无法完成强大的功能,由此可见单片机通信技术的重要性。UART(Universal Asynchronous Receiver/Transmitter,通用异步收发器)串行通信是单片机最常用的一种通信技术,通常用于单片机和计算机之间以及单片机和单片机之间的通信。

8.1 串行通信初步认识

8.1.1 并行通信和串行通信

1. 并行通信

并行通信是将数据字节的各位用多条数据线同时进行传送。比如 P0 = 0x55 就是一次给 P0 的 8 个 I/O 口分别赋值,同时进行信号输出,类似于有 8 个车道同时可以过去 8 辆车一样,这种形式就是并行的。习惯上还称 P0、P1、P2 和 P3 为 51 单片机的 4 组并行总线。

并行通信控制简单、传输速度快,但由于传输线较多,长距离传送时成本高且收、发方的各位同时接收存在困难。

2. 串行通信

串行通信是将数据字节分成一位一位的形式在一条传输线上逐个地传送,在多微机系统以及现代测控系统中,信息的交换多采用这种方式。就如同一条车道,一次只能一辆车过去,如果一个字节的数据 0x55 要传输过去,假如低位在前高位在后,则发送方式就是 0-1-0-1-0-1-0-1,即一位一位地发送出去,要发送 8 次才能发送完一个字节。

串行通信时,数据发送设备先将数据代码由并行形式转换成串行形式,然后一位一位地放在传输线上进行传送。数据接收设备将接收到的串行形式数据转换成并行形式进行存储或处理。

串行通信的传输线少,长距离传送时成本低,且可以利用电话网等现成的设备,但数据的传送控制比并行通信的复杂。

对于串行通信，由于数据信息、控制信息要按位在一条线上依次传送，为了对数据和控制信息进行区分，收发双方要事先约定共同遵守的通信协议。通信协议约定的内容包括数据格式、同步方式、传输速率、校验方式等。根据发送与接收设备时钟的配置情况，串行通信可以分为异步通信和同步通信。

51 单片机有两个引脚是专门用来做 UART 串行通信的，即 P3.0 和 P3.1（亦称 RXD 和 TXD），由它们组成的通信接口叫做串行接口，简称串口。用两个单片机进行 UART 串口通信，其基本框图如图 8-1 所示。本章的第一个例子就是单片机之间的通信。

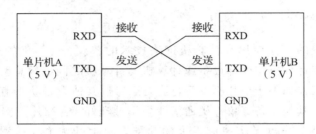

图 8-1　单片机之间 UART 通信框图

图 8-1 中 TXD 是串行发送引脚，RXD 是串行接收引脚。这里一定要注意的是，要交叉线连接，即单片机 A 的 TXD 引脚接到单片机 B 的 RXD 引脚上，即此路为单片机 A 发送而单片机 B 接收的通道；单片机 A 的 RXD 引脚接到单片机 B 的 TXD 引脚上，即此路为单片机 B 发送而单片机 A 接收的通道。此外，一定要有电源基准，即 GND 引脚要接在一起。

8.1.2　异步通信和同步通信

1. 异步通信

异步通信是指通信的发送与接收设备使用各自的时钟控制数据的发送和接收过程。为使双方的收发协调，要求发送和接收设备的时钟尽可能一致。

异步通信以字符（构成的帧）为单位进行传输，字符与字符之间的间隙（时间间隔）任意，但每个字符中的各位是以固定的时间传送的，即字符之间是异步的（字符之间不一定有"位间隔"的整数倍的关系），但同一字符内的各位是同步的（各位之间的距离均为"位间隔"的整数倍）。

为了实现异步传输字符的同步，采用的办法是使传送的每一个字符都以起始位"0"开始，以停止位"1"结束。这样，传送的每一个字符都用起始位来进行收发双方的同步。停止位和间隙作为时钟频率偏差的缓冲，即使双方时钟频率略有偏差，总的数据流也不会因偏差的积累而导致数据错位。

异步通信的每帧数据由 4 部分组成：起始位（占 1 位）、数据位（占 5～8 位）、奇偶校验位（占 1 位，也可以没有校验位）、停止位（占 1 或 2 位）。图 8-2 给出了 8 位数据位和 1 位停止位，加上固定的 1 位起始位，共 10 位组成一个传输帧，无校验位。传送时数据的低位在前，高位在后，字符之间允许有不定长度的空闲位。

传送开始后，接收设备不断检测传输线，检测是否有起始位到来。当收到一系列的"1"（空闲位或停止位）后，检测到一个"0"，说明起始位出现，开始接收所规定的数据位和奇偶校验位以及停止位。经过处理将停止位去掉，把数据位拼成一个并行字节，并且经校验无

图 8 - 2　异步通信数据帧格式图

误才算正确地接收到一个字符。一个字符接收完毕后,接收设备继续检测传输线,监视"0"电平的到来(下一个字符开始),直到全部数据接收完毕。

异步通信的特点是不要求收发双方时钟的严格一致,容易实现,设备开销较小,但每个字符要附加 2～3 位用于起止位,各帧之间还有间隔,因此传输效率不高。

2. 同步通信

同步通信时要建立发送方时钟对接收方时钟的直接控制,使双方达到完全同步。此时,传输数据的位之间的距离均为"位间隔"的整数倍,同时传送的字符间不留间隙,既保持位同步关系,又保持字符同步关系。发送方对接收方的同步可以通过以下两种方法实现。

1) 外同步

在发送方和接收方之间提供单独的时钟线路,发送方在每个比特周期都向接收方发送一个同步脉冲,接收方根据这些同步脉冲来完成接收过程。由于长距离传输时,同步信号会发生失真,所以外同步方法仅适用于短距离的传输。

2) 自同步

利用特殊的编码(如曼彻斯特编码),使数据信号携带时钟(同步)信号。

在比特级获得同步后,还需要知道数据块的起始和结束。为此,可以在数据块的头部和尾部加上前同步信息和后同步信息,加有前后同步信息的数据块构成一帧。前后同步信息的形式根据数据块是面向字符的还是面向位的分成两种。

同步通信的特点是以同步字符或特定的位组合(即 01111110)作为帧的开始,所传输的一帧数据可以是任意位。所以传输的效率较高,但实现同步通信所需要的硬件设备比异步通信的复杂。

8.1.3　串行通信的传输方向

根据数据传输的方向及时间关系,串行通信可分为单工、半双工和全双工。

1. 单工

单工通信是只允许一方向另外一方传送信息,而另一方不能回传信息。比如电视遥控器、收音机广播等,都是利用单工通信技术。

2. 半双工

半双工通信是指数据可以在双方之间相互传送,但是同一时刻只能其中一方发给另外一方,比如对讲机就是典型的利用半双工技术来实现的。

3. 全双工

全双工通信是指发送数据的同时也能够接收数据,两者同步进行,如同电话一样,人们在说话的同时也可以听到对方的声音。

8.1.4 传输速率

数据的传输速率可以用比特率表示。比特率是每秒传输二进制代码的位数，单位是位/秒(b/s)。如每秒传送 960 个字符，而每个字符格式包含 10 位(1 个起始位、1 个停止位、8 个数据位)，这时的比特率为

$$10 \text{ 位} \times 960/\text{秒} = 9600 \text{ b/s}$$

应注意的是，在数据通信中常用波特率表示每秒调制信号变化的次数，单位是波特(Baud)。波特率和比特率不总是相同的，如每个信号(码元)携带 1 个比特的信息，比特率和波特率就相同；如 1 个信号(码元)携带 2 个比特的信息，则比特率就是波特率的 2 倍。对于将数字信号 1 或 0 直接用两种不同电压表示的所谓基带传输，波特率和比特率是相同的。所以，我们也经常用波特率表示数据的传输速率。

8.1.5 串行通信的错误校验

在通信过程中，往往要对数据传送的正确与否进行校验。校验是保证准确无误传输数据的关键。常用的校验方法有奇偶校验、代码和校验及循环冗余码校验。

1. 奇偶校验

在发送数据时，数据位之后的 1 位为奇偶校验位(1 或 0)。当约定为奇校验时，数据中"1"的个数与校验位"1"的个数之和应为奇数；当约定为偶校验时，数据中"1"的个数与校验位"1"的个数之和应为偶数。接收方与发送方的校验方式应一致。接收字符时，对"1"的个数进行校验，若发现不一致，则说明传输数据过程中出现了差错。

2. 代码和校验

代码和校验是发送方将所发数据块求和(或各字节异或)，产生一个字节的校验字符(校验和)附加到数据块末尾。接收方接收数据的同时对数据块(除校验字节外)求和(或各字节异或)，将所得的结果与发送方的"校验和"进行比较，相符则无差错，否则即认为传送过程中出现了差错。

3. 循环冗余码校验

这种校验是通过某种数学运算实现有效信息与校验位之间的循环校验，常用于对磁盘信息的传输、存储区的完整性校验等。这种校验方法纠错能力强，广泛应用于同步通信中。

8.1.6 RS-232 通信接口

在台式计算机上，一般都会有一个 9 针的串行接口，这个串行接口叫做 RS-232 接口，它和 UART 通信有关联。由于现在笔记本电脑都不再带这种 9 针串口，所以和单片机通信越来越趋向于使用 USB 虚拟的串口，因此这一小节的内容读者了解即可。

RS-232 这个标准串口在物理结构上分为 9 针的和 9 孔的，习惯上也称之为公头和母头，如图 8-3 所示。

RS-232 接口一共有 9 个引脚，其定义如表 8-1 所示，一般情况下只需要关心 2 脚 RXD、3 脚 TXD 和 5 脚 GND 即可。

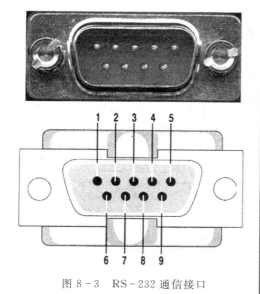

图 8-3　RS-232 通信接口

表 8-1　RS-232 通信接口引脚

引脚	简写	功　　能
1	CD	载波侦测(Carrier Detect)
2	RXD	接收字符(Receive)
3	TXD	发送字符(Transmit)
4	DTR	数据终端准备好(Data Terminal Ready)
5	GND	地线(Ground)
6	DSR	数据准备好(Data Set Ready)
7	RTS	请求发送(Request To Send)
8	CTS	清除发送(Clear To Send)
9	RI	振铃提示(Ring Indicator)

　　RS-232 的 2 脚、3 脚和 5 脚虽然其名字和单片机上串口的名字一样,但是却不能直接和单片机连接通信,这是为什么呢? 在数字电路中学过 TTL 电平的读者都知道,不是所有的电路都是 5 V 代表高电平、0 V 代表低电平的。对于 RS-232 标准来说,它的逻辑电平是个反逻辑,也叫做负逻辑。之所以称为负逻辑,是因为 TXD 和 RXD 的电压在 -3~-15 V 时代表 1,在 +3~+15 V 时代表 0,即低电平代表 1,而高电平代表 0。因此计算机的 9 针 RS-232 串口是不能和单片机直接连接的,需要用一个电平转换芯片 MAX232 来完成,如图 8-4 所示。

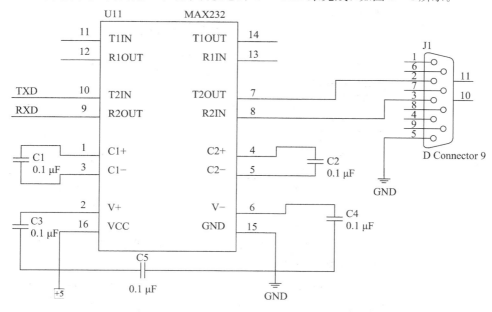

图 8-4　MAX232 转换图

　　芯片 MAX232 可以实现把标准 RS-232 串口电平转换成单片机能够识别和承受的 UART 的 0/5 V 电平。其实,RS-232 串口和 UART 串口的协议类型是一样的,只是电平标准不同而已，而 MAX232 这个芯片起到的作用类似于翻译，既可以把 UART 电平转换成 RS-232 电平，也可以把 RS-232 电平转换成 UART 电平，从而实现标准 RS-232 接口和单片机 UART 之间的通信连接。

8.1.7　USB 转串口通信

　　随着技术的发展，工业上还在大量使用 RS-232 串口进行通信，但是商业上已经慢慢地使用 USB 转 UART 技术取代了 RS-232 串口，绝大多数笔记本电脑已经没有串口了，因此如果要实现单片机和计算机之间的通信，只需要在电路上添加一个 USB 转串口芯片，就可以成功实现 USB 通信协议和标准 UART 串行通信协议的转换。在本书的开发板上使用的芯片是 CH340G，如图 8-5 所示。

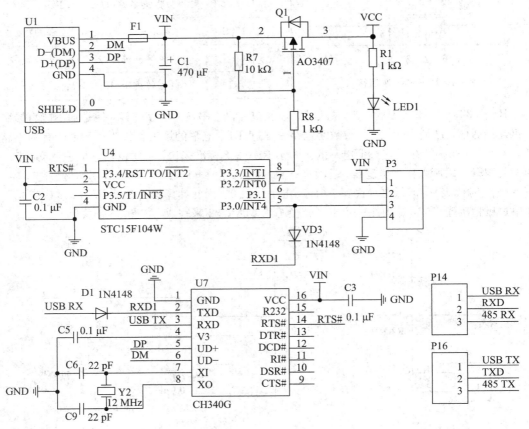

图 8-5　USB 转串口和免断电下载电路

　　图 8-5 中右下方 P14 和 P16 是两个跳线的组合（读者可以在开发板左下方的位置找到），我们需要用跳线帽把中间和上边的针短接在一起。CH340G 的电路很简单，在使用时把电源、晶振接好后，将其 5 脚 DP 和 6 脚 DM 分别接在 USB 口的 2 个数据引脚上，2 脚和 3 脚通过跳线接到单片机的 TXD 和 RXD 上即可。可以看到，如果跳线帽和下边的针短接到一起，就可以使用 RS-485 进行通信了。考虑到开发板的扩展性，板子上设计有 MAX485 接口，但如果要进行实验就需要购买一个 USB 转 RS-485 模块，这样就可以学习广泛使用的工业现场总线协议即 Modbus 通信协议。相比于 RS-232，使用 RS-485 通

信有着明显的优点,具体可查阅相关资料。

图 8-5 中的 U4 是 STC 公司的另外一块单片机,在这里主要起到免断电下载功能,读者了解即可。如果没有这块芯片,需要先断电再上电才可以下载程序。

8.2　51 单片机 UART 模块介绍

8.2.1　串行口结构

如图 8-6 所示,51 单片机有两个物理上独立的接收、发送缓冲器 SBUF,它们占用同一地址 0x99,一个用来做发送缓冲,一个用来做接收缓冲。意思就是说,有两个房间,两房间的门牌号是一样的,其中一个只出人不进人,另外一个只进人不出人,这样就可以实现 UART 的全双工通信,且相互之间不会产生干扰。在逻辑上,每次操作 SBUF,单片机会自动根据对它执行的是“读”操作还是“写”操作来选择是接收 SBUF 还是发送 SBUF,可以通过后边的程序来理解这个问题。

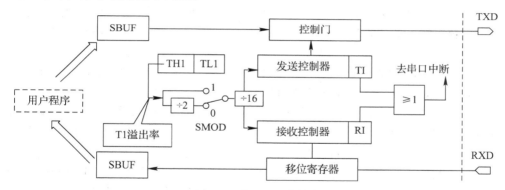

图 8-6　串口的基本结构

在串行口发送数据时,用户程序将待发送的数据写入发送 SBUF 并启动一次发送过程,该数据被封装成帧一位一位地发送到 TXD 引脚;接收数据则被一位一位地从 RXD 引脚移入到移位寄存器中,一帧接收完毕后再被自动送入到接收 SBUF 中,用户程序读取 SBUF 的内容,完成一次串口接收过程。

8.2.2　特殊功能寄存器

1. 工作方式寄存器 SCON

SCON 是一个特殊功能寄存器,用以设定串行口的工作方式、接收/发送控制以及设置状态标志。SCON 各位的定义如表 8-2 所示。

表 8-2　SCON(地址 0x98)

位序号	D7	D6	D5	D4	D3	D2	D1	D0
位符号	SM0	SM1	SM2	REN	TB8	RB8	TI	RI

➢ SM0 和 SM1:工作方式选择位,可选择 4 种工作方式,如表 8-3 所示。

表 8 - 3　串行口的工作方式

SM0	SM1	工作方式	说　明	波特率
0	0	方式 0	同步移位寄存器发方式（通常用于扩展 I/O 口）	$f_{osc}/12$
0	1	方式 1	10 位异步收发器（8 位数据）	可变
1	0	方式 2	11 位异步收发器（9 位数据）	$f_{osc}/64$ 或 $f_{osc}/32$
1	1	方式 3	11 位异步收发器（9 位数据）	可变

➤ SM2：多机通信控制位，主要用于方式 2 和方式 3。当接收机的 SM2＝1 时，可以利用收到的 RB8 来控制是否激活 RI（RB8＝0 时，不激活 RI，收到的信息丢弃；RB8＝1 时，收到的数据进入 SBUF，并激活 RI，进而在中断服务程序中从 SBUF 中读取数据）。当 SM2＝0 时，无论收到的 RB8 是 0 还是 1，均可以使收到的数据进入 SBUF，并激活 RI（即此时 RB8 不具有控制 RI 激活的功能）。通过控制 SM2，可以实现多机通信。在方式 0 时，SM2 必须为 0。在方式 1 时，若 SM2＝1，则只有接收到有效停止位时，RI 才置 1。

➤ REN：允许串行接收位。由软件置 REN＝1，则启动串行口接收数据；若软件置 REN＝0，则禁止接收数据。

➤ TB8：在方式 2 或方式 3 中，该位为发送数据的第 9 位，可以用软件规定其作用。该位可以用做数据的奇偶校验位，或在多机通信中，作为地址帧/数据帧的标志位。在方式 0 和方式 1 中，该位未使用。

➤ RB8：在方式 2 或方式 3 中，该位为接收到数据的第 9 位，作为奇偶校验位或地址帧/数据帧的标志位。在方式 1 时，若 SM2＝0，则 RB8 是接收到数据的停止位。

➤ TI：发送中断标志位。在方式 0 时，当串行发送第 8 位数据结束时，或在其他方式，串行发送停止位的开始时，由内部硬件使 TI 置 1，向 CPU 发中断申请。在中断服务程序中，必须用软件将其清 0，以取消此中断申请。

➤ RI：接收中断标志位。在方式 0 时，当串行接收第 8 位数据结束时，或在其他方式，串行接收停止位的中间时，由内部硬件使 RI 置 1，向 CPU 发中断申请。同样的，必须在中断服务程序中，用软件将其清 0，以取消此中断申请。

2. 电源管理方式寄存器 PCON

PCON 用来管理单片机的电源部分，包括上电复位检测、掉电模式、空闲模式等。PCON 中只有一位 SMOD 与串行口工作有关，用于设置串行口波特率是否加倍。PCON 各位的定义如表 8-4 所示。

表 8 - 4　PCON（地址 0x87）

位序号	D7	D6	D5	D4	D3	D2	D1	D0
位符号	SMOD	SMOD0	LVDF	POF	GF1	GF0	PD	IDL

SMOD（PCON.7）：波特率倍增位。在串行口方式 1、方式 2、方式 3 时，波特率与 SMOD 有关，当 SMOD＝1 时，波特率提高一倍；复位时，SMOD＝0。

8.2.3　串行口的工作方式

1. 方式 0

方式 0 时，串行口为同步移位寄存器的输入/输出方式，主要用于扩展并行输入或输出口。数据由 RXD(P3.0)引脚输入或输出，同步移位脉冲由 TXD(P3.1)引脚输出。发送和接收均为 8 位数据，低位在前，高位在后。波特率固定为 $f_{osc}/12$。

1）方式 0 输出

如图 8-7 所示，CPU 将待发送的数据写入到 SBUF 后，单片机自动将数据从 RXD 引脚输出，同步信号通过 TXD 引脚输出。数据发送完毕后，TI 位被硬件自动置 1。在启动下次发送前，需通过软件对 TI 标志清 0。

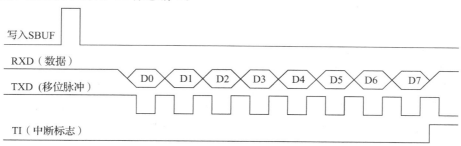

图 8-7　方式 0 输出时序图

2）方式 0 输入

与输出类似，在 REN=1 和 RI=0 的前提下，允许串行口输入。串行数据通过 RXD 引脚一位一位接收，并被移入到 SBUF 中，同步信号通过 TXD 引脚输出。当 8 位数据接收完毕后，RI 位被硬件自动置 1。CPU 读取 SBUF 后，必须通过软件对 RI 标志清 0，才可进行下一次接收。

2. 方式 1

方式 1 是 10 位数据的异步通信方式。TXD 为数据发送引脚，RXD 为数据接收引脚，传送一帧数据的格式如图 8-2 所示。其中 1 位起始位，8 位数据位，1 位停止位。波特率由定时器 T1 的溢出率决定。通常在进行单片机与单片机串口通信、单片机与计算机串口通信、计算机与计算机串口通信时，基本都选择方式 1，因此这种方式读者务必完全掌握。

1）方式 1 输出

如图 8-8 所示，CPU 将待发送的数据写入到 SBUF 后，单片机自动将数据从 TXD 引脚输出。发送数据完毕后（停止位开始时），TI 位被硬件自动置 1。在启动下次发送前，需通过软件对 TI 标志清 0。

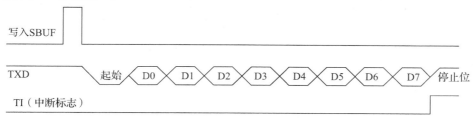

图 8-8　方式 1 输出时序图

2）方式 1 输入

如图 8-9 所示，在 REN=1 和 RI=0 的前提下，接收器以所选择波特率的 16 倍速率采样 RXD 引脚电平，检测到 RXD 引脚输入电平发生负跳变时，说明起始位有效，则将其移入输入移位寄存器，并开始接收这一帧信息的其余位。当一帧数据接收完毕后（接收到停止位的中间时），RI 位被硬件自动置 1。CPU 读取 SBUF 后，必须通过软件对 RI 标志清 0，才可进行下一次接收。

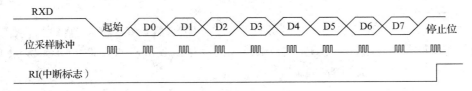

图 8-9　方式 1 输入时序图

3. 方式 2 和方式 3

方式 2 或方式 3 时 UART 为 11 位数据的异步通信口。其数据帧格式为起始位 1 位，数据位 9 位（含 1 位附加的第 9 位，发送时为 SCON 中的 TB8，接收时为 RB8），停止位 1 位，共 11 位。方式 2 的波特率固定为晶振频率的 1/64 或 1/32，方式 3 的波特率由定时器 T1 的溢出率决定。方式 2 和方式 3 的差别仅在于波特率的选取方式不同。

1）方式 2 和方式 3 输出

CPU 将待发送的数据写入到 SBUF 中，并通过 SCON 中的 TB8 设置数据的奇偶校验（或多机通信中的地址帧/数据帧标志设置）后，单片机自动将数据从 TXD 引脚输出。发送数据完毕后，TI 位被硬件自动置 1。在启动下次发送前，需通过软件对 TI 标志清 0。

2）方式 2 和方式 3 输入

在 REN=1 和 RI=0 的前提下，接收器以所选择波特率的 16 倍速率采样 RXD 引脚电平，检测到 RXD 引脚输入电平发生负跳变时，说明起始位有效，则将其移入输入移位寄存器，并开始接收这一帧信息的其余位。其中，前 8 位被移入 SBUF 中，第 9 位被送入到 SCON 中的 RB8 位中。当一帧数据接收完毕后，RI 位被硬件自动置 1。CPU 读取 SBUF 后，必须通过软件对 RI 标志清 0，才可进行下一次接收。

8.2.4　波特率设置

在串行通信中，收发双方对发送或接收数据的速率要有约定。通过软件可设置单片机串行口的工作方式，其中方式 0 和方式 2 的波特率是固定的，表 8-3 中已经提到；而方式 1 和方式 3 的波特率是可变的。串口可变的波特率需要由定时器产生，对于 STC89C52 单片机来讲，这个波特率发生器只能由定时器 T1 或定时器 T2 实现，而不能由定时器 T0 实现。如果用定时器 T2，需要配置额外的寄存器，默认是使用定时器 T1 的，本小节的内容主要就是使用定时器 T1 作为波特率发生器，方式 1 下的波特率发生器必须使用定时器 T1 的方式 2，也就是自动重装载模式。

当 T1 作为波特率发生器时，方式 1 和方式 3 的波特率为

$$波特率 = \frac{2^{SMOD}}{32} \times T1 溢出率$$

$$T1 溢出率 = \frac{晶振值}{12 \times (256 - TH1)}$$

可推导出当 SMOD = 0 时，定时器重载值的计算公式为

$$TH1 = TL1 = 256 - \frac{晶振值}{12 \times 2 \times 16 \times 波特率}$$

和波特率有关的还有一个寄存器,是电源管理寄存器 PCON,它的最高位 SMOD 可以把波特率提高一倍,也就是说如果 PCON | = 0x80,计算公式可写为

$$TH1 = TL1 = 256 - \frac{晶振值}{12 \times 16 \times 波特率}$$

公式中数字的含义:256 是 8 位定时器的溢出值,也就是 TL1 的溢出值,晶振值在本书所使用的开发板上就是 11 059 200;12 是指 1 个机器周期等于 12 个时钟周期,特别需要关注的是数字 16,现进行重点说明。实际上串口模块采取的方式是把一位信号采集 16 次,其中第 7、8、9 次取出的信号如果其中两次是高电平,那么就认定这一位数据是 1;如果两次是低电平,那么就认定这一位是 0,这样即使受到意外干扰数据读错一次,也依然可以保证最终数据的正确性。

本书所使用的开发板上选用的晶振是 11.0592 MHz,主要是为了上述公式中"晶振值/12/2/16/波特率"在计算时,在常用的波特率下的计算结果是整数。如果读者设计的单片机系统本身不使用 UART,那么可以使用 12 MHz 的晶振。

由于 UART 串口通信的波特率也相对固定,因此除了程序计算之外,还可以通过查表设置波特率。在方式 1 和方式 3 下,采用定时器 T1 的工作方式 2 作为波特率发生器,一些常用的波特率参数及初值设置如表 8 - 5 所示。本书推荐计算的方式,在后面的例程中,我们编写了函数 ConfigUART 直接配置波特率,这样可读性更好。

表 8 - 5　串行口常用波特率参数设置

波特率/(b/s)	f_{osc}/MHz	SMOD	C/$\overline{T}$	定时器 T1 的工作方式	初值
1200	11.0592	0	0	2	E8H
2400	11.0592	0	0	2	F4H
4800	11.0592	0	0	2	FAH
9600	11.0592	0	0	2	FDH
19 200	11.0592	1	0	2	FDH
62 500	12	1	0	2	FFH

8.3　串行口的应用

在串口的 4 种工作方式中,方式 1 是最常用的,即前边提到的 1 位起始位、8 位数据位和 1 位停止位。下面详细介绍方式 1 的工作细节和使用方法,至于其他 3 种方式与方式 1 大同小异,需要使用时读者查阅相关资料即可。

8.3.1　串行口初始化

串行口在工作之前,应对其进行初始化,主要是设置产生波特率的定时器 T1、串行口控制和中断控制。具体步骤如下:

(1) 配置串行口为方式 1(编程 SCON 寄存器)。

（2）配置 T1 为方式 2，即自动重装模式（编程 TMOD 寄存器）。

（3）根据波特率计算或查表 T1 的初值，装载 TH1、TL1，如果有需要可以使用 PCON 进行波特率加倍。

（4）启动 T1（编程 TCON 中的 TR1 位）。

另外，串行口在中断方式工作时，还要进行中断设置（编程 IE、IP 寄存器）。这里还要特别注意的是，在使用 T1 做波特率发生器时，坚决不能再使能 T1 的中断。

8.3.2 应用举例

【例 8-1】 通过两块开发板编程实现单片机与单片机串口的单工通信，单片机 U1 通过串行口 TXD 将共阳极数码管的字型码发送到单片机 U2 的 RXD 端，单片机 U2 根据接收到的字型码控制数码管循环显示 0～9 这 10 位数字。串口通信的电路比较简单，这里只给出接线方式。接线如下：

单片机 U1 的 TXD(P3.1)引脚接单片机 U2 的 RXD(P3.0)引脚，U1 和 U2 共地，即两块开发板的 GND 引脚接到一起，共使用两根杜邦线。

【程序代码】

1. 单片机 U1 发送程序

```
/ * * * * * * * * * * * * * * * * main.c 文件程序源代码 * * * * * * * * * * * * * /
#include <reg52.h>
//共阳极数码管显示译码表:0,1,2,3,4,5,6,7,8,9
unsigned char code smgduan[] = {0xc0,0xf9,0xa4,0xb0,0x99,0x92,0x82,
};
void SendByte(unsigned char dat);
void Delayms(unsigned int xms);
void main(void)
{
    int i;
    SCON = 0x40;              //方式 1,8 位 UART
    TMOD = 0x20;              //定时器 1,方式 2,自动重装
    PCON = 0;                 //设置 PCON 中的 SMOD 等于 0,波特率不加倍
    TH1 = 0xFD;               //波特率为 9600
    TL1 = 0xFD;
    TR1 = 1;                  //开定时器 1
    while (1)
    {
        for (i = 0; i< 10; i++)
        {
            SendByte(smgduan[i]);     //发送数据
            Delayms(1000);            //延时 1 s
        }
    }
}
```

```
/* 通过串口发送一个字节的数据，data 为要发送的数据 */
void SendByte(unsigned char dat)
{
    SBUF = dat;                      //启动一次串口数据发送
    while(TI == 0);                  //等待发送完成
    TI= 0;                           //发送中断标志位清 0，为下次发送做准备
}
/* 延时函数，xms 为延时的毫秒数 */
void Delayms(unsigned int xms)
{
    unsigned int i，j;
    for (i = xms;i > 0;i——)
    {
        for (j = 110;j > 0;j——);
    }
}
```

2. 单片机 U2 接收程序

```
/* * * * * * * * * * * * * * *main.c 文件程序源代码 * * * * * * * * * * * * * * */
#include <reg52.h>
sbit LSA= P1^5;
sbit LSB= P1^6;
sbit LSC= P1^7;
unsigned char ReceiveByte(void);           //通过串口接收一个字节数据
void main(void)
{
    //选中数码管 LEDS4(最左边那位)
    LSA = 0;
    LSB = 0;
    LSC = 1;
    SCON = 0x50;                      //方式 1，8 位 UART，允许接收
    TMOD = 0x20;                      //定时器 1，方式 2，自动重装
    PCON = 0;                         //设置 PCON 中的 SMOD 等于 0，波特率不
加倍
    TH1 = 0xFD;                       //波特率为 9600
    TL1 = 0xFD;
    TR1 = 1;                          //开定时器 1
    while (1)
    {
        P0 = ReceiveByte();
    }
}
```

```
/* 通过串口接收一个字节数据 */
unsigned char ReceiveByte(void)
{
    unsigned char dat;
    while (RI == 0);                    //等待接收完成
    RI = 0;                             //接收中断标志位清 0，为下次接收做准备
    dat = SBUF;                         //接收串口数据
    return dat;
}
```

【程序解析】

因为涉及两个单片机，因此需要对 U1 与 U2 分别进行编程，U1 负责实现发送数据，U2 负责实现接收数据。本开发板通过 3 - 8 译码器 74HC138 选择点亮哪位数码管，因此 P1.5、P1.6，P1.7 需赋值 001～100 以选中 4 个数码管中的一位。

SCON 寄存器：U1 工作于方式 1，8 位异步通信，SCON＝0100 0000B＝0x40；U2 工作于方式 1，8 位异步通信，允许接收，SCON＝0101 0000B＝0x50。

TMOD 寄存器：U1 与 U2 的定时器 1 均工作于方式 2，定时模式，TMOD＝00100000B＝0x20。

PCON 寄存器：U1 与 U2 的波特率均为 9600，不加倍，PCON＝0，并且查表 8 - 5 可知，用于串口通信波特率值设置的定时器初值 TH1＝TL1＝0xFD。

需要注意的是，RI 和 TI 标志一旦置 1 后需手工清 0，为下次接收或发送做准备。

同时也要指出，在例子中直接使 TMOD = 0x20，这样赋值在例 8 - 1 中运行没有问题，但实际上只要对 T1 操作，这样赋值也会影响 T0。因此对寄存器配置应该不影响到其他不相关的位，严谨的配置方式如下。

```
TMOD &= 0x0F;          //清 0T1 的控制位
TMOD |= 0x20;          //配置 T1 为方式 2
```

同样，对 PCON 的 SMOD 清 0 也不应该那样简单地进行，我们很容易想到能否像 TR1 那样用位操作，事实上不行。由于 PCON 寄存器地址不能被 8 整除，即不能位寻址，因此不能写成 SMOD＝0。对 PCON 的 SMOD 清 0 应写为：

```
PCON &= 0x7F;          //清 0 PCON 的最高位 SMOD
```

【例 8 - 2】 单片机和 PC 串口通信，PC 端通过串口调试助手向单片机发送一个字符串，该字符串以"＃"开头，共 6 个字符。单片机再判断接收到"＃"后面的字符是否都为数字，如果是则返回"right"，否则返回"wrong"。

【程序代码】

1. 查询工作方式

```
/* * * * * * * * * * * * * * main.c 文件程序源代码 * * * * * * * * * * * * * * */
#include <reg52.h>
void ConfigUART(unsigned int baud);          //串口初始化函数，baud 为波特率
unsigned char code sendBuf1[] = "right";
unsigned char code sendBuf2[] = "wrong";
void main(void)
{
```

```
bit flag = 0;                              //是否接收到 5 位全部是数字
unsigned char i, temp;

ConfigUART(9600);
while (1)
{
    while (!RI);                           //等待串口接收数据完毕
    RI = 0;                                //RI 清 0,为下次接收做准备
    temp = SBUF;                           //将串口数据接收到变量 temp 中
    if(temp == '#')                        //如果接收到"#",则接收后面的 5 个字符
    {
        flag = 1;
        for (i = 0;i < 5;i++)
        {
            while(!RI);
            RI = 0;
            temp = SBUF;
            if (temp < '0' || temp > '9')
            {
                flag = 0;                  //若接收的字符不是数字,则 flag 等于 0
                break;
            }
        }
        if(flag)
        {
        for (i = 0;i < 5;i++)//发送"right"
        {
            SBUF = sendBuf1[i];
            while (!TI);
            TI = 0;
        }
        }
        else
        {
        for (i = 0;i < 5;i++) //发送"wrong"
        {
            SBUF = sendBuf2[i];
            while (!TI);
            TI = 0;
        }
        }
    }
}
```

```
    }
    /* 串口初始化函数，baud 为设置的波特率 */
    void ConfigUART(unsigned int baud)
    {
        SCON = 0x50;                              //配置串口为模式 1
        TMOD& = 0x0F;                             //清 0 T1 的控制位
        TMOD| = 0x20;                             //配置 T1 为模式 2
        TH1 = 256 - (11 059 200/12/32)/baud;      //计算 T1 重载值
        TL1 = TH1;                                //初值等于重载值
        ET1 = 0;                                  //禁止 T1 中断
        //ES = 1;                                 //查询方式，不使能串口中断
        TR1 = 1;                                  //启动 T1
    }
```

【程序解析】

这里定义了一个重要的函数 ConfigUART，输入参数就是波特率，程序中的实参是 9600，这是通过计算的方法完成 T1 计数初值的配置，具体原理在前面已经讲述。由于使用查询操作，函数中的 ES＝1 这行注释掉了，在中断方式中取消注释就可以了。这个函数会在后面的章节中大量使用，它大大简化了串口配置，这也是模块化编程思想的体现，读者必须理解并能熟练使用这个函数。

2. 中断工作方式

由于查询的效率非常低，因此一般不建议通过查询的方式使用串口。然而例 8-2 中的逻辑比较复杂，既要接收"＃"和 5 位数字，还要发送字符串，又要使用中断，而串口中断只能一次接收一个字符，不像使用查询方式，在 main 函数的 while 循环中就可以实现。因此常规的方法很难实现这个逻辑，这里引入一个重要的知识点，就是"有限状态机"（Finite State Machine，FSM）。它的原型可以追溯到数字电路课程中时序逻辑电路的状态转换图，它是实现复杂控制逻辑的一个重要的工具，如在数字电路中用 Verilog HDL 编程实现 UART 通信、ADC 采样控制电路和电梯控制等。

要实现 FSM，有以下几个步骤。

（1）逻辑抽象，确定状态数。例 8-2 可以抽象出 3 个状态：第一个状态就是初态，等待接收"＃"，当接收到"＃"后跳转到第二个状态；第二个状态是接收 5 个字符，当接收满 5 个数字后或者接收到非数字后跳转到第三个状态；第三个状态是发送"wrong"或者"right"给上位机，发送结束后回到第一个状态。

（2）状态编码。这里可以用 0 表示第一个状态，1 表示第二个状态，2 表示第 3 个状态，当然用 C 语言编程可以定义一些符号常量或者枚举量，使状态编码更加有意义。

（3）画出 FSM 的状态转换图，如果逻辑比较简单，也可以直接跳到第（4）步。例 8-2 的状态转图如图 8-10 所示。

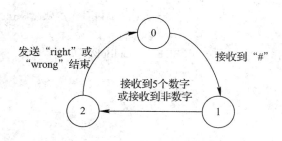

图 8-10 状态转换图

（4）编程实现 FSM，一般常用 switch 语句实现。有限状态机的核心思想是条件（输入）不满足保持原来的状态，条件满足则跳转到下一个状态。

【程序代码】

```c
/* * * * * * * * * * * * * * main.c 文件程序源代码 * * * * * * * * * * * * * * * */
#include <reg52.h>

void ConfigUART(unsigned int baud);          //串口初始化函数，baud 为波特率

unsigned char code sendbuf1[] = "right";
unsigned char code sendbuf2[] = "wrong";
unsigned   char cnt = 0;                      //对接收的数字进行计数
//3 个状态。0：初态，等待接收#；1：接收 5 位数字；2：发送数据"right"或者"wrong"
int state = 0;
int flag = 0;                                 //是否接收到 5 位全部是数字

void main(void)
{
  EA = 1;
  ConfigUART(9600);
  while (1);
}


/* 串口初始化函数，baud 为设置的波特率 */
void ConfigUART(unsigned int baud)
{
  SCON = 0x50;                                //配置串口为模式 1
  TMOD &= 0x0F;                               //清 0 T1 的控制位
  TMOD |= 0x20;                               //配置 T1 为模式 2
  TH1 = 256 - (11 059 200/12/32)/baud;        //计算 T1 重载值
  TL1 = TH1;                                  //初值等于重载值
  ET1 = 0;                                    //禁止 T1 中断
  ES = 1;                                     //使能串口中断
  TR1 = 1;                                    //启动 T1
}


/* 串口中断函数 */
void InterruptUART(void) interrupt 4
{
  unsigned char i, temp;

  //一般都是用 switch 语句实现有限状态机
  switch (state)
  {
    case 0:                                   //状态 0：初态，等待接收#
```

```
        if (RI)
        {
          RI = 0;
          temp = SBUF;
          if (temp == '#')
          {
            state = 1;                        //接收 # 后跳转到状态 1
            break;
          }
        }
        break;

   case 1:
        if (RI)                                //状态 1:接收 5 位数字
        {
          RI = 0;
          temp = SBUF;
          if ((temp >= '0') && (temp <= '9'))
          {
            cnt++;
            if (cnt >= 5)
            {
              flag  = 1;
              state = 2;                       //接收满 5 位后跳转到状态 2
              cnt = 0;
              TI = 1;                          //故意置 1,这样才可启动状态 2 的发送
            }
          }
          else                                 //接收非数字后跳转到状态 2
          {
            flag = 0;
            state = 2;
            TI = 1;                            //故意置 1,这样才可启动状态 2 的发送
            cnt = 0;
          }
        }
        break;

   case 2 :                                    //2:发送数据"right"或者"wrong"
        if (TI)
        {
          TI = 0;
          if (flag)                            //发送数据"right"
          {
            SBUF = sendbuf1[i];
```

```
        }
        else                               //发送数据"wrong"
        {
            SBUF = sendbuf2[i];
        }
        i++;
        if(i >= 5)                          //发送结束回到状态0
        {
            state = 0;
            i = 0;
        }
    }
    break;
        }
    }
```

【程序解析】

为了实现单片机与 PC 间的串口通信，可借助"串口调试助手"软件来进行两者之间的通信。串口调试助手的实质就是利用计算机上的 RS-232 通信接口，发送数据给单片机，也可以把单片机发送的数据接收到调试助手界面上，如图 8-11 所示。使用的时候需打开串口，使用结束后关闭串口，否则会无法再次下载单片机程序。

图 8-11　串口调试助手

由于目前 USB 接口的广泛使用，本书所使用的开发板通过 CH340G 模块进行了串口转 USB 接口，因此实际连接时通过 USB 插口接入 PC 即可。

对于查询工作方式，单片机通过不断地查询 RI 和 TI 的标志，直到它们由 0 变为 1，等待串口接收完毕或等待发送完毕，才能继续后续的操作。对于中断工作方式，字符发送完毕或接收完毕都会触发串行口中断，因此在中断处理函数中判断是接收中断 RI 还是发送中断 TI，并进行相应的处理。需要注意的是，无论是查询方式，还是中断方式，RI 和 TI 标志一旦置 1 后需手工清 0，为下次的接收或发送做准备。

switch 语句实现了 FSM，只要画出状态转换图，编程就变得非常简单。

本 章 习 题

1. 并行数据通信与串行数据通信各有什么特点？分别适用于什么场合？
2. 简述同步通信与异步通信的概念，以及各自的优缺点。
3. 试述串行异步通信的数据帧格式，以及主要的优缺点。
4. MCS-51 单片机中用于串行通信的控制寄存器有哪几个？它们的功能各是什么？
5. MCS-51 单片机的串行通信方式 1 和方式 3 中，其波特率是通过哪个定时器驱动产生的？定时方式是哪种？如果所采用的晶振时钟频率为 11.0592 MHz，通信波特率设置为 2400 b/s，试对串口进行初始化编程。
6. 单片机串口接收 PC 发送的指令，如果 PC 发送的是"1"，则控制开发板的流水灯向上流水；如果 PC 发送的是"2"，则控制开发板的流水灯向下流水。要求串口配置使用函数 ConfigUART 实现，利用中断完成。
7. 使用 FSM 实现交通灯控制，要求黄灯亮 3 s，红灯亮 30 s，绿灯亮 40 s，数码管上实现倒计时。

第 *9* 章　I²C 总线接口设计

9.1　I²C 总线概述

第 8 章讲述了 UART 异步串行通信协议，这一章讲解第二种常用的通信协议 I²C（Inter Interface Circuit，内部集成电路总线）。I²C 总线是由 Philips 公司开发的两线式串行总线，多用于连接微处理器及其外围芯片。I²C 总线是同步通信的一种特殊形式，具有接口线少、控制方式简单、器件封装外形小、通信速率较高等优点。I²C 总线的两条线可以挂多个参与通信的器件，即多机模式，而且任何一个器件都可以作为主机，当然同一时刻只能有一个主机。

本章最后学习单片机和具有 I²C 总线接口的 EEPROM 之间的通信。

9.1.1　认识 I²C 总线

从原理上来讲，UART 属于异步通信，通信双方没有同一个时钟信号；而 I²C 是一种双向二线制同步串行总线，属于同步通信，它只需要两根线便可实现连接在总线上的器件和单片机之间，以及器件和器件之间相互通信。I²C 总线的接口线一根是串行时钟线 SCL，另一根是串行数据线 SDA。时钟线 SCL 负责收发双方的时钟节拍，数据线 SDA 负责传输数据。I²C 的发送方和接收方都以 SCL 这个时钟节拍为基准进行数据的发送和接收。

从应用上来讲，UART 通信多用于板间通信，比如单片机和计算机，一个设备和另外一个设备之间的通信；而 I²C 多用于板内通信，比如单片机与开发板上 EEPROM 之间的通信。

各种采用 I²C 总线标准的器件均可并联在总线上，每个器件都有唯一的地址，器件和器件之间均可进行信息传送。I²C 总线支持多主和主从两种工作方式，通常为主从工作方式。在主从工作方式中，系统只有一个主器件（一般为控制器，如单片机），其他器件都是具有 I²C 总线接口的从器件。在主从方式中，主器件启动数据的发送（产生启动信号），产生时钟信号，发出停止信号。

主器件发出的控制信号分为地址码和数据码两部分：地址码用来选址，即接通需要控制的器件；数据码是通信的内容，这样各 I²C 器件虽然挂在同一条总线上，却彼此独立。

9.1.2　I²C 总线的硬件结构图

图 9-1 为 I²C 总线的硬件结构图，其中 SCL 为时钟线，SDA 为数据线。总线上各器

件都采用漏极开路的结构与总线相连，因此 SCL 和 SDA 均需接上拉电阻，开发板上接的是 4.7 kΩ 的上拉电阻。总线在空闲的时候保持高电平，连接到总线上的任一器件输出低电平都将使总线的信号拉低，相当于"线与"的关系。

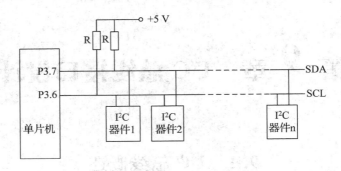

图 9-1 I²C 总线的硬件结构图

9.1.3 I²C 总线的时序

数据有效性的规定：

I²C 总线在数据传输时，时钟信号为高电平期间，数据线上的数据必须保持稳定，只有在时钟线为低电平期间，数据线上的电平状态才允许变化。

根据 I²C 总线协议的规定，总线上数据传送的信号由起始信号、终止信号、应答信号以及有效数据字节构成。起始信号和终止信号都由主控制器发出，起始信号出现后，总线就处于被占用的状态；当终止信号出现后，总线才重新处于空闲状态。I²C 总线的时序如图 9-2 所示。

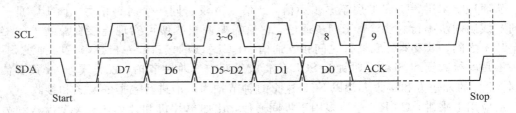

图 9-2 I²C 总线的时序

1. 发送起始信号

UART 通信是从一直持续的高电平出现一个低电平标志起始位；而 I²C 通信起始信号的定义是 SCL 为高电平期间，SDA 由高电平向低电平变化产生一个下降沿，表示起始信号，如图 9-2 中的 Start 部分所示。

2. 发送地址信号

主机发送启动信号后，再发出地址信号。器件地址有 7 位和 10 位两种，开发板上用的器件地址为 7 位，这里只介绍 7 位地址方式。地址字节的位定义如表 9-1 所示，高 7 位为地址位，器件地址码高 4 位（D7～D4）为 AAAA，是器件的类型，具有固定的定义，如 EEPROM 为 1010；中间的 3 位（D3～D1）为 BBB，是片选信号，同类型的器件最多可以在 I²C 总线上挂载 8 个；最后一位 D0 位为读写控制位，若为 1 表明从总线读取数据；为 0 表明向总线写数据。具体格式见表 9-1。

表 9-1　地址字节的位定义

位	D7	D6	D5	D4	D3	D2	D1	D0
说明	A	A	A	A	B	B	B	R/$\overline{W}$

3. 发送应答信号

I²C 总线协议规定，每传送一个字节数据（含地址和命令字）后，都要有一个应答信号，以确定传输数据是否被对方收到。应答信号由接收设备产生，在 SCL 的高电平期间，接收设备将 SDA 拉为低电平，表示数据传输成功。

4. 数据传输

首先，UART 是低位在前，高位在后；而 I²C 通信是高位在前，低位在后。其次，UART 通信数据位是固定时间长度，即波特率分之一，一位一位在固定时间发送完毕就可以了；而 I²C 没有固定的波特率，但是有时序要求，要求当 SCL 在低电平时，SDA 允许变化，也就是说，发送方必须先保持 SCL 是低电平，才可以改变数据线 SDA，输出要发送的当前数据的一位；而当 SCL 在高电平时，SDA 绝对不可以变化，因为这个时候，接收方要来读取当前 SDA 的电平信号是 0 还是 1，因此要保证 SDA 的稳定，要求图 9-2 中的每一位数据的变化都是在 SCL 的低电平位置。8 位数据位后跟着的是一位应答位，该位本书后边会进行具体的介绍。

5. 发送非应答信号

当主机为接收设备时，主机对最后一个字节不应答（不拉低 SDA），以向发送设备表示数据传送结束。

6. 发送停止信号

UART 通信的停止位是一位固定的高电平信号；而 I²C 通信停止信号的定义是 SCL 为高电平期间，SDA 由低电平向高电平变化产生一个上升沿，表示结束信号，如图 9-2 中的 Stop 部分所示。

目前市场上很多单片机已经具有 I²C 总线功能模块，这类单片机只要进行简单的寄存器配置，即可自行工作，而且操作非常简单，类似于 51 单片机具有 UART 接口一样，简单配置后即可工作。51 单片机不具备 I²C 总线接口，但是可以通过编程模拟 I²C 总线的工作时序（同样也可以不使用自带的 UART 接口，模拟 UART 接口协议），可以把这些代码封装成函数，实际使用中只需要正确调用这些函数，就可方便地扩展 I²C 总线接口器件。

在总线的一次数据传送过程中，可以有以下几种组合方式：

（1）主机向从机发送数据，数据传输方向在整个传输过程中不变；

（2）主机在发送第一个字节后，立即从从机读取数据；

（3）在传送过程中，当需要改变传输方向时，需将起始信号和从机地址各重复一次，而两次读/写方向位相反。

为保证数据传输的可靠性，标准的 I²C 总线有严格的时序要求，图 9-3 给出了低速模式下 I²C 总线的时序要求。

单片机在模拟 I²C 总线时，需写出几个关键部分的程序，封装成函数，这些关键部分的程序包括总线起始信号、停止信号、应答信号、写一个字节、读一个字节。

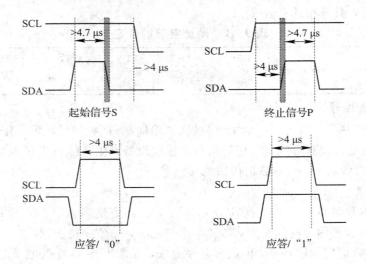

图 9 - 3 I^2C 总线时序要求（低速模式）

9.1.4 I^2C 总线时序的程序实现

先定义一个延时约 4 μs 的宏 I2cDelay( )，代码如下。

```
# define I2cDelay() {_nop_( );_nop_( );_nop_( );_nop_( );}
```

这里用到了库函数_nop_( )，可以进行精确延时，一个_nop_( )函数的执行时间为一个机器周期。该库函数包含在文件 intrins. h 中，如果需要使用这个库函数，只需要在程序的最开始，加入 # include＜intrins. h＞即可。

I^2C 总线有 3 种速度模式，分别为 100 kb/s 的低速模式、400 kb/s 的快速模式和 3.4 Mb/s 的高速模式。因为所有的 I^2C 器件都支持低速，但未必支持另外两种速度，因此作为通用的程序一般选择 100 kb/s 这个速度来实现，也就是说实际程序产生的时序不超过 100 kHz，很明显就是要求 SCL 的高低电平时间都不小于 5 μs。因此在程序的实际编写中，通过插入 I2cDelay( )这个总线延时的宏（4 个机器周期），再加上改变 SCL 值的语句本身执行也需要 1 个机器周期，来实现 5 μs 这个速度限制，如果要提高速度，只需要减少这里的总线延时即可。

1. 产生起始信号

在 SCL 时钟信号在高电平期间，SDA 信号产生一个下降沿，起始之后 SDA 和 SCL 都为 0。代码如下：

```
void I2cStart(void)
{
    SDA = 1;        //首先保证 SDA 和 SCL 都是高电平
    SCL = 1;
    I2cDelay();
    SDA = 0;        //先拉低 SDA
    I2cDelay();
    SCL= 0;         //再拉低 SCL
    I2cDelay();
```

}

2. 产生总线停止信号

在 SCL 时钟信号高电平期间，SDA 信号产生一个上升沿，结束之后保持 SDA 和 SCL 都为 1，表示总线空闲。代码如下：

```
void I2cStop(void)
{
    SDA = 0;          //首先保证 SDA 和 SCL 都是低电平
    SCL = 0;
    I2cDelay();
    SCL = 1;          //先拉高 SCL
    I2cDelay();
    SDA = 1;          //再拉高 SDA
    I2cDelay();
}
```

3. 总线写操作

总线写操作代码如下：

```
bit I2cWriteByte(unsigned char dat)
{
    unsigned char i = 0;
    bit ack;

    for (i = 0;i < 8;i++)      //要发送 8 位，从最高位开始
    {        //起始信号之后 SCL 等于 0，所以可以直接改变 SDA 信号
        SDA = dat >> 7;
        dat = dat << 1;
        I2cDelay();
        SCL = 1;               //拉高 SCL
        I2cDelay();
        SCL = 0;               //再拉低 SCL，完成一个位周期
        I2cDelay();
    }
    SDA = 1;          //8 位数据发送完以后主机释放 SDA，以检测从机应答
    I2cDelay();
    SCL = 1;          //拉高 SCL
    ack = SDA;        //读取此时的 SDA 值，即为从机的应答值
    I2cDelay();
    SCL = 0;          //再拉低 SCL 完成应答位，并保持住总线
    return ~ack;      //应答位取反以符合逻辑习惯，0 表示不存在
                      //或忙或失败，1 表示存在且空闲或写入成功
}
```

4. 总线读操作

总线读操作代码如下：

```
unsigned char I2cReadByte(bit ack)
{
    unsigned char i = 0, dat = 0;
    SDA = 1;                  //首先确保主机释放 SDA
    I2cDelay();
    for (i = 0;i < 8;i++)    //从高位到低位接收 8 位数据
    {
        SCL = 1;
        I2cDelay();
        dat <<= 1;
        dat |= SDA;
        I2cDelay();
        SCL = 0;
        I2cDelay();
    }
    SDA = ack;                //8 位数据发送完以后，发送应答信号(ack 为 0)或非
                              //应答信号(ack 为 1)
    I2cDelay();
    SCL = 1;                  //拉高 SCL
    I2cDelay();
    SCL = 0;                  //再拉低 SCL 完成应答位或非应答位，并保持住总线
    return dat;
}
```

以上是 i2c. c 的核心内容，该文件提供了 I^2C 操作所有的底层函数，包括了起始、停止、字节写和字节读(可实现应答和非应答)。

9.2　单片机与 EEPROM 编程实例

9.2.1　EEPROM AT24C02 引脚与寻址介绍

1. 芯片简介

在实际的应用中，保存在单片机 RAM 中的数据掉电后就丢失了。但是在某些场合，要对工作数据进行断电保存，这些数据还时常需要改变或更新，因此掉电之后不能丢失，所以诸如电子式电能表的度数、一些系统的参数配置，一般都是使用 EEPROM 来保存数据的。本书开发板上使用的器件 AT24C02 是 ATMEL 公司 ATC 系列的 EEPROM，主要型号有 AT24C01/02/04/08/16 等，后面两位数字的单位是 Kb，不是 KB。因此，AT24C02是一个容量大小为 2 Kb，也就是 256 B 的 EEPROM。一般情况下，EEPROM 拥有 30～100 万次的寿命，也就是它可以反复写入 30～100 万次，可对所存储的数据保存 100 年。

AT24C02 是一个基于 I^2C 通信协议的器件，通过 51 单片机对 I^2C 总线时序进行模拟后，就可以对 EEPROM 进行访问了。但是要注意，I^2C 是一个通信协议，它拥有严密的通

信时序逻辑要求，而 EEPROM 是一个器件，这个器件采用了 I²C 协议的接口与单片机相连而已，二者并没有必然的联系；EEPROM 可以用其他协议的接口，I²C 也可以用在其他很多器件上。

2. 引脚功能

AT24C02 芯片常见的是两种封装形式，即直插式（DIP8）和贴片式（SO-8）两种，本书所使用开发板上的所有芯片都采用了贴片封装。AT24C02 引脚图如图 9-4 所示。

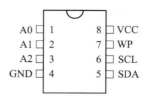

图 9-4　AT24C02 引脚图

AT24C02 各引脚功能如表 9-2 所示。

表 9-2　AT24C02 各引脚功能

引脚名称	引脚功能
A2，A1，A0	编程的地址输入端
GND	电源地
SDA	串行数据输入/输出端
SCL	串行时钟输入端
WP	写输入保护端，用于硬件数据保护。当其为低电平时，可以对整个存储器进行正常的读写操作；当其为高电平时，存储器具有写保护功能，但读操作不受影响
VCC	电源正端

3. 存储器结构与寻址

AT24C02 的存储容量为 2 Kb，内部分成 32 页，每页 8 B，共 256 B；操作时有两种寻址方式，即芯片寻址和片内存储单元寻址。

1）芯片寻址

AT24C02 的芯片地址为 1010，其地址控制字格式为 1010A2A1A0R/$\overline{W}$。其中 A2、A1、A0 为可编程的地址选择位，A2、A1、A0 引脚接高、低电平后得到确定的 3 位编码，与 1010 组合成 7 位编码，即该器件的地址码。R/$\overline{W}$ 为芯片读写控制位，该位为 0，表示对芯片进行写操作；该位为 1，表示对芯片进行读操作。

2）片内存储单元寻址

芯片内可寻址内部 256 B 的任何一个字节并对其进行读/写操作，其地址空间为 0x00～0xFF。

9.2.2　EEPROM 的读写操作时序

串行的 EEPROM 一般有两种写入方式，一种是字节写入方式，另一种是页写入方式。

1. 单字节写入方式

（1）首先是 I^2C 的起始信号，接着是首字节，也就是前边所讲的 I^2C 的器件地址，并且在读写方向上选择"写"操作。

（2）发送数据的存储地址。AT24C02 共 256 B 的存储空间，地址从 0x00～0xFF，需要把数据存储在哪个位置，此刻写的就是哪个地址。

（3）发送要存储的 8 位数据。注意，在写数据的过程中，EEPROM 每个字节都会回应一个"应答位 0"，用以提示写 EEPROM 数据成功。如果没有回应应答位，则说明写入不成功。发送数据的格式如图 9-5 所示。

图 9-5　单字节写入数据帧格式

2. 页写入方式

页面写入与字节写入相同，但是单片机在第一个字节后不发送停止位。相反，在 EEPROM 确认收到第一个数据字后，单片机还可以发送多达 7 B（AT24C01/AT24C02）的数据。收到每个数据字后，EEPROM 会给出应答。若收到非应答，单片机必须终止页面写入。页写入的格式如图 9-6 所示。

AT24C 系列在写数据的过程中，每成功写入一个字节，EEPROM 存储空间的地址就会自动加 1，故写入一页以内的数据字时，只需输入首地址。如果写到此页的最后一个地址，主器件再发送数据，数据会写入到该页的首地址，也就是会覆盖掉原来的数据，这个现象称为"翻转"（Roll Over）。解决"翻转"的方法是在写完 8 B 数据后，将下一页的首地址重新写到总线上，这种方法适合于首地址可以被 8 整除的情况。本章后面还介绍了一种更通用的方法，适用于任何首地址。

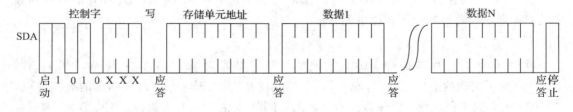

图 9-6　页写入数据帧格式

3. 指定地址单字节读操作

这种读操作的数据帧格式如图 9-7 所示，可以分为以下几个步骤。

（1）首先是 I^2C 的起始信号，接着是首字节，也就是前边所讲的 I^2C 的器件地址，并且在读写方向上选择"写"操作。注意，这一步依然是"写"，之所以选择写操作，是为了把所要读的数据的存储地址先写进去，告诉 EEPROM 要读取哪个地址的数据。

（2）发送要读取的数据的地址，注意是地址而非存在于 EEPROM 中的数据。

（3）重新发送 I²C 起始信号和器件地址，并且在方向位选择"读"操作。

前 3 步中，每一个字节实际上都是在"写"，所以每一个字节 EEPROM 都会回应一个"应答位 0"。

（4）读取从器件发回的数据，读一个字节，并发送非应答位 ACK(1)。

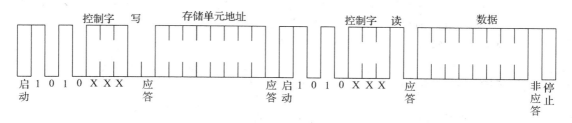

图 9-7　指定地址读操作数据帧格式

4. 指定地址连续读操作

这种方式的前 3 步与指定地址单字节读操作的都相同。单片机接收到一个字节数据后做出应答 ACK(0)，只要 EEPROM 检测到应答信号，其内部的地址寄存器自动加 1，指向下一单元，并按顺序把指向的单元数据发送到 SDA 串行数据线上。如果主器件不再读取数据，则只需要发送一个"非应答位 ACK(1)"，接着再发送一个停止信号即可。指定地址连续读操作的数据帧格式如图 9-8 所示。

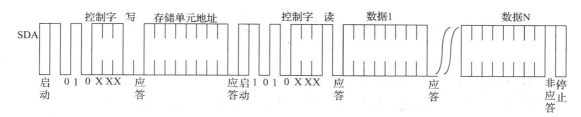

图 9-8　指定地址连续读操作数据帧格式

9.2.3　单字节读写实战

开发板上单片机与 AT24C02 的硬件连接如图 9-9 所示，完整原理图见附录。其中 A2、A1、A0 与 WP 都接地，SDA 接单片机 P3.6 引脚，SCL 接单片机 P3.7 引脚，SDA 与 SCL 分别于 VCC 之间接一 4.7 kΩ 的上拉电阻，因为 AT24C02 总线内部是漏极开漏形式，不接上拉电阻无法确定总线空闲时的电平状态。

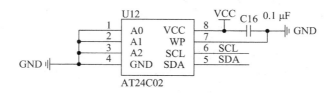

图 9-9　AT24C02 连接图

【**例 9-1**】　通过串口向单片机发送 1 位十进制数据（0～9），单片机接收到数据以后将

177

其显示在数码管上，并加 1 后回传到计算机端的串口调试助手上，同时保存在 AT24C02 中。这样下次开机后，单片机可读出最后一次保存在 AT24C02 中的数据，并显示在开发板的数码管上。

【程序代码】

```
/* * * * * * * * * * * * *i2c.h 文件程序源代码* * * * * * * * * * * * * * * * */
#ifndef __I2C_H_
#define __I2C_H_

#include <reg52.h>

sbit SCL = P3^7;            //SCL 接单片机 P3.7 引脚
sbit SDA = P3^6;            //SDA 接单片机 P3.6 引脚

void I2cStart(void);
void I2cStop(void);
bit I2cWriteByte(unsigned char dat);
unsigned char I2cReadByte(bit ACK);

#endif

/* * * * * * * * * * * *i2c.c 文件程序源代码* * * * * * * * * * * * * * * */
#include "i2c.h"
#include <intrins.h>
```

（此处省略，可参考之前章节的代码）

遵循模块化编程的原则，考虑到 I^{2}C 接口还要和 A/D 和 D/A 转换器 PCF8591 通信，我们没有把 EEPROM 的读写函数一起放入 i2c.c 文件中，而是单独编写了一个 EEPROM.c 文件，包括它的头文件 EEPROM.h。具体代码如下：

```
/* * * * * * * * * * * *EEPROM.h 文件程序源代码* * * * * * * * * * * * * * * */
#ifndef __EEPROM_H_
#define __EEPROM_H_

void At24c02WriteByte(unsigned char addr, unsigned char dat);
unsigned char At24c02ReadByte(unsigned char addr);

#endif

/* * * * * * * * * * * *EEPROM.c 文件程序源代码* * * * * * * * * * * * * * * */
#include"EEPROM.h"                    //自定义的头文件，建议用""
#include"i2c.h"

/* 向 AT24C02 的一个地址写入一个数据 */
void At24c02WriteByte(unsigned char addr, unsigned char dat)
```

```
{
    I2cStart();
    I2cWriteByte(0xa0);                    //发送写器件地址
    I2cWriteByte(addr);                    //发送要写入的内存地址
    I2cWriteByte(dat);                     //发送数据
    I2cStop();
}

/*读取 AT24C02 的一个地址的一个数据*/
unsigned char At24c02ReadByte(unsigned char addr)
{
    unsigned char num;

    I2cStart();
    I2cWriteByte(0xa0);                    //发送写器件地址
    I2cWriteByte(addr);                    //发送要读取的地址
    I2cStart();
    I2cWriteByte(0xa1);                    //发送读器件地址
    num = I2cReadByte(1);                  //读取数据,并发送非应答信号
    I2cStop();
    return num;
}

/* * * * * * * * * * * main.c 文件程序源代码* * * * * * * * * * * * * * * * */
#include <reg52.h>
#include "i2c.h"
#include "EEPROM.h"

//译码器输入信号,用于使能 LED 或数码管位选
sbit LSA = P1^5;
sbit LSB = P1^6;
sbit LSC = P1^7;
bit flagRxd = 0;                           //接收到新数据标志位

unsigned char dataRxd = 0;                 //从串口接收的数据

//共阳极数码管显示译码表
unsigned char code smgduan[10]=
    {0xc0,0xf9,0xa4,0xb0,0x99,0x92,0x82,0xf8,0x80,0x90};

void ConfigUART(unsigned int baud);
void main(void)
{
```

```
    EA = 1;
    LSA = 0;                                    //选中最左边的数码管进行显示
    LSB = 0;
    LSC = 1;

    ConfigUART(9600);                           //配置波特率为 9600
    P0 = smgduan[At24c02ReadByte(1)];           //开机从 EEPROM 的地址 1 中读取
                                                //数据并显示

    while (1)
    {
        if (flagRxd)                            //接收到新数据后才更新显示
        {
            P0 = smgduan[dataRxd];
        }
    }

}


/ * 串口初始化函数，baud 为设置的波特率 * /
void ConfigUART(unsigned int baud)
{
    SCON = 0x50;                                //配置串口为模式 1
    TMOD& = 0x0F;                               //清 0T1 的控制位
    TMOD| = 0x20;                               //配置 T1 为模式 2
    TH1 = 256 - (11 059 200/12/32)/baud;        //计算 T1 重载值
    TL1 = TH1;                                  //初值等于重载值
    ET1 = 0;                                    //禁止 T1 中断
    ES = 1;                                     //使能串口中断
    TR1 = 1;                                    //启动 T1
}


/ * 串口中断服务函数 * /
void InterruptUART(void) interrupt 4
{
    if (RI)                                     //接收到新字节
    {
        RI = 0;                                 //清 0 接收中断标志位
        dataRxd = SBUF;                         //保存接收字节
        SBUF = dataRxd + 1;                     //接收到的数据加 1 后回传到 PC 端
        At24c02WriteByte(1, dataRxd);           //把接收到的数据保存到 EEPROM 中
        flagRxd = 1;                            //设置字节接收完成标志
    }
    if (TI)                                     //字节发送完毕
```

```
    {
        TI = 0;                          //清 0 发送中断标志位
    }
}
```

【程序解析】

main. c 文件中包含了 EEPROM. h，因为 EEPROM. c 中定义的函数无须再用 extern 关键字进行声明，从而简化了编程。

ConfigUART 为串口初始化函数，输入参数为设置的波特率。这样的写法非常清楚，可方便移植到后续的程序中，以实现模块化的编程思想。

9.2.4　多字节读写与页写入实战

在 EEPROM. c 中增加了两个函数：

➤ void At24c02Read(unsigned char * buf, unsigned char addr, unsigned char len)，用于 EEPROM 中连续读取数据。

➤ void At24c02WritePage(unsigned char * buf, unsigned char addr, unsigned char len)，用于页写入方式，给定初始地址后连续写入数据。

提示：在 EEPROM. h 中需加入这两个函数的声明，读者可自行完成。

其程序如下：

```
/* 连续读取函数，buf 为数据接收指针，addr 为 EEPROM 中的起始地址，len 为读取长度 */
void At24c02Read(unsigned char * buf, unsigned char addr, unsigned char len)
{       //用寻址操作查询当前 EEPROM 是否可进行读写操作
    do
    {
        I2cStart();
        if (I2cWriteByte(0xa0))          //应答则跳出循环，非应答则进行下一次查询
        {
            break;
        }
        I2cStop();
    }while (1);
    I2cWriteByte(addr);                  //写入起始地址
    I2cStart();                          //发送重复启动信号
    I2cWriteByte(0xa1);                  //寻址器件，后续为读操作
    while (len > 1)                      //连续读取 len-1 个字节
    {
        * buf++ = I2cReadByte(0);        //最后字节之前为读取操作加应答
        len--;
    }
    * buf = I2cReadByte(1);              //最后一个字节为读取操作加非应答
    I2cStop();
}
```

```
/* 页写入函数，buf 为源数据的指针，addr 为 EEPROM 中的起始地址，len 为写入长度 */
void At24c02WritePage(unsigned char * buf, unsigned char addr, unsigned char len)
{
    while (len > 0)
    {
        //等待上次写入操作完成
        do                              //用寻址操作查询当前是否可进行读写操作
        {
            I2cStart();
            if (I2cWriteByte(0xa0))
            {
                break;                  //应答则跳出循环，非应答则进行下一次查询
            }
            I2cStop();
        } while (1);
        //按页写入模式连续写入字节
        I2cWriteByte(addr);             //写入起始地址
        while (len > 0)
        {
            I2cWriteByte( * buf++);     //写入一个字节数据
            len--;
            addr++;                     //地址递增，该地址记录实际写入存储单元的
                                        //地址值，用于检测是否写到页边界
            if ((addr&0x07) == 0)       //检查地址是否到达页边界，AT24C02 每页 8 B，
                                        // 所以检测低 3 位是否为零即可
            {
                break;                  //到达页边界时，跳出循环，重新写地址信息
            }
        }
        I2cStop();
    }
}
```

这里，同样给出了多字节写入函数，但不是页写入方式的函数，主要区别在于：多字节写只是单字节写的重复，每次写一个字节数据都需要进行发送启动信号、寻址器件、写地址、写数据和发送停止信号这一个完整过程；而页写入可以连续写入多个数据，只有跨页时才需要再次发送新的启动信号、寻址等动作。

```
/* 多字节写入函数(非页写入)，buf 为数据接收指针，addr 为 EEPROM 中的起始地址，len 为
   读取长度 */
void At24c02Write(unsigned char * buf, unsigned char addr, unsigned char len)
{
    while (len--)
    {
```

```
                   //等待上次写入操作完成
                   do
                   {            //用寻址操作查询当前是否可进行读写操作
                       I2cStart();
                       if (I2cWriteByte(0xa0))
                       {
                           break;            //应答则跳出循环，非应答则进行下一次查询
                       }
                       I2cStop();
                   } while (1);
                   I2cWriteByte(addr);        //写入起始地址
                   I2cWriteByte( * buf++);    //写入一个字节数据
                   I2cStop();                 //结束写操作，以等待写入完成
               }
           }
```

【例 9 - 2】　通过串口向单片机发送 8 位十进制数据(0～9)，单片机接收到数据以后显示在数码管上。当每次接收满 8 位数据后，使用页写入方式将其保存在 AT24C02 中，下次开机后，单片机从 AT24C02 中读出最后一次保存的数据，并显示在数码管上。

分析：由于开发板上只有 4 位数码管，需要分 2 批显示 8 位数字，每批显示 4 位。

【程序代码】

```
/ * * * * * * * * * * * main. c 文件程序源代码 * * * * * * * * * * * * * * * * /
#include <reg52. h>
#include "EEPROM. h"

//译码器输入信号，用于使能 LED 或数码管位选
sbit LSA = P1^5;
sbit LSB = P1^6;
sbit LSC = P1^7;

unsigned char T0RH = 0;              //T0 重载值的高字节
unsigned char T0RL = 0;              //T0 重载值的低字节
unsigned char dataRxd[8];            //从串口接收的数据
unsigned char LedBuff[4];            //显示缓冲区

unsigned char code smgduan[10] =     //共阳极数码管显示译码表
{0xc0,0xf9,0xa4,0xb0,0x99,0x92,0x82,0xf8,0x80,0x90};

void ConfigUART(unsigned int baud);
void ConfigTimer0(unsigned int ms);

void main (void)
{
```

```
        EA = 1;
        ConfigTimer0(2);
        ConfigUART(9600);                      //配置波特率为 9600
        //开机从 EEPROM 的地址 0x02 中读取数据并显示
        At24c02Read(dataRxd, 0x02, sizeof(dataRxd));
        while (1);
}


/* 串口初始化函数，baud 为设置的波特率 */
void ConfigUART(unsigned int baud)
{
        SCON = 0x50;                           //配置串口为模式 1
        TMOD &= 0x0F;                          //清 0 T1 的控制位
        TMOD |= 0x20;                          //配置 T1 为模式 2
        TH1 = 256 - (11 059 200/12/32)/baud;   //计算 T1 重载值
        TL1 = TH1;                             //初值等于重载值
        ET1 = 0;                               //禁止 T1 中断
        ES = 1;                                //使能串口中断
        TR1 = 1;                               //启动 T1
}


/* 串口中断服务函数 */
void InterruptUART(void) interrupt 4
{
        static char i = 0;

        if (RI)                                //接收到新字节
        {
            RI = 0;                            //清 0 接收中断标志位
            dataRxd[i] = SBUF;                 //保存接收字节
            SBUF = dataRxd[i];
            i++;
            if (i >= 8)                        //满 8 个字节
            {
                i = 0;
                //发送 8 个字节数据到 EEPROM，从地址 0x02 开始写，一定会跨页
                At24c02WritePage(dataRxd, 0x02, sizeof(dataRxd));
            }
        }
        if (TI)
        {
            TI = 0;
        }
```

```
    }

/* 数码管动态扫描刷新函数，需在定时中断中调用 */
void LedScan(void)
{
    static unsigned char i = 0;              //动态扫描的索引

    P0 = 0xFF;                               //显示消隐
    switch (i)
    {
        case 0:
                LSC = 0;
                LSB = 0;
                LSA = 1;
                i++;
                P0 = LedBuff[0];
                break;

        case 1:
                LSC = 0;
                LSB = 1;
                LSA = 0;
                i++;
                P0 = LedBuff[1];
                break;

        case 2:
                LSC = 0;
                LSB = 1;
                LSA = 1;
                i++;
                P0 = LedBuff[2];
                break;

        case 3:
                LSC = 1;
                LSB = 0;
                LSA = 0;
                i = 0;
                P0 = LedBuff[3];
                break;

        default:
```

```
            break;
        }
    }

/* 配置并启动定时器 T0，ms 为 T0 的定时时间 */
void ConfigTimer0(unsigned int ms)
{
    unsigned long tmp;

    tmp = 11 059 200 / 12;               //定时器计数频率
    tmp = (tmp * ms) / 1000;             //计算所需的计数值
    tmp = 65 536 - tmp;                  //计算定时器重载值
    tmp = tmp + 18;                      //补偿中断响应延时造成的误差
    T0RH = (unsigned char)(tmp >> 8);    //定时器重载值拆分为高低字节
    T0RL = (unsigned char)tmp;
    TMOD &= 0xF0;                        //清 0 T0 的控制位
    TMOD |= 0x01;                        //配置 T0 为模式 1
    TH0 = T0RH;                          //加载 T0 重载值
    TL0 = T0RL;
    ET0 = 1;                             //使能 T0 中断
    TR0 = 1;                             //启动 T0
}

/* 定时器 0 中断服务程序，用于数码管动态显示 */
void Timer0_ISR(void) interrupt 1
{
    static unsigned char tmr500ms = 0;
    static bit change;                   //切换显示标志
    char i;

    TH0 = T0RH;
    TL0 = T0RL;
    LedScan();
    //由于开发板只有 4 位数码管，8 位数据需要每 500 ms 切换显示
    tmr500ms++;
    if (tmr500ms >= 250)
    {
        change = ~change;
        tmr500ms = 0;
    }
    if (!change)                         //显示前 4 位数据
    {
        for (i = 3; i >= 0; i--)
```

```
        {
            LedBuff[i] = smgduan[dataRxd[i]];
        }
    }
    else                                //显示后 4 位数据
    {
        for (i = 3; i >= 0; i——)
        {
            LedBuff[i] = smgduan[dataRxd[i+4]];
        }
    }
}
```

【程序解析】

函数 ConfigTimer0 实现了对定时器 T0 的配置，输入参数为定时时间毫秒数，并且考虑到了中断响应延时造成的误差的补偿。由于定时器 T0 使用的方式 1 的最大定时时间为 $65\ 536 \times 12/11\ 059\ 200$ s，约为 71 ms，因此输入参数的最大值为 71。这种函数的写法同样适用于定时器 T1 和 T2，也可方便地修改以配置定时器的其他工作方式。

函数 LedScan 实现了动态扫描，在定时中断中调用。由于 T0 的定时时间配置为 2 ms，因此 4 位数码管的刷新时间为 8 ms，频率为 125 Hz，可以满足无闪烁的要求。

本 章 习 题

1. 在开发板上编程完成以下任务：上电时 4 位数码管显示"0000"，向上键实现数字加 1，最大为 255；向下键实现数字清 0；向左键实现从 AT24C02 的地址 1 中读出数据，并显示在数码管上；向右键实现把当前显示的数字写入到 AT24C02 的地址 1 中。

2. 在开发板上编程完成以下任务：利用定时器产生一个 0~99 s 变化的秒表，并且显示在数码管上，每经过 1 s 将这个变化写入开发板上 AT24C02 的内部。当关闭开发板电源，并再次打开电源时，单片机先从 AT24C02 中将原来写入的数据读出来，接着此数继续变化并显示在数码管上。要考虑到首次读出错误数据的处理。

第 *10* 章　模/数与数/模转换

10.1　A/D 和 D/A 接口概述

当计算机用于数据采集和过程控制的时候，采集对象往往是连续变化的物理量（如温度、压力、声波等），但计算机处理的是离散的数字量，因此需要对连续变化的物理量（模拟量）进行采样、保持，再把模拟量转换为数字量交给计算机处理、保存等。此外，计算机的数字量有时需要转换为模拟量输出去控制某些执行元件，模/数转换器（Analog to Digital Converter，ADC）与数/模转换器（Digital to Analog Converter，DAC）就是用来解决上述问题，它们主要用于连接计算机与模拟电路。为了将计算机与模拟电路连接起来，必须了解 ADC 和 DAC 的接口与控制。

10.1.1　一个典型的单片机测控系统

一个包含 A/D 和 D/A 转换器的计算机闭环自动控制系统如图 10-1 所示。如果被控对象的测试参量是非电量，需要用传感器将所采集信号转化为电信号，再用 A/D 转换器转换成数字量送给单片机进行处理；如果被控对象的控制参量为模拟信号，由于单片机输出的控制信号只是数字信号，因此需将数字信号转换成模拟信号以实现对被控对象的控制。将数字信号转换成模拟信号的任务由 D/A 转换器完成。

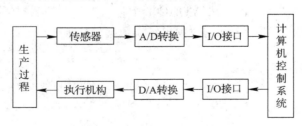

图 10-1　单片机测控系统

一般来说，传感器的输出信号只有微伏或毫伏级，需要采用高输入阻抗的运算放大器将这些微弱的信号放大到一定的幅度，有时候还要进行信号滤波，去掉各种干扰和噪声，保留所需要的有用信号。送入 A/D 转换器的信号大小与 A/D 转换器的输入范围不一致时，还需要进行信号预处理。

在计算机控制系统中，若测量的模拟信号有几路或几十路，考虑到控制系统的成本，可采用多路开关对被测信号进行切换，使各种信号共用一个 A/D 转换器。多路切换的方法有两种：一种是外加多路模拟开关，如多路输入一路输出的多路开关有 AD7501、AD7503、CD4097、CD4052 等；另一种是选用内部带多路转换开关的 A/D 转换器，如 ADC0809 等。

若模拟信号变化较快，为了保证模/数转换的正确性，还需要使用采样保持器。

在输出通道，对那些需要用模拟信号驱动的执行机构，由计算机将经过运算决策后确定的控制量（数字量）送 D/A 转换器，转换成模拟量以驱动执行机构动作，完成控制过程。

10.1.2　A/D 和 D/A 转换原理及主要技术指标

1. A/D 和 D/A 转换原理

A/D 转换是将连续的模拟电信号转换成时间和数值上均离散的数字信号的过程。A/D 转换的过程包括采样、量化和编码，按工作原理可分为逐次比较型 A/D 转换器、双积分型 A/D 转换器和并行/串行比较型 A/D 转换器，其中逐次比较型 A/D 转换器是最常用的 A/D 转换器。

一般情况下，对于非电量的物理信号，如温度、流量、压力等信号，需要通过传感器转换成微弱电信号，再经放大、整形、滤波后转换成幅度较大的电信号，再送入 A/D 转换器进行转换。对于一个连续变化的模拟信号，采样电路每隔一定时间间隔从电压信号取一个值，得到在时间上离散的信号，这个过程称为采样。经过采样后的电压值需要分成有限个数值区间，该区间内电压值就对应一个具体的数字量，该过程称为量化，通常量化会带来量化误差。根据约定的编码表，每一个量化输出值都对应一个唯一的数字量，这个过程即为编码，编码后的输出数字就是 A/D 转换的结果。

D/A 转换是将输入的数字量用二进制代码按数位组合起来，并按照对应比例关系转换成对应模拟量，然后将这些模拟量相加，得到与数字量成正比的输出模拟量。数/模转换有电压输出与电流输出两种形式，常用的是输出模拟电压。对于电流输出的 D/A 转换器，如果需要输出模拟电压，可在其输出端加一个 I-V 转换电路。D/A 转换器的转换原理如图 10-2 所示。

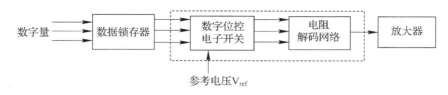

图 10-2　D/A 转换系统框图

若输入一个 n 位二进制数 $D[n-1:0]$，则输出电压与二进制数码之间的关系为

$$V_{out} = C(D_{n-1} \times 2^{n-1} + \cdots + D_2 \times 2^2 + D_1 \times 2^1 + D_0 \times 2^0)$$

式中：参数 C 由电阻解码网络和参考电压确定。

2. 模/数转换器（ADC）的主要技术指标

1）分辨率（Resolution）

分辨率表明 A/D 转换器对模拟信号的分辨能力，由它确定能被 A/D 辨别的最小模拟量。一般来说，A/D 转换器的位数越多，其分辨率就越高。实际的 A/D 转换器通常为 8 位、10 位、12 位、16 位等。

分辨率定义为测量电压范围（满刻度量程）与 2^n-1 的比值，n 为 ADC 的位数。假定 2.55 V 的电压系统，使用 8 位的 ADC 进行测量，那么相当于 $0\sim255$ 一共 256 个刻度把 2.55 V 平均分成了 255 份，那么分辨率就是 $2.55/255 = 0.01$ V。

2）量化误差（Quantizing error）

量化误差是在 A/D 转换中由于整量化产生的固有误差，其量化误差在 $\pm1/2$LSB（最低有效位）之间。LSB（Least Significant Bit）是最低有效位的意思，实际上它对应的就是 ADC 的分辨率。

3）转换时间（Conversion time）

转换时间是 A/D 完成一次转换所需要的时间。一般转换速度越快越好，常见的有高速（转换时间<1 μs）、中速（转换时间<1 ms）和低速（转换时间<1 s）等。

4）精度

和精度关系重大的两个指标是积分非线性度 INL（Interger NonLiner）和差分非线性度 DNL（Differencial NonLiner）。

INL 表示了 ADC 器件在所有的数值点上对应的模拟值，和真实值之间误差最大的那一点的误差值是 ADC 最重要的一个精度指标，单位是 LSB。一个基准为 2.55 V 的 8 位 ADC，1LSB 就是 0.01 V，用它去测量一个电压信号，得到的结果是 100，就表示它测到的电压值是 100×0.01 V＝1 V。假定它的 INL 是 1LSB，就表示这个电压信号真实的准确值为 $0.99\sim1.01$ V，按理想情况对应得到的数字应该是 $99\sim101$。测量误差是一个最低有效位，即 1LSB。

DNL 表示的是 ADC 相邻两个刻度之间最大的差异，单位也是 LSB。分辨率是一把 1 mm 的尺子，相邻的刻度之间并不都刚好是 1 mm，而总是会存在或大或小的误差。同理，一个 ADC 的两个刻度线之间也不总是准确地等于分辨率，也存在误差，这个误差就是 DNL。

★ 知识点：ADC 分辨率和精度的区别

分辨率和精度这两个概念经常拿在一起说，刚接触它们的时候人们经常会混为一谈。对于 ADC 来说，它们是非常重要的参数，往往也决定了芯片的价格。显然，我们都清楚同一个系列，16 位 AD 一般比 12 位 AD 价格贵，但是同样是 12 位 AD，不同厂商间又以什么参数区分性能呢？性能往往决定价格，那么什么参数对价格影响较大呢？

简单点说，"精度"是用来描述物理量的准确程度的，而"分辨率"是用来描述刻度划分的。从定义上看，这两个量应该是风马牛不相及的。简单做个比喻：有这么一把常见的塑料尺（中学生用的那种），它的量程是 10 cm，上面有 100 个刻度，最小能读出 1 mm 的有效值。那么我们就说这把尺子的分辨率是 1 mm，或者是量程的 1‰；而它的实际精度就不得而知了（算是 0.1 mm 吧）。当用火来烤它，并且把它拉长一段，然后再考察一下它。不难发现，它还是有 100 个刻度，它的"分辨率"还是 1 mm，跟原来一样！然而，它的精度还是原来的 0.1 mm 吗？（这个例子是引用网上的，个人觉得比喻得很形象！）

回到电子技术上，我们考察一个常用的数字温度传感器 AD7416。供应商只是大肆宣扬它有 10 位的 AD，分辨率是 1/1024。因此，很多人会很惊喜，因为如果测量温度为 0～

$100{}^{\circ}\mathrm{C}$，$100/1024$ 约等于 $0.098{}^{\circ}\mathrm{C}$。如此高的精度，足够使用了。但是如果读者去浏览一下 AD7416 的数据手册，会发现其测量精度为 $0.25{}^{\circ}\mathrm{C}$。所以说分辨率跟精度完全是两回事，在温度传感器 AD7416 里，只要读者愿意，甚至可以用一个 14 位的 AD，获得 1/16384 的分辨率，但是测量值的精度还是 $0.25{}^{\circ}\mathrm{C}$。

所以很多人一谈到精度，马上就和分辨率联系起来了，包括有些项目负责人，只会在那里说：这个系统精度要求很高啊，你们 AD 的位数至少要多少多少……

其实，仔细浏览一下 AD 的数据手册，会发现跟精度有关的有两个很重要的指标，即 DNL 和 INL。似乎知道这两个指标的人并不多，这两个指标在上文中已经介绍。

当然，像有的 AD(如 $\Delta-\Sigma$ 系列的 AD)也使用 Linearity error 来表示精度。

为什么有的 AD 很贵，就是因为其 INL 很低。分辨率同为 12 位的两个 ADC，一个 INL＝$\pm$3LSB，而如果一个做到了 $\pm$1.5LSB，那么它们的价格就可能相差一倍。

3. 数/模转换器(DAC)的主要技术指标

1) 分辨率(Resolution)

分辨率表明 DAC 对模拟量的分辨能力，它是最低有效位(LSB)所对应的模拟量，它确定了能由 D/A 产生的最小模拟量的变化。通常用二进制数的位数表示 DAC 的分辨率，如分辨率为 8 位的 D/A 能给出满量程电压的 $1/2^8$ 的分辨能力，显然 DAC 的位数越多，分辨率就越高。

2) 转换精度

由于受电路元件参数误差、基准电压不稳和运算放大器的零飘等因素的影响，D/A 转换器的实际输出模拟量与理想值之间存在着误差，这些误差的最大值定义为转换精度。转换误差有比例系数误差、失调误差和非线性误差等。

3) 建立时间(Setting time)

建立时间是 D/A 一个重要的性能参数，其定义为在数字输入端发生满量程码的变化以后，D/A 的模拟输出稳定到最终值 $\pm$1/2LSB 时所需要的时间。

4) 温度灵敏度

温度灵敏度是指数字输入不变的情况下，模拟输出信号随温度的变化。一般 D/A 转换器的温度灵敏度为 $\pm 50\times 10^{-6}/{}^{\circ}\mathrm{C}$。

5) 输出电平

不同型号的 D/A 转换器的输出电平相差较大，一般为 $5\sim 10$ V，有的高压输出型的输出电平高达 $24\sim 30$ V。

10.2　PCF8591 的硬件接口

PCF8591 是单片集成、单电源供电、低功耗、8 位 CMOS 模/数、数/模转换器。该器件具有 4 路 A/D 转换输入、1 路 D/A 转换输出和 1 个串行 $\mathrm{I^2C}$ 总线接口；3 个地址引脚 A0、A1 和 A2 可用于编程硬件地址，允许将最多 8 个器件连接至 $\mathrm{I^2C}$ 总线而不需要额外的硬件。PCF8591 由于其使用简单方便，因此在单片机应用系统中得到了广泛的应用。

PCF8591 具有以下主要特性:

➢ 单电源供电(2.5～6 V,典型值为 5 V);

➢ 8 位逐次逼近式 A/D 转换;

➢ 待机电流低;

➢ 采样速率取决于 I^2C 总线速率;

➢ 模拟输入电压范围:V_{SS}～V_{DD}。

10.2.1 PCF8591 芯片内部逻辑结构和引脚图

1. PCF8591 芯片内部逻辑结构

PCF8591 的内部逻辑结构如图 10-3 所示。其内部电路分为 4 个部分,即 I^2C 总线接口电路、A/D 和 D/A 输入/输出电路(模拟量开关电路、采样保持电路和地址锁存及译码)、转换电路(4 路 A/D 输入,属于逐次比较型,内含采样保持电路;1 路 8 位 D/A 输出,内含 DAC 数据寄存器)和输出电路(输出驱动及锁存器)。

➢ I^2C 总线接口电路:完成 I^2C 总线接口功能。

➢ A/D 和 D/A 输入/输出电路:选取和输入模拟信号,输出模拟信号。

➢ 转换电路:将输入模拟信号转换成数字量,将输出数字信号转换成模拟量。

➢ 输出电路:锁存 A/D 和 D/A 转换器对应的数字信号,与系统数据总线相连。

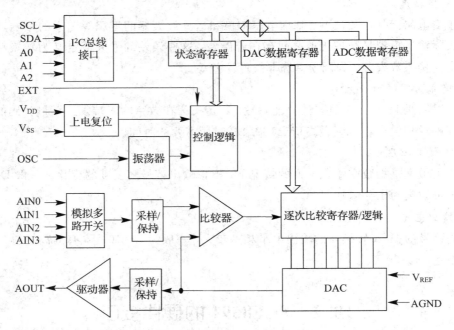

图 10-3　PCF8591 内部逻辑结构

2. PCF8591 外部引脚

PCF8591 外部共有 16 个引脚,该芯片常用直插式(DIP16)和贴片式(SOP-16)两种,本书开发板上所用芯片为贴片封装。其中,PCF8591T(是 PCF8591 的一种)的外形图及引脚功能如图 10-4 所示,其各引脚信号含义说明如下:

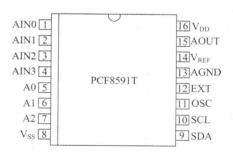

图 10-4 PCF8591T 外形与引脚

- ➢ AIN0～AIN3：模拟信号输入线，提供 4 路模拟信号。
- ➢ A0～A2：引脚（硬件设备）地址线。
- ➢ V_{SS}：电源负极。
- ➢ SDA：I^2C 总线数据输入/输出线。
- ➢ SCL：I^2C 总线时钟输入线。
- ➢ OSC：外部时钟输入端，内部时钟输出端。
- ➢ EXT：内部、外部时钟选择线，使用内部时钟时，EXT 接地。
- ➢ AGND：模拟信号地。
- ➢ V_{REF}：基准电压输入，其取值会影响 D/A 转换的输出电压。
- ➢ AOUT：模拟信号（D/A 转换）输出端。
- ➢ V_{DD}：电源端（2.5～6 V）。

3. 开发板 PCF8591 原理图

开发板 PCF8591 的原理图如图 10-5 所示，其中 P9 是双排插针。因为只需要识别一

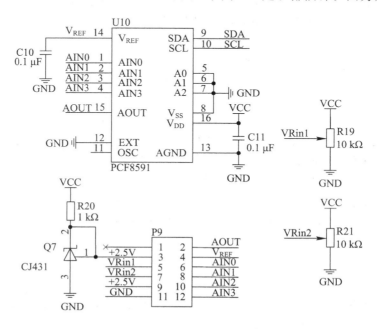

图 10-5 开发板 PCF8591 原理图

片 PCF8591 芯片，因此 A2、A1、A0 都接地，SDA 接单片机 P3.6 引脚，SCL 接单片机 P3.7 引脚，4 路模拟输入 AIN0~AIN3 分别连接至接线端子 P9 的第 6、8、10、12 接线柱，可以用跳线帽与 P9 的第 5、7、9、11 接线柱相连，实现模拟信号输入，从而进行 A/D 转换。其中 AIN0 和 AIN1 连接了 2 个电位器，用于调节模拟输入电压。数/模转换输出 AOUT 连接 P9 的第 2 个端子，可以引出对应数/模转换信号，连接示波器等设备以观测 D/A 转换输出信号。分流式电压基准模块 CJ431 提供 2.5 V 基准电压。这里需要注意的是，对于 A/D 来说，只要输入信号超过 V_{REF} 基准源，它得到的始终都是最大值，即 255，也就是说 PCF8591 实际上无法测量超过 V_{REF} 的电压信号。需要注意的是，所有输入信号的电压值都不能超过 VCC，即＋5 V，否则可能会损坏 ADC 芯片。

10.2.2 PCF8591 芯片器件地址与控制寄存器

PCF8591 的通信接口是 I^2C，第 9 章里 I^2C 总线的操作都适用于它。单片机对 PCF8591 进行操作，一共需要发送 3 个字节，分别是地址字节、控制字节和 D/A 数据寄存器字节。

1. 第一个字节：地址字节

和 EEPROM 类似，第一个字节是器件地址字节，I^2C 总线系统通过发送有效地址来激活每一片 PCF8591，对应地址包括固定部分和可编程部分。PCF8591 采用典型的 I^2C 总线器件寻址方法，对应总线地址由器件地址、引脚地址和方向位组成，如表 10-1 所示。其中，高 4 位 D7~D4 为地址固定部分，Philips 公司规定 A/D 高 4 位地址为 1001。低 3 位地址 D3~D1 为引脚地址 A2A1A0，其值由硬件电路决定，可由用户选择。引脚地址位用来选择 I^2C 系统中对应的 PCF8591 芯片。因此，I^2C 系统中最多可接 $2^3＝8$ 个具有 I^2C 总线接口的 A/D 器件，若系统中只使用一个 PCF8591 芯片，一般将该芯片的 A2A1A0 接地，此时 D3D2D1 配置为 000 即可（实验开发板即为此情形）。地址最后一位 D0 为方向位，当主控器对 A/D 器件进行读操作时为 1，写操作时该位为 0。总线操作时，由器件地址、引脚地址和方向位组成的从地址为主控器发送第 1 个字节。

表 10-1　PCF8591 地址字节

D7	D6	D5	D4	D3	D2	D1	D0
1	0	0	1	A2	A1	A0	R/$\overline{W}$

2. 第 2 个字节：控制字节

发送到 PCF8591 的第 2 个字节被存储在控制寄存器中，用于控制器件的功能。PCF8591 控制寄存器如表 10-2 所示。

表 10-2　PCF8591 控制字节

D7	D6	D5	D4	D3	D2	D1	D0
0	x	x	x	0	x	x	x

控制寄存器的高 4 位用于使能模拟输出和将模拟输入编程为单端或差分输入，低 4 位用来选择一个由高 4 位定义的模拟输入通道，两个半字节的最高有效位，即 D7 和 D3 位是留给未来的功能，正常使用时应设置为 0。其他各标志位定义如表 10-3 所示。

表 10 - 3 控制寄存器标志位定义

D1，D0	A/D 通道选择位：00 为通道 0；01 为通道 1；10 为通道 2；11 为通道 3
D2	自动增益选择(若置 1，每次 A/D 转换后通道号将自动加 1)
D5，D4	输入模式选择：00 为 4 路单端输入；01 为 3 路差分输入；10 为单端与差分配合输入；11 为 2 路差分输入
D6	模拟输出使能位(使能为 1)

A/D 转换器输入模式为单端输入时，输入信号均以共同的地线为基准，输入电压为信号与地线之间的电压差。在信号受到干扰时，因只有信号线一根线变化，基准电压不变，所以电压波动大，抗干扰性能差。这种输入模式主要应用于输入信号电压较高(高于 1 V)，信号源到模拟输入硬件的导线较短，且所有输入信号共用一个基准地线的情况。如果输入模拟信号达不到这些标准，则需应用差分输入模式。对于差分输入，每一个输入信号都有自己的基准地线，此时输入电压为两根信号线之间的电压差。在信号受到干扰时，差分的两线会同时受影响，输入 A/D 转换器的电压差变化不大，因而共模噪声可以被导线所消除，从而减小了噪声误差，提高了抗干扰性能。

3. 第 3 个字节：D/A 数据寄存器字节

发送给 PCF8591 的第三个字节为 D/A 数据寄存器字节，表示 D/A 模拟输出的电压值。D/A 转换在后面的例子里会介绍，读者只需知道这个字节的作用即可。如果仅仅使用 A/D 功能，可以不发送第 3 个字节。

10.3 PCF8591 芯片 A/D 转换原理与实战

10.3.1 A/D 转换原理

PCF8591 的 A/D 转换采用逐次比较转换技术，在 A/D 转换周期借用片上 D/A 转换器和高增益比较器。一个 A/D 转换周期总是开始于发送一个有效模式地址给 PCF8591 之后，且在应答时钟脉冲的后沿触发，并在传输前一次转换结果时执行。当一个 A/D 转换周期被触发，所选通道的输入电压被采样并保存到芯片的采样、保持电路中，并被转换为对应的 8 位二进制码(单端输入)或二进制补码(差分输入)存放在 ADC 数据寄存器中等待器件读出。如果控制字节中自动增量选择位置 1，则一次 A/D 转换完毕后自动选择下一通道。读周期中读出的第一个字节为前一个周期的转换结果。上电复位后读出的第一个字节为 80H，最高 A/D 转换速率取决于实际的 I²C 总线速度。

PCF8591 的 A/D 转换使用 I²C 总线的读方式操作来完成，其数据操作格式如图 10 - 6 所示。其中，data0～datan 为 A/D 转换结果，分别对应于前一个数据读取期间所采样的模拟电压。A/D 转换结束后，先发送一个非应答信号位 $\overline{A}$，再发送结束信号位 P。其中灰底色对应信号由主机发出，白底色信号由 PCF8591 产生。上电复位后控制字节状态为 00H，在 A/D 转换时必须设置控制字，即在读操作之前进行控制字节的写入操作。A/D 转换逻辑操作波形时序图如图 10-7 所示。

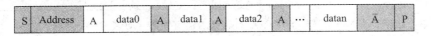

图 10-6　PCF8591 A/D 转换的数据操作格式

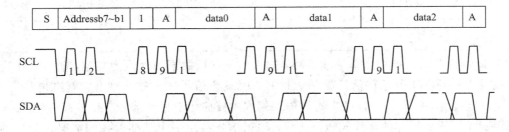

图 10-7　PCF8591 A/D 转换逻辑操作波形时序图

根据地址和控制字定义以及操作时序，我们编写了 A/D 转换的函数。该函数是在写地址字节之后，加入了写控制字。代码如下：

```
/*A/D转换程序*/
unsigned char GetADCValue(unsigned char chn)
{
    unsigned char val;

    I2cStart();
    //寻址 PCF8591，若未应答，则停止操作并返回 0
    if (!I2cWriteByte(0x48 << 1))
    {
        I2cStop();
        return 0;
    }
    I2cWriteByte(0x40 | chn);          //写控制字节，选择转换通道
    I2cStart();                        //传输方向改变需要重新启动和写地址
    I2cWriteByte(0x48 << 1 | 0x01);    //寻址 PCF8591，指定后续为读操作
    I2cReadByte(0);                    //先空读一个字节，提供采样转换时间
    val = I2cReadByte(1);              //读取刚刚转换的值
    I2cStop();
    return val;
}
```

10.3.2　A/D 转换实战

【例 10-1】 设计一个两路的数字电压表，用 PCF8591 芯片的 AIN0 对 VRin1 电压采样，AIN1 对 VRin2 电压采样，每隔 1 s 采样一个通道，转换结果由 4 位数码管显示。电路原理图如图 10-5 所示。

【程序代码】

```
/* * * * * * * * * * * i2c. h 文件程序源代码 * * * * * * * * * * * * * * * * * * * */
                  (此处省略，可参考之前章节的代码)
/* * * * * * * * * * * i2c. c 文件程序源代码 * * * * * * * * * * * * * * * * * * * */
                  (此处省略，可参考之前章节的代码)
/* * * * * * * * * * * PCF8591. h 文件程序源代码 * * * * * * * * * * * * * * * * *
* * */
#ifndef __PCF8591_H_
#define __PCF8591_H_

unsigned char GetADCValue(unsigned char chn);

#endif
/* * * * * * * * * * * * PCF8591. c 文件程序源代码 * * * * * * * * * * * * * * * * *
* * */
#include "PCF8591. h"
#include "i2c. h"

/* A/D 转换程序 */
unsigned char GetADCValue(unsigned char chn)
{
    //此处省略，可参考之前章节的代码
}


/* * * * * * * * * * * * * main. c 文件程序源代码 * * * * * * * * * * * * * * * * * * */
#include <reg52. h>
#include "PCF8591. h"

bit flag1s = 1;                                      //1 s 定时标志
unsigned char T0RH = 0;                              //T0 重载值的高字节
unsigned char T0RL = 0;                              //T0 重载值的低字节
unsigned char LedBuff[4] = {0xFF,0xFF,0xFF,0xFF};    //显示缓冲区
unsigned char code smgcode[] = {
    0xc0, 0xf9, 0xa4, 0xb0, 0x99, 0x92, 0x82, 0xf8,
    0x80, 0x90, 0x88, 0x83, 0xc6, 0xa1, 0x86, 0x8e
    };

sbit LSA = P1^5;                                     //LED 位选译码地址引脚 A
sbit LSB = P1^6;                                     //LED 位选译码地址引脚 B
sbit LSC = P1^7;                                     //LED 位选译码地址引脚 C

void ConfigTimer0(unsigned int ms);
void ValueToBuff(unsigned char val);
```

```
void main(void)
{
    unsigned char val;                          //AD 转换后的数字量
    unsigned char channel = 0;

    EA = 1;                                     //开总中断
    ConfigTimer0(2);                            //配置 T0 定时 2 ms

    while (1)
    {
        if (flag1s)
        {
            flag1s = 0;
            val = GetADCValue(channel++);       //获取 ADC 转换值
            ValueToBuff(val);                   //转为字符串格式的电压值
            channel %= 2;                       //保证 channel 为 0 或 1
        }
    }
}

/* 取出数字量的百、十、个位，保存到显示缓冲区 */
void   ValueToBuff(unsigned char val)
{
    val = (val * 250)/255;                      //val 放大 100 倍
    LedBuff[0] = smgcode[(val%10)];             //取个位数字
    LedBuff[1] = smgcode[(val/10)%10];          //取十位数字
    LedBuff[2] = smgcode[(val/100)];            //取百位数字
    LedBuff[2] &= 0x7F;                         //小数点设置在百位，即缩小 100 倍
}

/* 配置并启动 T0，ms 为 T0 的定时时间 */
void ConfigTimer0(unsigned int ms)
{
    unsigned long tmp;

    tmp = 11 059 200 / 12;                      //定时器计数频率
    tmp = (tmp * ms) / 1000;                    //计算所需的计数值
    tmp = 65536 - tmp;                          //计算定时器重载值
    tmp = tmp + 18;                             //补偿中断响应延时造成的误差
    T0RH = (unsigned char)(tmp>>8);             //定时器重载值拆分为高低字节
    T0RL = (unsigned char)tmp;
```

```
    TMOD &= 0xF0;                              //清 0 T0 的控制位
    TMOD |= 0x01;                              //配置 T0 为模式 1
    TH0 = T0RH;                                //加载 T0 重载值
    TL0 = T0RL;
    ET0 = 1;                                   //使能 T0 中断
    TR0 = 1;                                   //启动 T0
}


/* 数码管动态扫描刷新函数，需在定时中断中调用 */
void LedScan(void)
{
    static unsigned char i = 0;                //动态扫描的索引

    P0 = 0xFF;                                 //显示消隐
    switch (i)
    {
        case 0:
                LSC = 0;
                LSB = 0;
                LSA = 1;
                i++;
                P0 = LedBuff[0];
                break;

        case 1:
                LSC = 0;
                LSB = 1;
                LSA = 0;
                i++;
                P0 = LedBuff[1];
                break;

        case 2:
                LSC = 0;
                LSB = 1;
                LSA = 1;
                i++;
                P0 = LedBuff[2];
                break;

        case 3:
                LSC = 1;
                LSB = 0;
```

```
                    LSA = 0;
                    i = 0;
                    P0 = LedBuff[3];
                    break;
                default:
                    break;
            }
        }


/* T0 中断服务函数,执行 LED 动态显示和 1 s 计时 */
void InterruptTimer0(void) interrupt 1
{
    static unsigned int tmr1s = 0;

    TH0 = T0RH;                              //重新加载重载值
    TL0 = T0RL;
    tmr1s++;
    if (tmr1s >= 500)                        //定时 1 s,2 μs 计 500 次
    {
        tmr1s = 0;
        flag1s = 1;
    }
    LedScan();
}
```

【程序解析】

考虑到其他程序也要使用到 A/D 转换,这里直接把 A/D 转换的代码写到了 PCF8591.c 文件中,同时编写了 PCF8591.h 文件。函数 ValueToBuff 用于取出数字量的百、十、个位,并保存到显示缓冲区中。转换的最大值为 255,val = (val×250)/255,这样处理后对应 250 V,其实是放大了 100 倍,可以保留 2 位小数,因此小数点设置在从左边数起第 3 位数码管上。

10.4　PCF8591 芯片 D/A 转换原理与实战

10.4.1　D/A 转换原理

D/A 转换器除作为 D/A 转换外,还用于 A/D 转换中(逐次比较型)。D/A 转换器通过 I^2C 总线的写入方式操作完成,其数据格式如图 10-8 所示。

S	Address	A	CON BYTE	A	data1	A	data2	A	⋯	datan	A	P

图 10-8　PCF8591D/A 转换的数据操作格式

其中，data1～datan 为待转换的二进制数字，S 位为 I^{2}C 总线的启动信号位，CON BYTE 为主机发送的 PCF8591 的转换控制字节，P 位为主机发送的 I^{2}C 总线停止信号位。图 10-8 中灰底色信号由主机发出，白底色信号是由 PCF8591 产生的应答信号。进行 D/A 转换时，控制寄存器的输出允许位 D6 配置为高电平 1，写入 PCF8591 的数据字节存放在 DAC 数据寄存器中，通过 D/A 转换器转换成对应的模拟电压，并通过 AOUT 引脚输出，一直保持到输入新的数据为止。

片内 DAC 单元还用于 A/D 转换，在 A/D 转换周期内释放 DAC 单元供 A/D 转换用，而 DAC 输出缓冲放大器的采样、保持电路此这期间(本次数据写入后到下次新数据写入的这段时间)将保持 D/A 转换的输出电压直到新的数据写入。D/A 转换的逻辑操作波形时序图如图 10-9 所示。

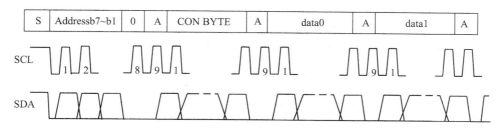

图 10-9　PCF8591D/A 转换逻辑操作波形时序图

根据地址和控制字定义以及操作时序，我们编写了 D/A 转换的函数，代码如下：

```
/* 设置 DAC 输出值, val: 设定值 */
void SetDACOut(unsigned char val)
{
    I2cStart();
    if(!I2cWriteByte(0x48 << 1))        //寻址 PCF8591，如未应答，则停止操作并返回
    {
        I2cStop();
        return;
    }
    I2cWriteByte(0x40);                 //写入控制字节
    I2cWriteByte(val);                  //写入 DA 值
    I2cStop();
}
```

这个函数需要加入到 PCF8591.c 中，并且在 PCF8591.h 中增加该函数的声明。

10.4.2　D/A 转换实战

【例 10-2】　利用 PCF8591 内部的 D/A 转换功能，与单片机进行 I^{2}C 总线通信，实现 D/A 转换，从 PCF8591 的第 15 脚 AOUT 端输出正弦波、方波和锯齿波，并通过一个控制按键切换显示波形。

【程序代码】

```
/* * * * * * * * * * * * * * i2c.h 文件程序源代码 * * * * * * * * * * * * * * */
```

（此处省略，可参考之前章节的代码）

/ * * * * * * * * * * * *i2c.c 文件程序源代码 * * * * * * * * * * * * * * * */

（此处省略，可参考之前章节的代码）

/ * * * * * * * * * * * * PCF8591.h 文件程序源代码 * * * * * * * * * * * *
* */

（此处省略，可参考之前章节的代码）

/ * * * * * * * * * * * * PCF8591.c 文件程序源代码 * * * * * * * * * * *
* */

（此处省略，可参考之前章节的代码）

/ * * * * * * * * * * * * main.c 文件程序源代码 * * * * * * * * * * * * * */

```c
#include <reg52.h>
#include "PCF8591.h"

unsigned char code sinWave[] = {          //正弦波数据表
                0x7F, 0x8B, 0x98, 0xA4, 0xB0, 0xBB, 0xC6, 0xD0,
                0xD9, 0xE2, 0xE9, 0xEF, 0xF5, 0xF9, 0xFC ,0xFE,
                0xFE, 0xFE, 0xFC, 0xF9, 0xF5, 0xEF ,0xE9, 0xE2,
                0xD9, 0xD0, 0xC6, 0xBB, 0xB0, 0xA4, 0x98, 0x8B,
                0x7F, 0x73, 0x66, 0x5A, 0x4E, 0x43, 0x38, 0x2E,
                0x25, 0x1C, 0x15, 0x0F, 0x09, 0x05, 0x02, 0x00,
                0x00, 0x00, 0x02, 0x05, 0x09, 0x0F, 0x15, 0x1C,
                0x25, 0x2E, 0x38, 0x43, 0x4E, 0x5A, 0x66, 0x73
};
unsigned char code squareWave[] = {       //方波数据表
0, 0, 0, 0, 0, 0, 0, 0, 0, 0, 0, 0, 0, 0, 0, 0,
0, 0, 0, 0, 0, 0, 0, 0, 0, 0, 0, 0, 0, 0, 0, 0,
255, 255, 255, 255, 255, 255, 255, 255, 255, 255, 255, 255, 255, 255, 255, 255,
255, 255, 255, 255, 255, 255, 255, 255, 255, 255, 255, 255, 255, 255, 255, 255
};
unsigned char code sawWave[] = {          //锯齿波数据表
0, 4, 8, 12, 16, 20, 24, 28, 32, 36, 40, 44, 48, 52, 56, 60,
64, 68, 72, 76, 80, 84, 88, 92, 96, 100, 104, 108, 112, 116, 120, 124,
128, 132, 136, 140, 144, 148, 152, 156, 160, 164, 168, 172, 176, 180, 184, 188,
192, 196, 200, 204, 208, 212, 216, 222, 226, 230, 234, 238, 242, 246, 250, 254
};
unsigned char code *pWave;                //波形表数据指针
unsigned char T0RH = 0;                   //T0 重载值的高字节
unsigned char T0RL = 0;                   //T0 重载值的低字节
unsigned char waveNum = 0;                //波形号，0 为正弦波，1 为方波，2 为锯齿波

void ConfigTimer0(unsigned int ms);
void SetWaveFreq(unsigned char freq);
```

```
void main(void)
{
    EA = 1;                               //开总中断
    EX0 = 1;                              //开外中断 0
    IT0 = 1;                              //下降沿触发
    pWave = sinWave;                      //默认为正弦波
    SetWaveFreq(10);                      //默认频率为 10 Hz
    while (1);
}
```

/ * 设置波形频率，freq 为波形频率，与一个周期的点数有关 * /
```
void SetWaveFreq(unsigned char freq)
{
    unsigned long tmp;
    //一个周期 64 个点，定时器频率是波形频率的 64 倍
    tmp = (11 059 200/12) / (freq * 64);
    tmp = 65 536 - tmp;
    tmp = tmp + 18;
    T0RH = (unsigned char)(tmp >> 8);
    T0RL = (unsigned char)tmp;
    TMOD &= 0xF0;
    TMOD |= 0X01;
    TH0 = T0RH;
    TL0 = T0RL;
    ET0 = 1;
    TR0 = 1;
}
```

/ * 外中断 0 中断服务函数，执行波形切换 * /
```
void EXINT0(void) interrupt 0
{
    switch (waveNum)
    {
        case 0:
                pWave = squareWave;
                waveNum = 1;
                break;

        case 1:
                pWave = sawWave;
                waveNum = 2;
                break;
```

```
        case 2：
                pWave = sinWave；
                waveNum = 0；
                break；

        default：
                break；
        }
    }

/* T1 中断服务函数，执行波形输出 */
void Timer0(void) interrupt 1
{
    static unsigned char i = 0；

    TH0 = T0RH；                    //重新加载重载值
    TL0 = T0RL；
    //循环输出波形表中的数据
    SetDACOut(pWave[i])；
    i++；
    if (i >= 64)
    {
        i = 0；
    }
}
```

【程序解析】

考虑到只用一个按键，因此就使用了开发板上的独立按键 K0，该按键连接了外中断 0 引脚，按下会触发外中断 0。在外中断 0 的中断服务函数中，实际上也是 3 个状态的 FSM，waveNum 就是状态号，一次外中断就会引起状态的转换。正弦波的波形数据表可由正弦波数据生成器软件(网上下载)产生，数据点数也可以指定。用指针变量 pWave 指向不同的波形的数据表可方便切换波形。

本 章 习 题

1. 将 AD 采集到的两路数值同时显示到 LCD 上。
2. 修改信号发生器的程序，增加一路三角波，可以通过按键实现频率的调整。

提　高　篇

第 *11* 章　OLED 应用

11.1　OLED 简介

有机发光二极管（Organic Light-Emitting Diode，OLED）又称为有机电激光显示、有机发光半导体，具有以下优点：

（1）尺寸小。OLED 器件的厚度可以小于 1 mm，为液晶的 1/3。

（2）响应速度快。TFTLCD 响应时间最快也只有 12 ms，而 OLED 显示屏的响应时间是几微秒到几十微秒。

（3）广视角。主动发光的特性使 OLED 几乎没有视角限制，其视角一般可达到 170°，从侧面看也不会失真。

（4）成本低。OLED 采用有机发光原理，所需材料很少，成本大幅降低。

（5）能耗低。OLED 采用的二极管会自行发光，因此不需要背面光源，能耗比液晶的低。

（6）软性发光。OLED 能在不同材质的基板上制造，甚至可以做成能弯曲的显示器。

（7）亮度高。可用 5 V 以下低电压直流驱动，亮度可达 300 流明以上。

图 11-1 为包含显示驱动的 0.96 寸 OLED 模块，分辨率为 128×64。图 11-1 中 OLED 显示器采用的驱动芯片是 SSD1306，它可以驱动共阴极 OLED 显示器，由 128 个段（Segment）和 64 个公共端（Common）组成，可采用串口、I²C 和 SPI 接口方式，该图采用了 4 线 SPI 接口方式。关于 SSD1306 的结构，可查阅其技术手册，这里不做说明。

图 11-1　0.96 寸 OLED 模块

OLED 模块引脚与单片机接口：

➢ VCC：电源（3.3～5 V）；

➢ GND：地；

➢ D0：SPI 时钟线；

➢ D1：SPI 数据线；

➢ RES：OLED 复位；

➢ DC：数据/命令选择（0：读写命令；1：读写数据）。

➢ CS：片选信号引脚。

11.2　OLED 显示原理与指令

11.2.1　显示原理

OLED 和 LCD1602 一样，都是点阵显示。LCD1602 一屏最多可以显示 16×2 个字符，是因为它内部的显示数据存储器 DDRAM 只有 2 行×16 列个地址；SSD1306 显示分辨率为 1286×64，其内部 GDDRAM（映射静态 RAM，也就是常说的显存）大小为 1286×64 位，即 128 列、64 行，其中每个位对应屏幕上的一个像素。GDDRAM 纵向被分成 8 页（PAGE0～PAGE7），每一页有 8 行，GDDRAM 可以进行重映射（re - mapping），如表 11 - 1 所示。

表 11 - 1　页地址模式 GDDRAM 的存储方式

行 0～63	列 0～127						
	SEG0	SEG1	SEG2	…	SEG126	SEG127	
COM(0～7)	PAGE0						COM(56～63)
COM(8～15)	PAGE1						COM(48～55)
COM(16～23)	PAGE2						COM(40～47)
COM(24～31)	PAGE3						COM(32～39)
COM(32～39)	PAGE4						COM(24～31)
COM(40～47)	PAGE5						COM(16～23)
COM(48～55)	PAGE6						COM(8～15)
COM(56～63)	PAGE7						COM(0～7)
	SEG127	SEG126	…	SEG2	SEG1	SEG0	行重映射 0～63
	列重映射 127～0						

当一个数据字节写入到 GDDRAM 中时，所有页的当前列的行图像数据都会被填充（比如，被列地址指针指向的整列（8 位）都会被填充）。数据位 D0 写到顶行，而数据位 D7 写到底行，如图 11 - 2 所示，图中每个小格为一个像素。

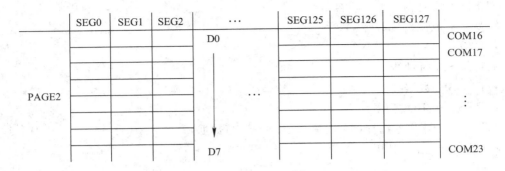

图 11-2　GDDRAM 页地址模式

例如要以 16×8 显示字符'A'，通过字模提取软件得到如下字模：

0x00，0x00，0xC0，0x38，0xE0，0x00，0x00，0x00，　第 1 页

0x20，0x3C，0x23，0x02，0x02，0x27，0x38，0x20，　第 2 页

对应的字符点阵如图 11-3 所示。

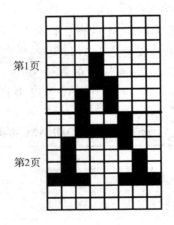

图 11-3　字符显示示例

　　字模中的每一个十六进制对应点阵中的一列，在每一页中，行从左向右，列从下向上（高位在下，低位在上），点亮的像素为 1。这样，字模和显示内容就可以一一对应。因为 GDDRAM 有 128 列，因此行方向可以显示 16 个字符，汉字的显示宽度是字母的 2 倍，因此显示内容减半。只要把字模依次写入 GDDRAM 的地址中，就可以显示相应的内容。

11.2.2　指令介绍

1. 基础命令

1）设置对比度（2 字节）

字节 1：81H。

字节 2：00H～FFH，设置 256 级对比度 00H～FFH，低字节默认值为 7FH。

2）整体显示开启（A4H/A5H）

A4H：显示开启，显示内容跟随 GDDRAM。

A5H：显示开启，显示内容与 GDDRAM 无关。

3）设置正常反转显示（A6H/A7H）

A6H：GDDRAM 中的 0 位表示像素关显示，1 位表示像素开显示。

A7H：GDDRAM 中的 0 位表示像素开显示，1 位表示像素关显示。

4）设置显示开关（AEH/AFH）

AEH：显示关（睡眠模式）。

AFH：显示开（正常模式）。

2．滚屏命令

1）持续水平滚动设置（5 字节）

字节 1：26H 为向右水平滚动，27H 为向左水平滚动。

字节 2：空字节。

字节 3：定义 GDDRAM 起始页地址 00H～07H，分别对应 PAGE0～PAGE7。

字节 4：每次滚屏时间间隔。00H 为 5 帧；01H 为 64 帧；02H 为 128 帧；03H 为 256帧；04H 为 3 帧；05H 为 4 帧；06H 为 25 帧；07H 为 2 帧。

字节 5：定义 GDDRAM 结束页地址 00H～07H，分别对应 PAGE0～PAGE7。

2）持续垂直和水平滚屏设置（5 字节）

字节 1：29H 为垂直和右水平滚屏，2AH 为垂直和左水平滚屏。

字节 2：空字节。

字节 3：定义 GDDRAM 起始页地址 00H～07H，分别对应 PAGE0～PAGE7。

字节 4：每次滚屏时间间隔。00H 为 5 帧；01H 为 64 帧；02H 为 128 帧；03H 为 256帧；04H 为 3 帧；05H 为 4 帧；06H 为 25 帧；07H 为 2 帧。

字节 5：定义 GDDRAM 结束页地址 00H～07H，分别对应 PAGE0～PAGE7。

3）激活滚屏（2FH）

有效命令顺序为：

1：26H；2FH

2：27H；2FH

3：29H；2FH

4：2AH；2FH

先写滚屏命令，再激活滚屏；后写的滚屏命令会重写之前的滚屏命令。

4）关闭滚屏（2EH）

如果之前滚屏被激活，即 26H/27H/29H/2AH 开启，则此指令可以将滚屏关闭，关闭后 GDDRAM 内容（即显示内容）需重写。

5）设置垂直滚动区域（3 字节）

字节 1：A3H。

字节 2：＊＊A5A4A3A2A1A0。A[5：0]设置顶层固定的行数。顶层固定区域的行数参考 GDDRAM 的顶部（比如 row0）重置为 0。

字节 3：＊B6B5B4B3B2B1B0。B[6：0]设置滚动区域的行数，这个行的数量用于垂直滚动区域，而滚动区域开始于顶层固定区域的下一行。

3. 地址设置命令

1）页地址模式下设置列起始地址低位（00H～0FH）

用于在页地址模式下设置 GDDRAM 的列起始地址（8 位）的低 4 位，页地址会在数据访问后递增。

2）页地址模式下设置列起始地址高位（10H～1FH）

用于在页地址模式下设置 GDDRAM 列起始地址（8 位）的高 4 位，页地址会在数据访问后递增。

3）设置内存地址模式（2 字节）

在 SSD1306 中有 3 种地址模式，即页地址模式、水平地址模式和垂直地址模式。此命令用于将地址模式设置为以上 3 种之一。

字节 1：20H。

字节 2：

A[1:0]＝00B，水平地址模式。在 GDDRAM 访问后（读/写），列地址指针将自动增加 1。如果列地址指针到达列终止地址，列地址指针将复位到列起始地址，且页地址指针将自动增加 1。如果列地址指针和页地址指针都到达各自的终止地址时，它们都将复位到各自的起始地址，即 PAGE0 的 SEG0。

A[1:0]＝01B，垂直地址模式。在 GDDRAM 访问后（读/写），页地址指针将自动增加 1。如果页地址指针到达页终止地址，页地址指针将复位到页起始地址，且列地址指针将自动增加 1。如果列地址指针和页地址指针都到达各自的终止地址时，它们都将复位到各自的起始地址，即 PAGE0 的 SEG0。

A[1:0]＝10B，页地址模式。在 GDDRAM 访问后（读/写），列地址指针将自动增加 1。如果列地址指针到达列终止地址，列地址指针将复位到列起始地址，但页地址指针不会改变。为了访问 GDDRAM 中下一页的内容，必须设置新的页地址和列地址。

A[1:0]＝10B，无效。

4）设置列地址（3 字节）

字节 1：21H。

字节 2：设置列起始地址。范围 00H～7FH，共 128 列，默认 00H。

字节 3：设置列结束地址。范围 00H～7FH，共 128 列，默认 7FH。

设置 GDDRAM 的列起始地址和列结束地址，并使列地址指针（指向 GDDRAM 中当前访问的列地址）指向列起始地址。若内存地址模式为水平地址模式，在访问一列数据后，列地址指针将增加到下一个列地址。当结束访问终止列地址时，列地址指针将复位至列起始地址，且行地址指针将增加到下一行。

5）设置页地址（3 字节）

字节 1：22H

字节 2：页起始地址，00H～07H，对应 PAGE0～PAGE7，默认 00H。

字节 3：页终止地址，00H～07H，对应 PAGE0～PAGE7，默认 07H。

设置 GDDRAM 的页起始地址和页结束地址，并使页地址指针（指向 GDDRAM 中当前访问的页地址）指向页起始地址。

若内存地址模式为垂直地址模式，在访问一页数据后，页地址指针将增加到下一个页地址。当结束访问终止页地址时，页地址指针将复位至页起始地址。

6）页地址模式下设置页起始地址（B0H～B7H）

页地址模式下设置 GDDRAM 页起始地址，指令是 B0～B7，对应设置的地址页是 0～7，PAGE0～PAGE7。

4. 硬件配置

1）设置屏幕起始行（40H～7FH）

设置屏幕起始行寄存器以设置 GDDRAM 的起始地址，取值范围为[0，63]。若值为 0，则 GDDRAM 第 0 行映射至 COM0；若值为 1，则 GDDRAM 第 1 行映射到 COM0，以此类推。

2）设置段重映射（A0H/A1H）

用于改变屏幕数据列地址和段驱动器间的映射关系，只影响其后的数据输入，已存储在 GDDRAM 中的数据将保持不变。

A0H：列起始地址 0 映射到 SEG0。

A1H：列起始地址 127 映射到 SEG0。

3）设置复用率（2 字节）

字节 1：A8H。

字节 2：1FH～3FH。用于将默认的 63 复用率更改为范围在[16，63]内的值。

4）设置列输出扫描方向（C0H/C8H）

设置列输出的扫描方向，此指令会立即生效。例如当屏幕正常显示时调用此指令，屏幕将会立刻垂直翻转。

C0H：正常模式，从 COM0 到 COM[N−1]扫描。

C1H：重映射模式，从 COM[N−1]到 COM0 扫描。

其中，N 为上条指令中设置的复用率。

5）设置显示偏移（2 字节）

字节 1：D3H。

字节 2：00H～3FH，设置屏幕起始行为 COM0～COM63 之一（假设 COM0 为屏幕起始行，那么屏幕起始行寄存器值为 0）。例如，要使 COM16 向 COM0 方向移动 16 行，第 2 个字节的值应该为 010000B；要使 COM16 向 COM0 相反方向移动 16 行，第 2 个字节的值应该为 64−16，即 100000B。

6）设置列引脚硬件配置（2 字节）

字节 1：DAH。

字节 2：00A5A40010。

A4＝0B，连续 COM 引脚配置。列输出扫描方向从 COM0 到 COM63（C0H），禁用列左/右映射（DAH A[5]＝0）。

A4＝0B，连续 COM 引脚配置。列输出扫描顺序从 COM0 到 COM63（C0H），启用列左/右映射（DAH A[5]＝1）。

A4＝0B，连续 COM 引脚配置。列输出扫描方向从 COM63 到 COM0（C8H），禁用列左/右映射（DAH A[5]＝0）。

A4＝0B，连续 COM 引脚配置。列输出扫描顺序从 COM63 到 COM0（C8H），启用列左/右映射（DAH A[5]＝1）。

A4＝1B，备选 COM 引脚配置。列输出扫描方向从 COM0 到 COM63（C0H），禁用列左/右映射（DAH A[5]＝0）。

A4＝1B，备选 COM 引脚配置。列输出扫描顺序从 COM0 到 COM63（C0H），启用列左/右映射（DAH A[5]＝1）。

A4＝1B，备选 COM 引脚配置。列输出扫描方向从 COM63 到 COM0（C8H），禁用列左/右映射（DAH A[5]＝0）。

A4＝1B，备选 COM 引脚配置。列输出扫描顺序从 COM63 到 COM0（C8H），启用列左/右映射（DAH A[5]＝1）。

5. 定时和驱动命令

1）设置显示时钟分频值/振荡频率（2 字节）

字节 1：D5H。

字节 2：

低 4 位 A[3:0]，设置显示时钟分频值，分频值＝A[3:0]＋1。

高 4 位 A[7:4]，设置振荡频率，0H～FH。

2）设置预充电周期（2 字节）

字节 1：D9H。

字节 2：

低 4 位 A[3:0]，设置产生 DCLK 的分频比，分频比为 1～16，复位值为 1。

高 4 位 A[7:4]，对晶振频率进行分频，可分为 16 种频率信号。

设置预充电周期的持续时间，时间为 DCLK，复位值为 2DCLK。

3）设置 V_{COMH} 反压值（2 字节）

字节 1：DBH。

字节 2：00H：～0.65×VCC；20H：～0.77×VCC，30H：～0.83×VCC。

用于调整 V_{COMH} 输出。

4）空操作（E3H）

SSD1306 详细指令描述可参考其技术手册。

11.3　SPI 通信方式

SPI（Serial Peripheral Interface）是 Motorola 公司推出的一种同步串行接口技术，它是一种高速的、全双工、同步的通信总线。采用全双工通信方式，数据传输速率快但由于没有应答机制确认是否接收到数据，所以可靠性较 I^2C 通信的差。

11.3.1　SPI 通信协议简介

SPI 是串行外围设备接口，它的通信采用主从方式工作，即有一个主机和一个或多个从机。标准的 SPI 是 4 根线，分别是 SSEL（片选，也写作 CS）、SCLK（时钟，也写作 SCK）、MOSI（主机输出从机输入，Master Output/Slave Input）和 MISO（主机输入从机输出，Master Input/Slave Output）。

（1）MOSI/SDO：主机数据输出，从机数据输入。

（2）MISO/SDI：主机数据输入，从机数据输出。

（3）SCLK/SCK：时钟信号，由主机产生。

（4）SSEL/CS：从机使能信号，由主机控制。

SPI 有 4 种工作模式 MODE0～MODE3，由于从机的工作模式可能在出厂时已经进行了配置，要实现通信，就要求主机的通信模式和从机的必须一致。可以通过 CPOL（时钟极性）和 CPHA（时钟相位）来配置主机的通信模式。

CPOL：Clock Polarity，即时钟的极性。时钟的极性是什么概念呢？通信的整个过程分为空闲时刻和通信时刻，如果 SCLK 在数据发送之前和之后的空闲状态是高电平，那么就是 CPOL＝1；如果空闲状态 SCLK 是低电平，那么就是 CPOL＝0。

CPHA：Clock Phase，即时钟的相位。

同步通信的特点就是所有数据的变化和采样都与时钟同步，即数据总是在时钟的边沿附近变化或被采样。数据从产生的时刻到稳定需要一定的时间，如果主机在上升沿输出数据到 MOSI 上，从机就只能在下降沿去采样这个数据了。反之如果一方在下降沿输出数据，那么另一方就必须在上升沿采样这个数据。

CPHA＝1，表示数据的输出是在一个时钟周期的第一个沿上，至于这个沿是上升沿还是下降沿，这要视 CPOL 的值而定，CPOL＝1 是下降沿，反之就是上升沿。那么数据的采样自然就是在第二个沿上了。

CPHA＝0，表示数据的采样是在一个时钟周期的第一个沿上，同样它是上升沿还是下降沿由 CPOL 决定。那么数据的输出自然就在第二个沿上了，即当一帧数据开始传输第 1 位时，在第一个时钟沿上就采样该数据了，那么它是在什么时候输出来的呢？有两种情况，一是 SSEL 使能的边沿，二是上一帧数据的最后一个时钟沿，有时两种情况还会同时生效。

SPI 4 种工作方式的配置方法如下：

Mode0：CPOL＝0，CPHA＝0；

Mode1：CPOL＝0，CPHA＝1；

Mode2：CPOL＝1，CPHA＝0；

Mode3：CPOL＝1，CPHA＝1。

时钟极性 CPOL 是用来配置 SCLK 的哪种电平是有效电平，时钟相位 CPHA 是用来配置数据采样是在第几个边沿进行：

CPOL＝0，表示当 SCLK＝0 时处于空闲态，所以有效状态就是 SCLK 处于高电平时；

CPOL＝1，表示当 SCLK＝1 时处于空闲态，所以有效状态就是 SCLK 处于低电平时；

CPHA＝0，表示数据采样是在第 1 个边沿，数据发送在第二个边沿；

CPHA＝1，表示数据采样是在第 2 个边沿，数据发送在第一个边沿。

11.3.2　SPI 时序

SPI 通信时序图如图 11-4 所示，数据传输时从高位 MSB 到低位 LSB。

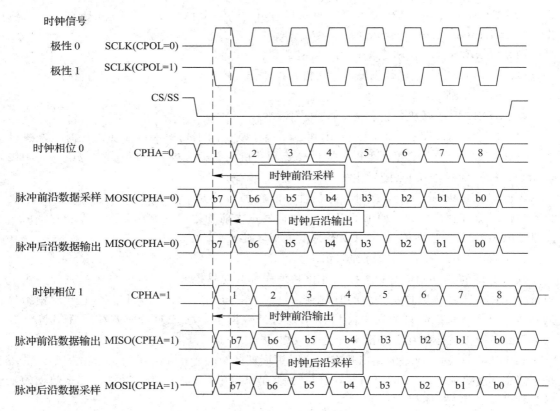

图 11-4　SPI 时序图

　　CPHA＝0、CPOL＝0 时，SPI 总线工作在方式 0。MISO 引脚上的数据在第一个 SCLK 沿跳变之前已经上线了，而为了保证正确传输，MOSI 引脚的 MSB 位必须与 SCLK 的第一个边沿同步。在 SPI 传输过程中，首先将数据上线，然后在同步时钟信号的上升沿时，SPI 的接收方捕捉位信号，在时钟信号的一个周期结束时（下降沿），下一位数据信号上线，再重复上述过程，直到一个字节的 8 位信号传输结束。

　　CPHA＝0、CPOL＝1 时，SPI 总线工作在方式 1。与前者唯一不同之处在于这种工作方式在同步时钟信号的下降沿时捕捉位信号，上升沿时下一位数据上线。

　　CPHA＝1、CPOL＝0 时，SPI 总线工作在方式 2。MISO 引脚和 MOSI 引脚上数据的 MSB 位必须与 SCLK 的第一个边沿同步，在 SPI 传输过程中，在同步时钟信号周期开始时（上升沿）数据上线，然后在同步时钟信号的下降沿时，SPI 的接收方捕捉位信号，在时钟信号的一个周期结束时（上升沿），下一位数据信号上线，再重复上述过程，直到一个字节的 8 位信号传输结束。

　　CPHA＝1、CPOL＝1 时，SPI 总线工作在方式 3。与前者唯一不同之处在于这种工作方式在同步时钟信号的上升沿时捕捉位信号，下降沿时下一位数据上线。

通过 SPI 方式 0 对 SSD1306 写操作时的示例代码如下：

```
/ * SPI 写数据/命令。Mode：0 为写命令，1 为写数据；data :数据/命令  * /
void SPI_Write(u8 data，u8 Mode)
{
    u8 i = 0;

    if (Mode)
    {
        OLED_DC(1);              //DC 引脚输入高电平，表示写数据
    }
    else
    {
        OLED_DC(0);              //DC 引脚输入低电平，表示写命令
    }
    OLED_CS(0);                  //CS 引脚输入低电平，片选使能
    for (i = 0；i < 8；i++)
    {
        OLED_D0(0);              //D0 引脚输入低电平
        if (data & 0x80)         //判断传输的数据最高位为 1 还是 0
        {
            OLED_D1(1);          //D1 引脚输入高电平
        }
        else
        {
            OLED_D1(0);          //D1 引脚输入高电平
        }
        Data <<= 1;              //将数据左移一位
    }
    OLED_DC(1);                  //DC 引脚输入低电平
    OLED_CS(1);                  //CS 引脚输入高电平，片选无效
}
```

从以上写操作代码可以看出，写操作时，首先片选使能，然后拉低时钟，数据上线，稳定一段时间后，拉高时钟，在时钟的上升沿，数据传输。下一位数据在下一个时钟的下降沿上线。

11.4 例 程 与 解 析

开发板上 OLED 模块与单片机的接口电路如图 11-5 所示。接口电路中各引脚功能如表 11-2 所示。

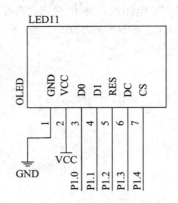

图 11-5　OLED 模块与单片机的接口电路

表 11-2　接口电路引脚

OLED	单片机	功　　能
OLED_CS	P1.4	片选
OLED_RES	P1.2	复位
OLED_DC	P1.3	0 表示命令，1 表示数据
OLED_D1	P1.1	数据线
OLED_D0	P1.0	时钟

11.4.1　显示字符和汉字

在 OLED 上分 3 行分别显示"www.cslg.edu.cn"、"常熟理工学院"、"欢迎您!"等字符和汉字。

【程序代码及解析】

自定义头文件 OLED.h。该文件主要定义硬件接口和相关函数声明。

```
/ * * * * * * * * * * * * * OLED.h 文件程序源代码 * * * * * * * * * * * * * * * * /
# include <reg52.h>
# ifndef __OLED_H_
# define __OLED_H_

# defineu8 unsigned char
# defineu16 unsigned int
# define OLED_CMD   0                        //写命令
# define OLED_DATA   1                       //写数据
//————————OLED 端口定义——————————
sbit OLED_CS =P1^4;                          //片选
sbit OLED_RST = P1^2;                        //复位
```

```
        sbit OLED_DC = P1^3;                                    //数据/命令控制
        sbit OLED_SCL = P1^0;                                   //时钟 D0(SCLK)
        sbit OLED_SDIN = P1^1;                                  //D1(MOSI) 数据

        #define OLED_CS_Clr()   OLED_CS = 0                     //片选
        #define OLED_CS_Set()   OLED_CS = 1

        #define OLED_RST_Clr() OLED_RST = 0                     //复位
        #define OLED_RST_Set() OLED_RST = 1

        #define OLED_DC_Clr() OLED_DC = 0                       //命令
        #define OLED_DC_Set() OLED_DC = 1                       //数据

        #define OLED_SCLK_Clr() OLED_SCL = 0                    //D0 时钟
        #define OLED_SCLK_Set() OLED_SCL = 1

        #define OLED_SDIN_Clr() OLED_SDIN = 0                   //D1 数据
        #define OLED_SDIN_Set() OLED_SDIN = 1;

        #define SIZE 16                                         //字符高度
        #define Max_Column 128                                 //显示最大行
        #define Max_Row 64                                     //显示最大列
        #define Brightness 0xFF                                //对比度最大为 256
        //————————————————函数声明————————————————
        void delay_ms(unsigned int ms);
        //OLED 控制用函数
        void OLED_WR_Byte(u8 dat, u8 cmd);                     //SPI 写数据/命令
        void OLED_Init(void);                                  //OLED 初始化
        void OLED_Clear(void);                                 //OLED 清屏
        void OLED_ShowChar(u8 x, u8 y, u8 chr);                //显示字符
        void OLED_ShowString(u8 x, u8 y, u8 * p);              //显示字符串
        void OLED_Set_Pos(unsigned char x, unsigned char y);   //显示位置设置
        void OLED_ShowCHinese(u8 x, u8 y, u8 no);              //显示汉字
        void OLED_DrawBMP(unsigned char x0, unsigned char y0, unsigned char x1, unsigned char y1,
        unsigned char BMP[]);                                  //显示图片
        #endif
```

OLED.c 文件中，要对 OLED.h 文件中声明的函数进行定义，代码如下。字符和汉字由专门的取模软件生成，在本例中未列出其代码，具体代码可查看随书例程中的 oledfont.h 或 bmp.h。

```
/* * * * * * * * * * * * * *OLED.c 文件程序源代码* * * * * * * * * * * * * * * */
        #include "oled.h"
        #include "oledfont.h"                                  //字符和汉字字模文件
        #include "bmp.h"                                       //图形字模文件
```

```
/* 延时函数，xms 为延时的毫秒数 */
void Delayms(unsigned int xms)
{
    unsigned int i, j;
    for (i = xms;i > 0;i——)
    {
        for (j = 110;j > 0;j——);
    }
}


/* * * * * * * * * 写数据/命令 * * * * * * * * */
void OLED_WR_Byte(u8 dat, u8 cmd)
{                          //dat 为数据/命令，cmd 为 0 或 1 表示命令或数据
    u8 i;

    if (cmd)
    {
        OLED_DC_Set();                        //数据
    }
    else
    {
        OLED_DC_Clr();                        //命令
    }
    OLED_CS_Clr();
    for (i = 0; i < 8; i++)
    {
        OLED_SCLK_Clr();
        if (dat & 0x80)
        {
            OLED_SDIN_Set();
        }
        else
        {
        OLED_SDIN_Clr();
        }
        OLED_SCLK_Set();
        dat <<= 1;
    }
    OLED_CS_Set();
    OLED_DC_Set();
}


/* * * * * * * * * 设置显示坐标 * * * * * * * * */
```

```c
void OLED_Set_Pos(unsigned char x, unsigned char y)
{                                 //x 为 OLED 的水平坐标(0~127)，y 为 OLED 的页(0~7)
    OLED_WR_Byte(0xb0 + y, OLED_CMD);   //页起始地址 B0H~B7H, PAGE0~
PAGE7
    OLED_WR_Byte(((x & 0xf0) >> 4) | 0x10, OLED_CMD);//列地址高 4 位 10H~1FH
    OLED_WR_Byte((x & 0x0f) | 0x01, OLED_CMD);   //列地址低 4 位 00H~0FH
}


/* * * * * * * * * * 清屏 * * * * * * * * */
void OLED_Clear(void)
{
    u8 i, n;

    for (i = 0;i < 8;i++)
    {
        OLED_WR_Byte(0xb0+i, OLED_CMD);    //设置页地址(0~7)
        OLED_WR_Byte(0x00, OLED_CMD);      //设置显示位置,即列低地址
        OLED_WR_Byte(0x10, OLED_CMD);      //设置显示位置,即列高地址
        for (n = 0;n < 128;n++)
        {
            OLED_WR_Byte(0, OLED_DATA);
        }
    }
}


/* * * * * * * * * 显示一个字符 * * * * * * * * * */
void OLED_ShowChar(u8 x, u8 y, u8 chr)
{                                           //x 为列(0~127),y 为行(0~63)
    unsigned char c = 0, i = 0;

    c = chr - ' ';                          //得到偏移后的值
    if (x > Max_Column - 1)
    {
        x = 0;
        y = y + 2;
    }
    if (SIZE == 16)                         //字高 16
    {
        OLED_Set_Pos(x, y);
        for (i = 0;i < 8;i++)
        {
            OLED_WR_Byte(F8X16[c * 16 + i], OLED_DATA);   //16 × 8 字符表
        }
```

```
            OLED_Set_Pos(x, y + 1);
            for (i = 0;i < 8;i++)
            {
                OLED_WR_Byte(F8X16[c * 16 + i + 8], OLED_DATA);
            }
        }
    else
        {

            OLED_Set_Pos(x, y + 1);
            for (i = 0; i < 6; i++)
            OLED_WR_Byte(F6X8[c][i], OLED_DATA);      //8 × 6 字符表

        }
    }
/* * * * * * * * 显示字符串 * * * * * * * * * */
void OLED_ShowString(u8 x, u8 y, u8 * chr)
{                                          //x:列(0~127);y:页(0~7); * chr:字符串地址
    unsigned char j = 0;

    while (chr[j] != '\0')
    {
        OLED_ShowChar(x, y, chr[j]);
        x += 8;
        if (x > 120)
        {
            x = 0; y += 2;                              //自动换行，一个字符高度占 2 页
        }
        j++;

    }
}


/* * * * * * * * 显示汉字 * * * * * * * * */
void OLED_ShowCHinese(u8 x, u8 y, u8 no)
{                                          //x:列(0~127);y:页(0~7); no:汉字表
    u8 t, adder = 0;
    OLED_Set_Pos(x, y);
    for (t = 0;t < 16;t++)
    {
        OLED_WR_Byte(Hzk[2 * no][t], OLED_DATA);
        adder += 1;
    }
    OLED_Set_Pos(x, y + 1);
    for (t = 0;t < 16;t++)
    {
```

```
        OLED_WR_Byte(Hzk[2 * no + 1][t], OLED_DATA);
        adder += 1;
    }
}


/* 显示 128 × 64 BMP 图片 */
void OLED_DrawBMP(unsigned char x0，unsigned char y0，unsigned char x1，unsigned char y1，
unsigned char BMP[])
{                              //始点坐标(x0，y0),终点坐标(x1，y1)，BMP 为字模表
    unsigned int j = 0;
    unsigned char x,y;

    if (y1%8 == 0)
    {
        y = y1/8;
    }
    else
    {
        y=y1/8+1;
    }
    for (y = y0;y < y1;y++)
    {
        OLED_Set_Pos(x0，y);
        for (x = x0;x < x1;x++)
        {
            OLED_WR_Byte(BMP[j++]，OLED_DATA);
        }
    }
}


/* 初始化 SSD1306 */
void OLED_Init(void)
{
    OLED_RST_Set();
    delay_ms(100);
    OLED_RST_Clr();
    delay_ms(100);
    OLED_RST_Set();

    //0xAE;关显示
    OLED_WR_Byte(0xAE, OLED_CMD);
    //设置低列地址 0x00,设置高列地址 0x10
    OLED_WR_Byte(0x00, OLED_CMD);
```

```
OLED_WR_Byte(0x10, OLED_CMD);
//设置行显示的开始地址(0~63)
OLED_WR_Byte(0x40, OLED_CMD);                          //40~47：(01xxxxx)
//设置对比度
OLED_WR_Byte(0x81, OLED_CMD);
OLED_WR_Byte(0xCF, OLED_CMD);          //值越大，屏幕越亮(和上条指令一起使用)
//0xA1：左右反置；    0xA0：正常显示(默认 0xA0)
//0xC8：上下反置；    0xC0：正常显示(默认 0xC0)
OLED_WR_Byte(0xA1, OLED_CMD);
OLED_WR_Byte(0xC8, OLED_CMD);
//0xA6：表示正常显示(在面板上 1 表示点亮，0 表示不亮)
//0xA7：表示逆显示(在面板上 0 表示点亮，1 表示不亮)
OLED_WR_Byte(0xA6, OLED_CMD);
//设置多路复用率(1~64)
OLED_WR_Byte(0xA8, OLED_CMD);
OLED_WR_Byte(0x3f, OLED_CMD);                    //(0x01~0x3f)(默认为 3f)
//设置显示抵消移位映射内存计数器
OLED_WR_Byte(0xD3, OLED_CMD);
OLED_WR_Byte(0x00, OLED_CMD);                    //(0x00~0x3f)(默认为 0x00)
//设置显示时钟分频因子/振荡器频率
OLED_WR_Byte(0xd5, OLED_CMD);
//低 4 位定义显示时钟(屏幕的刷新时间)，默认为 0000，分频因子 = [3:0] + 1
//高 4 位定义振荡器频率，默认为 1000
OLED_WR_Byte(0x80, OLED_CMD);
//时钟预充电周期
OLED_WR_Byte(0xD9, OLED_CMD);
OLED_WR_Byte(0xF1, OLED_CMD);              //[3:0]:PHASE 1；   [7:4]:PHASE 2
//设置 COM 硬件引脚配置
OLED_WR_Byte(0xDA, OLED_CMD);
OLED_WR_Byte(0x12, OLED_CMD);                          //[5:4]:默认 01
OLED_WR_Byte(0xDB, OLED_CMD);
OLED_WR_Byte(0x40, OLED_CMD);
//设置内存寻址方式
OLED_WR_Byte(0x20, OLED_CMD);
//00：表示水平寻址方式
//01：表示垂直寻址方式
//10：表示页寻址方式(默认方式)
OLED_WR_Byte(0x02, OLED_CMD);
//电荷泵设置(初始化时必须打开，否则无显示)
OLED_WR_Byte(0x8D, OLED_CMD);
OLED_WR_Byte(0x14, OLED_CMD);                  //b2，0 表示关闭，1 表示打开
//设置是否全部显示，0xA4 表示禁止全部显示
OLED_WR_Byte(0xA4, OLED_CMD);
```

```
//0xA6：表示正常显示(在面板上 1 表示点亮，0 表示不亮)
//0xA7：表示逆显示(在面板上 0 表示点亮，1 表示不亮)
OLED_WR_Byte(0xA6，OLED_CMD)；
//0xAF:开显示
OLED_WR_Byte(0xAF，OLED_CMD)；
OLED_WR_Byte(0xAF，OLED_CMD)；
OLED_Clear()；
OLED_Set_Pos(0,0)；
}
```

OLED 初始化过程可参考技术手册。

```
/ * * * * * * * * * * * * * * main. c 文件程序源代码 * * * * * * * * * * * * * * * /
# include ＜reg52. h＞
# include "oled. h"
# include "bmp1. h"
void main(void)
{
    OLED_Init()；                                //初始化 OLED
    OLED_Clear()；
    while (1)

    {
        OLED_ShowString(0，0，"www. cslg. edu. cn")；//自第 0 页、第 0 行显示字符串
        OLED_ShowCHinese(11，3，0)；//第 3 页，第 11 列显示"常"
        OLED_ShowCHinese(29，3，1)；//第 3 页，第 29 列显示"熟"
        OLED_ShowCHinese(47，3，2)；//理
        OLED_ShowCHinese(65，3，3)；//工
        OLED_ShowCHinese(83，3，4)；//学
        OLED_ShowCHinese(99，3，5)；//院
        OLED_ShowCHinese(29，6，6)；//第 6 页，第 29 列显示"欢"
        OLED_ShowCHinese(47，6，7)；//第 6 页，第 47 列显示"迎"
        OLED_ShowCHinese(65，6，8)；//您
        OLED_ShowCHinese(83，6，9)；//!
        //OLED_DrawBMP(0，0，127，7，BMP11)；//显示图片
        Delayms(500)；
    }
}
```

OLED 显示字符和汉字可参考图 11 - 2。oledfont. h 文件用于存放待显示的字模，字模的提取可使用取模软件，取模过程如下：

字模提取软件界面如图 11 - 6 所示，在文字输入区输入文字或字符，以"Ctrl＋Enter"组合键结束，可得到如图 11 - 7 所示界面；然后在图 11 - 7 中"取模方式"标签下，选择"C51格式"选项，即可在点阵生成区生成字模，如图 11 - 8 所示。将生成的字模复制保存在字模文件中即可，具体格式可参考例程中的 oledfont. h 文件。

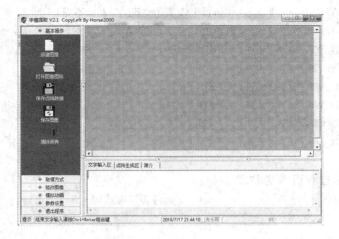

图 11-6　取模软件界面

图 11-7　输入文字或字符

图 11-8　生成字模

11.4.2　显示图片

　　显示图片的过程和显示字符或汉字的类似，其程序可参考字符显示部分。显示图片也需要将图片转换为字模，可采用如图 11-9 所示的图片取模软件，按照图中方格进行设置。参数确认后，载入图片，再进行数据保存。将字模文件保存为头文件类型，可参考字符字模文件格式。

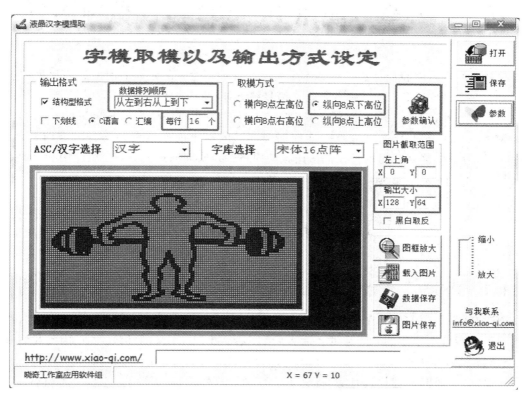

图 11-9　图片取模

本 章 习 题

　　1. 总结并以流程图形式表示出 SPI 通信中的方式 0 和方式 3。

　　2. 查阅 SSD1306 技术手册，以流程图形式表示出其初始化过程。

　　3. 在 OLED 上分两屏显示，第一屏显示字符和汉字，第二屏显示图形。字符、汉字和图形可自选。

第 *12* 章　使用 DS1302 设计数字时钟

在前面的章节中我们已经了解到不少关于时钟的概念，比如本书使用的单片机的主时钟为 11.0592 MHz、I^2C 总线有一条时钟信号线 SCL 等，这些时钟本质上都是某一频率的方波信号。另外，还有一个我们早已熟悉的不能再熟悉的时钟概念——"年-月-日 时：分：秒"，在单片机系统里我们把它称做实时时钟，以区别于前面提到的几种方波时钟信号。DS1302 作为一个综合性能较好且价格便宜的串行接口实时时钟芯片，广泛应用于计时、自动报时、电话、传真、便携式仪器及自动控制等各个领域。

12.1　DS1302 芯片介绍

12.1.1　DS1302 芯片的特点

DS1302 最早是 DALLAS(达拉斯)公司推出的一款涓流充电时钟芯片，可以用单片机写入时间或者读取当前的时间数据。后来 DALLAS 被 MAXIM(美信)收购，因此我们看到的 DS1302 的数据手册既有 DALLAS 的标志，又有 MAXIM 的标志。

DS1302 实时时钟芯片具有功耗低、精确度高、软件编程较简单，且芯片体积小、成本低等特点，其主要性能指标如下：

（1）DS1302 可以提供秒、分、小时、日、月、年等信息，并且还有软件自动调整的能力，可以通过配置 AM/PM 来决定采用 24 h 格式还是 12 h 格式。

（2）拥有 31×8 位的额外数据暂存寄存器(即 RAM，掉电后丢失)。

（3）串行 I/O 通信方式，相对并行通信来说比较节省 I/O 口。

（4）DS1302 的工作电压比较宽，在 2.0～5.5 V 的范围内都可以正常工作。当供电电压是 5 V 的时候，DS1302 兼容标准的 TTL 电平标准，可以完美地和单片机进行通信。

（5）DS1302 时钟芯片功耗很低，在工作电压为 2.0 V 时，其工作电流小于 300 nA。

（6）DS1302 有两个电源输入，一个是主电源，另外一个是备用电源。比如可以用电池或者大电容，这样做是为了在系统掉电的情况下，时钟还会继续工作。如果 DS1302 使用的是充电电池，则其还可以在正常工作时，设置充电功能，对备用电池进行充电。

12.1.2　DS1302 芯片的引脚功能

DS1302 共有 8 个引脚，它的引脚图如图 12-1 所示，功能表如表 12-1 所示。由图

12-2 可知，DS1302 和单片机主要通过 3 根线连接，分别是使能引脚 CE(有的资料上也称 $\overline{\text{RST}}$ 复位引脚)、串行数据引脚 I/O 和串行时钟引脚 SCLK。可见，DS1302 与单片机之间是同步串行通信。

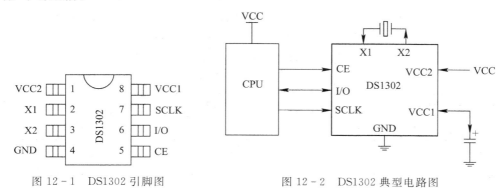

图 12-1　DS1302 引脚图　　　　　图 12-2　DS1302 典型电路图

表 12-1　DS1302 芯片引脚功能

引脚编号	引脚名称	引脚功能
1	VCC2	主电源引脚，当 VCC2 比 VCC1 高 0.2 V 以上时，DS1302 由 VCC2 供电；当 VCC2 低于 VCC1 时，DS1302 由 VCC1 供电
2	X1	这两个引脚需要接一个 32.768 kHz 的晶振，用于给 DS1302 提供基准
3	X2	
4	GND	接地引脚
5	CE	使能引脚。当读写 DS1302 时，这个引脚必须是高电平
6	I/O	串行数据输入/输出端(双向)
7	SCLK	Serial Clock 输入引脚，用来作为通信的时钟信号
8	VCC1	备用电源引脚

本书开发板设计的 DS1302 电路如图 12-3 所示，因主要以学习为目的，所以 DS1302 的 8 脚没有接备用电池，而是接了一个 10 μF 的电容。这个电容就相当于一个电量很小的电池，经过试验测量得出其可以在系统掉电后使 DS1302 运行 1 min 左右。如果读者希望掉电后 DS1302 的运行时间更长，可以加大电容的容量或者换成备用电池；如果掉电后不需要它再维持运行，可以悬空 8 脚。

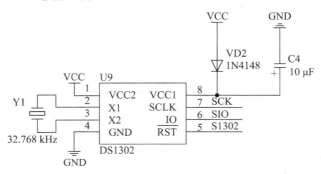

图 12-3　DS1302 电容作为备用电源

12.1.3 DS1302 芯片寄存器功能

DS1302 的控制字如表 12-2 所示。控制字的最高有效位（D7）必须是逻辑 1；如果它为逻辑 0，则不能把数据写入到 DS1302 中。位 6 如果为 0，则表示存取日历时钟数据；为 1 表示存取 RAM 数据。D5～D1（A4～A0）指示操作单元的地址。最低有效位（D0）如为 0，表示进行写操作；为 1，则表示进行读操作。控制字总是从最低位开始输入/输出。

表 12-2　DS1302 的控制字

D7	D6	D5	D4	D3	D2	D1	D0
1	RAM/$\overline{CK}$	A4	A3	A2	A1	A0	R/$\overline{W}$

DS1302 共有 12 个寄存器，其中有 7 个寄存器与日历、时钟相关，存放的数据位为 BCD 码形式。DS1302 的时钟寄存器如表 12-3 所示，其中命令字为奇数表示读操作，为偶数表示写操作。

表 12-3　DS1302 的时钟寄存器

寄存器名	命令字		取值范围	各 位 内 容							
	写操作	读操作		D7	D6	D5	D4	D3	D2	D1	D0
秒寄存器	80H	81H	00～59	CH	10SEC			SEC			
分钟寄存器	82H	83H	00～59	0	10MIN			MIN			
小时寄存器	84H	85H	00～12/00～23	12/24	0	10$\overline{A}$/P	HR	HR			
日期寄存器	86H	87H	01～31	0	0	10DATE		DATE			
月份寄存器	88H	89H	01～12	0	0	0	10M	MONTH			
星期寄存器	8AH	8BH	01～07	0	0	0	0	0	DAY		
年份寄存器	8CH	8DH	00～99	10YEAR				YEAR			
控制寄存器	8EH	8FH	—	WP	0	0	0	0	0	0	0

接下来对这些寄存器进行简要的介绍：

秒寄存器：最高位 CH 是一个时钟停止标志位。如果时钟电路有备用电源，上电后，如果这一位是 0，则说明时钟芯片在系统掉电后，由于备用电源的供给，时钟是持续正常运行的；如果这一位是 1，则说明时钟芯片在系统掉电后，时钟部分不工作了。如果 VCC1 悬空或者电池没电了，当下次重新上电时读取这一位，这一位就是 1，因此可以通过这一位判断时钟在单片机系统掉电后是否还正常运行。剩下的 7 位中高 3 位是秒的十位，低 4 位是秒的个位。需要注意的是，DS1302 内部是 BCD 码，而秒的十位最大是 5，所以 3 个二进制位就够了。

分钟寄存器：最高位未使用，剩下的 7 位中高 3 位是分钟的十位，低 4 位是分钟的个位。

小时寄存器：D7 为 1 表示 12 h 制，为 0 表示 24 h 制；D6 固定是 0；D5 在 12 h 制下 0 代表的是上午，1 代表的是下午，在 24 h 制下和 D4 一起代表了小时的十位，低 4 位代表的是小时的个位。

　　日期寄存器：高 2 位固定是 0，D5 和 D4 是日期的十位，低 4 位是日期的个位。

　　月份寄存器：高 3 位固定是 0，D4 是月的十位，低 4 位是月的个位。

　　星期寄存器：高 5 位固定是 0，低 3 位代表了星期。

　　年份寄存器：高 4 位代表了年的十位，低 4 位代表了年的个位。应特别注意，这里的 00～99 指的是 2000～2099 年。

　　控制寄存器：最高位是写保护位，如果这一位是 1，则禁止给任何其他寄存器或者那 31 个字节的 RAM 写数据。因此在写数据之前，这一位必须先写成 0，一般在 DS1302 的初始化函数里将 WP 写为 0。

12.2　封装的编程思想和结构体类型

12.2.1　封装的编程思想

　　封装是面向对象编程的三大特性（封装、继承、多态）之一，如 C＋＋、C♯和 Java 这些编程语言。单片机使用的是典型的面向过程的 C 语言作为编程语言，封装同样也是面向过程这种语言的重要特性。封装的核心思想就是尽可能地隐藏内部的细节，只保留一些对外接口使之与外部发生联系。

　　就 C 语言而言，封装的体现就是函数的编写（小封装）和模块文件的编写（大封装）。本书之前章节的很多模块，如 LCD、I²C 总线、EEPROM、键盘等都进行了模块文件的编写，即 lcd1602.c、i2c.c、EEPROM.c、key.c，以及它们各自的头文件（.h），这种就是大封装。如果一个项目里要用到这些模块，只要将.h 文件和.c 文件复制到该项目所在工程文件夹并添加到工程里，同时在 main 函数所在文件里包含该模块的头文件（.h 文件）后，就可以使用这些模块了。可见，大封装使用起来非常的方便，这就是模块化编程带来的优势！

　　而小封装之所以要编写函数不只是使 main 函数看起来简洁，其实无论是编写函数还是编写模块文件，都是体现另外一个重要作用，即"代码复用"的功能。如果一段相似的代码在程序中出现了 2 次或 2 次以上，就要考虑编写函数。这里应注意，是相似的代码，并不是完全相同的代码，相同的代码自然都会写成函数。至于如何将一段相似的代码编写成函数，这里有一个原则，即"抽取不变的作为函数体，抽取变化的作为函数参数"。下一节我们会结合例子进行讲解。

12.2.2　结构体的应用

1. 为什么要定义结构体

　　DS1302 关于"年月日时分秒星期"一共 7 个寄存器，一般情况会对这 7 个寄存器同时进行读写，我们很自然地会想到使用数组来实现，因为它们的数据类型是一样的。但是通过数组下标不好判断该元素的实际意义，这带来了编程的不方便，也使程序的可读性变差。此外，DS1302 时钟寄存器的定义并不是我们常用的"年月日时分秒"的顺序，而是在中间加了一个字节的"星期几"，这使得我们要不停地去看时钟寄存器表。因此这里引出了结构体的概念。结构体也是一种封装，它将多个相关的变量包装成为一个整体使用，而且每个变量都有名字。可以给"年月日时分秒星期"这些寄存器都赋予一个实际的名字，从而易于程序的编写，也会增加程序的可读性。

接下来结合 DS1302，对结构体定义的基本语法进行简单的介绍。

2. 结构体类型的定义

结构体是一种构造数据类型，是把不同类型的数据组合成一个整体，类似 C♯ 中的类，但不同的是，C 语言的结构体中没有函数（即 C♯ 中的方法）。其中，构造数据类型包括数组类型、结构体类型（struct）、共用体类型（union）。

结构体类型的用途：主要用于自定义数据类型。

定义一个结构体类型的一般形式为：

```
struct [结构体名]              //struct 是关键字，不能省略；结构体名为合法标识符
{
        类型标识符   成员名；   //成员类型可以是基本型或构造型
        类型标识符   成员名；
        …
};                             //注意不要遗漏这里的分号
```

DS1302 的日历时钟寄存器可以进行如下定义：

```
struct sCalenda
{                              //日历结构体定义
        unsigned int   year；  //年，加上了'2''0'，所以是 int 类型
        unsigned char mon；    //月
        unsigned char day；    //日
        unsigned char hour；   //时
        unsigned char min；    //分
        unsigned char sec；    //秒
        unsigned char week；   //星期
};
```

这里定义的结构体类型 sCalenda 只是模型，它还没有具体的变量。此外，结构体 sCalenda 是按照"年月日时分秒星期"来定义的，即该定义符合日常习惯，这和寄存器的实际顺序是不一样的，因此后面程序对 sCalenda 类型的结构体变量进行读写时要多加注意。

3. 结构体变量的定义

结构体变量的定义有三种方法，第一种是先定义结构体类型，再定义变量名；第二种是定义结构体类型的同时定义结构体类型变量；第三种是直接定义结构体类型变量。这里只介绍程序中使用的第一种方法。

假如 sCalenda 的结构体类型已经定义好，只需要加入以下代码即可定义 sCalenda 结构体变量。

```
        struct sCalenda calenda；
```

这里的 calenda 就是结构体变量，可以通过 calenda 来访问结构体里面的成员，方法是"结构体变量.成员名"，这里的"."被称做成员运算符。代码如下：

```
        calenda. mon = 0x07；     //7 月
        calenda. day = 0x19；     //19 日
```

可以定义一个指向结构体类型的指针变量，代码如下：

　　　　struct sCalenda * calenda;

使用结构体指针访问结构体成员需要使用"－＞"运算符（这种成员运算符的左右两边不需要加空格），代码如下：

　　　　calenda－＞mon ＝ 0x07;

　　　　calenda－＞day ＝ 0x19;

4. 结构体变量作为函数的参数

本书后面例程里的结构体变量是作为函数参数来使用的，而且还是结构体指针变量，其函数头如下：

　　　　void GetCurrentTime(struct sCalenda * calenda);

结构体指针变量作为函数参数实际上传递的是结构体变量的地址，并不是结构体变量本身。函数参数传递实质上是实参复制一份给形参，因结构体变量本身比较大，复制会有较大的资源开销，而复制地址的开销就很小，这是使用结构体变量作为函数参数的第一个优点。

第二个优点是结构体变量作为函数参数，减少了函数参数的数量。一个函数的参数应不超过 5 个，否则调用的时候会非常不方便，特别是在没有智能提示的开发环境下这种不方便更为突出；而使用结构体变量可以完成多个参数的传递，从而可以减少函数参数的数量。

第三个优点是如果要修改函数的定义，增加函数参数，只需改变结构体类型，而无需改变函数的接口，因此调用该函数的地方不一定必须要修改。这就意味着这种修改不会引起"代码地震"，即一处修改，处处要修改，这也是为什么 STM32 中大量库函数的参数都是结构体变量，可见其重要性，读者要彻底理解并掌握。

12.3　DS1302 读写操作的编程实现

12.3.1　操作 DS1302 寄存器函数的实现

1. 写 DS1302 寄存器函数

图 12-4 是 DS1302 单字节写操作时序图，其中时钟信号 SCLK 的箭头表示 DS1302 的操作，即在第一个沿采样数据，在第二个沿输出数据。图 12-5 是我们在 11 章学习的 SPI 总线 CPOL＝0/CPHA＝0 通信时序，可以发现这两者的通信时序非常相似，区别在于 DS1302 只有一根数据线，是半双工通信，而 SPI 是全双工通信。根据 DS1302 单字节写操作时序，单片机要完成写一个字节，先要预先写一个字节指令，指明要写入的寄存器的地址以及后续的操作是写操作，然后再写入一个字节的数据。对于 DS1302 来说，是在 SCLK 的上升沿读取数据；对于单片机来讲，要在下降沿改变数据（写入数据）。所以 DS1302 写寄存器函数代码如下：

```
void DS1302WriteReg(unsigned char reg, unsigned char dat)
{
    unsigned char n;
```

```
            DS1302_CE = 1;                    //将 CE 置高电平，使能通信
            for(n = 0;n < 8;n++)              //开始传送 8 位地址命令
            {
                DS1302_IO = reg & 0x01;       //数据从低位开始传送
                reg >>= 1;
                DS1302_CK = 1;                //数据在上升沿时，DS1302 读取数据
                DS1302_CK = 0;
            }
            for(n = 0;n < 8;n++)              //写入 8 位数据
            {
                DS1302_IO = dat & 0x01;
                dat >>= 1;
                DS1302_CK = 1;                //数据在上升沿时，DS1302 读取数据
                DS1302_CK = 0;
            }
            DS1302_CE= 0;                     //传送数据结束
        }
```

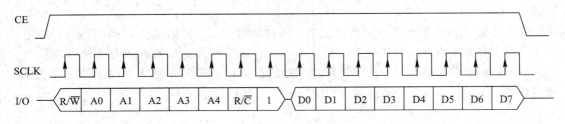

图 12 - 4　DS1302 单字节写操作时序图

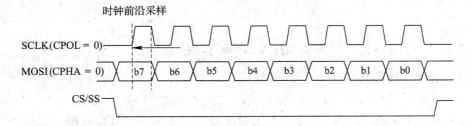

图 12 - 5　SPI 总线 CPOL ＝ 0/CPHA ＝ 0 通信时序

2. 读 DS1302 寄存器函数

DS1302 单字节读操作时序图如图 12 - 6 所示。

图 12 - 6 和图 12 - 4 非常相似，读操作的时候，单片机先写第一个字节指令，上升沿的时候 DS1302 来读取数据，下降沿时用单片机发送数据。唯一的区别在于，到了第二个字节时，单片机在 SCLK 的上升沿读取数据，DS1302 在下降沿输出数据，所以在第八个时钟的下降沿，DS1302 要提前输出数据，当然这和编程的关系不大。在实际编程时，单片机要先读取数据，再产生 SCLK 的上升沿，因此代码编写如下：

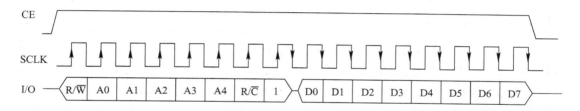

图 12 - 6 DS1302 单字节读操作时序图

```
unsigned char DS1302ReadReg(unsigned char reg)
{
    unsigned char n, temp;
    unsigned char dat = 0;

    DS1302_CE = 1;                       //将 CE 置高电平
    for (n = 0;n < 8;n++)                //开始传送 8 位地址命令
    {
        DS1302_IO = reg & 0x01;          //数据从低位开始传送
        reg >>= 1;
        DS1302_CK = 1;                   //数据在上升沿时，DS1302 读取数据
        DS1302_CK = 0;
    }
    for (n = 0;n < 8; n++)               //读取 8 位数据
    {
        temp = DS1302_IO;                //从最低位开始接收，上升沿之前读取数据
        dat = (dat >> 1) | (temp << 7);
        DS1302_CK = 1;                   //产生上升沿
        DS1302_CK = 0;                   //DS1302 下降沿输出数据，完成一个位的操作
    }
    DS1302_CE = 0;                       //传送数据结束
    return dat;
}
```

还有一点需要说明的是，有的教材有类似如下的代码：

```
DS1302_CK= 1;//产生上升沿
_nop_();
DS1302_CK = 0;
```

这和之前的 I^2C 总线读写实质上是一样的，由于 I^2C 总线是低速总线，插入了 4 个 _nop_( )函数，实现了 100 Kb/s 的通信速度。通过查阅 DS1302 的数据手册可发现在 5 V 供电时，SCLK 高电平和低电平的最小保持时间是 250 ns，即小于单片机的一个机器周期，因此在读写 DS1302 寄存器函数中没有插入_nop_( )函数，因为改变 DS1302_CK 值的语句执行本身就超过了 250 ns。两种代码都没有问题，差别仅在于读写速度不同。从这一点可以看出，我们编写代码不仅要知其然，还要知其所以然，这样才更有底气。

12.3.2 函数的封装

在读写 DS1302 寄存器函数中有 3 个 for 循环都是向 DS1302 写一个字节的数据，包括数据和地址。根据函数封装的思想，如果一段相似的代码在程序中出现 2 次或 2 次以上，就要考虑编写函数。封装的方法是抽取不变的作为函数体，抽取变化的作为函数参数。这里变化的是有的代码段写的是 reg(地址)，有的代码段写的是 dat(数据)，其他基本一致。这样可以把写的数据作为函数参数，其他作为函数体。由于是写一个字节，可以给函数起名为 DS1302WriteByte，函数定义如下(这里的参数 dat 可以是数据，也可以是地址)：

```
/* 发送一个字节到 DS1302 通信总线上 */
void DS1302WriteByte(unsigned char dat)
{
    unsigned char i;
    for (i = 0;i < 8;i++)                    //低位在前，逐位移出
    {
        DS1302_IO = dat & 0x01;
        dat >>= 1;
        DS1302_CK = 1;                       //然后拉高时钟
        DS1302_CK = 0;                       //再拉低时钟，完成一个位的操作
    }
    DS1302_IO = 1;                           //最后确保释放 IO 引脚
}
```

从 DS1302 读一个字节的 for 循环虽然只出现一次，为了对称性，我们也对这段代码进行封装，具体代码如下：

```
/* 从 DS1302 通信总线上读取一个字节 */
unsigned char DS1302ReadByte(void)
{
    unsigned char i, temp;
    unsigned char dat = 0;

    for (i = 0;i < 8;i++)                    //低位在前，逐位读取
    {
        temp = DS1302_IO;
        dat = (dat >> 1) | (temp << 7);
        DS1302_CK = 1;                       //然后拉高时钟
        DS1302_CK = 0;                       //再拉低时钟，完成一个位的操作
    }
    return dat;                              //最后返回读到的字节数据
}
```

经过封装以后，DS1302WriteReg 和 DS1302ReadReg 这两个函数就可以改写为下面的形式。和原来相比，可以看出程序变得非常简洁。

```
/* 用单次写操作向某一寄存器写入一个字节，reg 为寄存器地址，dat 为待写入字节 */
void DS1302WriteReg(unsigned char reg, unsigned char dat)
```

```
{
    DS1302_CE = 1;                          //使能片选信号
    DS1302WriteByte((reg << 1) | 0x80);     //发送写寄存器指令
    DS1302WriteByte(dat);                   //写入字节数据
    DS1302_CE = 0;                          //使片选信号失效
}
/* 用单次读操作从某一寄存器读取一个字节,reg 为寄存器地址,返回值为读到的字节 */
unsigned char DS1302ReadReg(unsigned char reg)
{
    unsigned char dat;
    DS1302_CE = 1;                          //使能片选信号
    DS1302WriteByte((reg << 1) | 0x81);     //发送读寄存器指令
    dat = DS1302ReadByte();                 //读取字节数据
    DS1302_CE = 0;                          //使片选信号失效
    return dat;
}
```

12.4　DS1302 读写实战

在开发板上编程实现如下功能:先将 2009 年 7 月 19 号星期日 14 点 00 分 00 秒这个时间写到 DS1302 内部,使 DS1302 正常运行;然后再每隔 200 ms 读取一次 DS1302 的当前时间,并显示在液晶屏上。DS1302 的电路原理图如图 12-3 所示。

本开发板使用了 P4.1~P4.3 分别连接 DS1302 芯片的复位及使能引脚(CE)、IO 数据线引脚及 SCLK 时钟引脚。需要特别注意的是,开发板与步进电机复用了这三个引脚,因此在使用该芯片时应注意跳线的正确连接。DS1302 跳线图如图 12-7 所示。

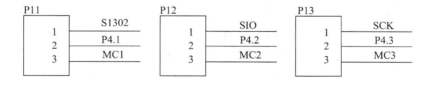

图 12-7　DS1302 跳线图

该实例需要用到 lcd1602.c 及 lcd1602.h 文件进行液晶显示,其程序与前面章节的一致。DS1302 芯片的初始化和设置当前时间、读取当前时间的函数可参见 DS1302.c 及其头文件 DS1302.h,主程序中可调用。

【程序代码】

```
/* * * * * * * * * * * * main.c 文件程序源代码 * * * * * * * * * * * * * * * */
#include <reg52.h>
#include "lcd1602.h"
#include "DS1302.h"
bit flag200ms = 0;                          //200 ms 定时标志
```

```
    unsigned char T0RH = 0;                    //T0 重载值的高字节
    unsigned char T0RL = 0;                    //T0 重载值的低字节
    void ConfigTimer0(unsigned int ms);
    void main(void)
    {                                          //秒备份，初值 AA 确保首次读取时间后会刷新显示
        unsigned char secBackup = 0xAA;
        unsigned char str[12];                 //字符串转换缓冲区
        struct sCalenda bufTime;               //日历缓冲区
        EA = 1;                                //开总中断
        ConfigTimer0(1);                       //T0 定时 1ms
        InitDS1302();                          //初始化实时时钟
        InitLcd1602();                         //初始化液晶
        while (1)
        {
            if (flag200ms)
            {
                flag200ms = 0;
                GetCurrentTime(&bufTime);      //传递的是地址
                if (secBackup != bufTime.sec)
                {                              //显示年月日信息
                    str[0] = '2';
                    str[1] = '0';
                    str[2] = (bufTime.year >> 4) + '0';
                    str[3] = (bufTime.year & 0x0F) + '0';
                    str[4] = '-';
                    str[5] = (bufTime.mon >> 4) + '0';
                    str[6] = (bufTime.mon & 0x0F) + '0';
                    str[7] = '-';
                    str[8] = (bufTime.day >> 4) + '0';
                    str[9] = (bufTime.day & 0x0F) + '0';
                    str[10] = '\0';
                    LcdShowStr(0, 0, str);
                    //显示星期信息
                    str[0] = (bufTime.week & 0x0F) + '0';
                    str[1] = '\0';
                    LcdShowStr(11, 0, "week");
                    LcdShowStr(15, 0, str);
                    //显示时分秒信息
                    str[0] = (bufTime.hour >> 4) + '0';
                    str[1] = (bufTime.hour & 0x0F) + '0';
                    str[2] = ':';
                    str[3] = (bufTime.min >> 4) + '0';
```

```
                str[4] = (bufTime.min & 0x0F) + '0';
                str[5] = ':';
                str[6] = (bufTime.sec >> 4) + '0';
                str[7] = (bufTime.sec & 0x0F) + '0';
                str[8] = '\0';
                LcdShowStr(4, 1, str);
                secBackup = bufTime.sec;    //更新秒备份
            }
        }
    }
}
/* 配置并启动 T0, ms 为 T0 的定时时间 */
void ConfigTimer0(unsigned int ms)
{
    //略，参考之前的代码
}


/* T0 中断服务函数，执行 200ms 定时 */
void Timer0(void) interrupt 1
{
    static unsigned char tmr200ms = 0;
    TH0 = T0RH;                          //重新加载重载值
    TL0 = T0RL;
    tmr200ms++;
    if (tmr200ms >= 200)                 //定时 200 ms
    {
        tmr200ms = 0;
        flag200ms = 1;
    }
}
/* * * * * * * * * * * * * DS1302.h 文件程序源代码 * * * * * * * * * * * * * * * */
#include <reg52.h>
#ifndef __DS1302_H_
#define __DS1302_H_
sbit DS1302_CE = P4^1;                   //本书配套开发板所接引脚
sbit DS1302_IO = P4^2;                   //本开发板这 3 个引脚为复用引脚，注意需跳线
sbit DS1302_CK = P4^3;
struct sCalenda
{                                        //日历结构体定义
    unsigned int  year;    //年
    unsigned char mon;     //月
    unsigned char day;     //日
```

```
        unsigned char hour;      //时
        unsigned char min;       //分
        unsigned char sec;       //秒
        unsigned char week;      //星期
};
void GetCurrentTime(struct sCalenda * calenda);
void InitDS1302(void);
unsigned char DS1302ReadReg(unsigned char reg);
#endif
```

/* * * * * * * * * * * * * DS1302. c 文件程序源代码 * * * * * * * * * * * * * * * * */

```
#include "DS1302. h"


/* 发送一个字节到 DS1302 通信总线上 */
void DS1302WriteByte(unsigned char dat)
{
    unsigned char i;
    for (i = 0;i < 8;i++)                   //低位在前,逐位移出
    {
        DS1302_IO = dat & 0x01;
        dat>> = 1;
        DS1302_CK = 1;                      //然后拉高时钟
        DS1302_CK = 0;                      //再拉低时钟,完成一个位的操作
    }
    DS1302_IO = 1;                          //最后确保释放 IO 引脚
}
/* 由 DS1302 通信总线上读取一个字节 */
unsigned char DS1302ReadByte(void)
{
    unsigned char i, temp;
    unsigned char dat = 0;
    for (i = 0;i < 8; i++)                   //低位在前,逐位读取
    {
        temp = DS1302_IO;
        dat = (dat >> 1) | (temp << 7);
        DS1302_CK = 1;                      //然后拉高时钟
        DS1302_CK = 0;                      //再拉低时钟,完成一个位的操作
    }
    return dat;                             //最后返回读到的字节数据
}


/* 用单次写操作向某一寄存器写入一个字节,reg 为寄存器地址,dat 为待写入字节 */
void DS1302WriteReg(unsigned char reg, unsigned char dat)
{
```

```
        DS1302_CE = 1;                          //使能片选信号
        DS1302WriteByte((reg << 1) | 0x80);     //发送写寄存器指令
        DS1302WriteByte(dat);                   //写入字节数据
        DS1302_CE = 0;                          //使片选信号失效
}
/* 用单次读操作从某一寄存器读取一个字节，reg 为寄存器地址，返回值为读到的字节 */
unsigned char DS1302ReadReg(unsigned char reg)
{
        unsigned char dat;
        DS1302_CE = 1;                          //使能片选信号
        DS1302WriteByte((reg << 1) | 0x81);     //发送读寄存器指令
        dat = DS1302ReadByte();                 //读取字节数据
        DS1302_CE = 0;                          //使片选信号失效
        return dat;
}
/* 用突发模式连续写入 8 个寄存器数据，dat 为待写入数据指针 */
void DS1302BurstWrite(unsigned char * dat)
{
        unsigned char i;
        DS1302_CE = 1;
        DS1302WriteByte(0xBE);                  //发送突发写寄存器指令
        for (i = 0;i < 8;i++)                   //连续写入 8B 数据
        {
            DS1302WriteByte(dat[i]);
        }
        DS1302_CE = 0;
}


/* 用突发模式连续读取 8 个寄存器的数据，dat 为读取数据的接收指针 */
void DS1302BurstRead(unsigned char * dat)
{
        unsigned char i;

        DS1302_CE = 1;
        DS1302WriteByte(0xBF);                  //发送突发读寄存器指令
        for (i = 0;i < 8;i++)                   //连续读取 8B
        {
            dat[i] = DS1302ReadByte();
        }
        DS1302_CE= 0;
}
/* 获取当前时间，即读取 DS1302 当前时间并转换为时间结构体格式 */
void GetCurrentTime(struct sCalenda * calenda)
```

```
    {
        unsigned char buf[8];
        DS1302BurstRead(buf);
        calenda->year = buf[6] + 0x2000;
        calenda->mon = buf[4];
        calenda->day = buf[3];
        calenda->hour = buf[2];
        calenda->min = buf[1];
        calenda->sec = buf[0];
        calenda->week = buf[5];
    }


/* 设定当前时间，时间结构体格式的设定时间转换为数组并写入 DS1302 */
void SetCurrentTime(struct sCalenda * calenda)
    {
        unsigned char buf[8];

        buf[7] = 0;
        buf[6] = calenda->year;
        buf[5] = calenda->week;
        buf[4] = calenda->mon;
        buf[3] = calenda->day;
        buf[2] = calenda->hour;
        buf[1] = calenda->min;
        buf[0] = calenda->sec;
        DS1302BurstWrite(buf);
    }


/* DS1302 初始化，如发生掉电则重新设置初始时间 */
void InitDS1302(void)
    {
        unsigned char dat;
        //2009 年 7 月 19 日 14:00:00 星期天
        struct sCalenda code InitTime[] = {0x2009, 0x07, 0x19, 0x14, 0x00, 0x00, 0x07};
        DS1302_CE = 0;                          //初始化 DS1302 通信引脚
        DS1302_CK = 0;
        dat = DS1302ReadReg(0);                 //读取秒寄存器
        //由秒寄存器最高位 CH 的值判断 DS1302 是否已停止
        if ((dat & 0x80) != 0)
        {
            DS1302WriteReg(7, 0x00);            //撤销写保护以允许写入数据
            SetCurrentTime(&InitTime);          //设置 DS1302 为默认的初始时间
        }
    }
```

【程序解析】

在 DS1302.c 文件中定义了两个函数,DS1302BurstWrite(unsigned char * dat)和 DS1302BurstRead(unsigned char * dat),这两个函数用于 DS1302Burst 模式下的写操作和读操作。Brust 主要解决连续读取 DS1302 7 个字节的时间差,为了避免出错。DS1302 的芯片厂商给出了解决方案,当向 DS1302 写指令时,只要将 5 位地址全部写为 1,即读操作指令为 0xBF,写操作指令为 0xBE,这样 DS1302 会自动识别出是 Burst 模式,它会立刻将所有的 8 个字节同时锁存到另外 8 个字节的寄存器缓冲区内,因此时钟会继续运行,而数据是从另外一个缓冲区内读取的。同样的道理,如果在 Burst 模式下写数据,也是先写到这个缓冲区内,最终 DS1302 会把这个缓冲区内的数据一次性送到它的时钟寄存器内。需要注意的是,只要使用时钟的 Burst 模式,则必须一次性读写 8 个寄存器,要把时钟的寄存器完全读出来或者完全写进去,写的时候不需要指定地址。

DS1302.c 文件中还封装了两个函数 GetCurrentTime(struct sCalenda * calenda)和 SetCurrentTime(struct sCalenda * calenda),传入参数是结构体指针变量,用于获取和设置当前的时间,分别调用了 DS1302BurstRead(unsigned char * dat)函数和 DS1302BurstWrite(unsigned char * dat)函数,通过前面结构体知识的学习,相信读者可以理解这两个函数。

还有一个细节需要注意,结构体类型 sCalenda 的定义放在 DS1302.h 文件中,之所以不放在 DS1302.c 或者 main.c 文件中,是因为在 DS1302.c 和 main.c 文件中都有这个结构体变量的定义(.h 文件中是结构体类型的定义,.c 文件中是结构体变量的定义,是完全不同的概念。类似在 C♯ 中,前者是类的定义,后者是对象的定义),因此将结构体类型 sCalenda 的定义放在 DS1302.h 文件中后,在 DS1302.c 和 main.c 文件中只要使用"♯include DS1302.h"语句,就可以实现一次定义多处使用。

本 章 习 题

1. 试对主程序进行扩展,设置并编程实现每天早上 7 点蜂鸣器响铃,即增加时钟闹钟功能。

2. 在开发板上编程实现以下功能:通过上下左右键设置单片机的当前时间,回车键进入设置模式,ESC 键退出设置模式。

第 *13* 章　DS18B20 温度控制系统设计

13.1　DS18B20 温度传感器简介

　　DS18B20 是 DALLAS 公司生产的单线式数字温度传感器，具有三引脚 TO‐92 小体积封装，温度测量范围为 −55～+125℃，可编程为 9～12 位 A/D 转换精度，测温分辨率达到 0.0625℃。DS18B20 的分辨率设定参数以及手动设定的恒定温度值和定时时间值存储在 EEPROM 中，掉电后仍然保存。被测温度用符号扩展的 16 位数字量串行输出，其工作电源可由远端引入，总线可以向所挂接的 DS18B20 供电，而无需额外电源。CPU 只需一根端口线能与多个 DS18B20 通信，并联的多个 DS18B20 可实现多点测温，这种方式占用微处理器的端口少，可节省大量的引线和逻辑电路。因此，用 DS18B20 组成的测温系统的线路简单，且在一根通信线上可以挂接多个数字温度计，使用十分方便。DS18B20 引脚图及常用封装如图 13‐1 所示。

　　以 TO‐92 封装为例，DS18B20 引脚定义如下：

➤ 引脚 1：GND，电源地；

➤ 引脚 2：DQ，数字信号输入/输出端；

➤ 引脚 3：VDD：外接电源输入端。

DS18B20 单线总线特点如下：

➤ 单线总线只有 1 根数据线，系统中的数据交换、控制都由这根信号线完成；

➤ 单线总线通常要求外接一个 4.7～10 kΩ 的上拉电阻，因此，当总线闲置时其状态为高电平。

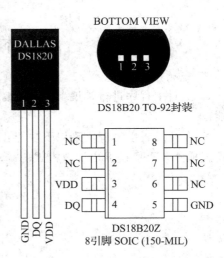

图 13‐1　DS18B20 引脚图与常见封装

13.1.1　DS18B20 工作原理介绍

1. DS18B20 内部结构

DS18B20 内部结构如图 13‐2 所示。

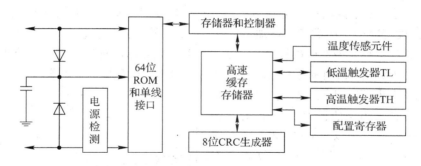

图 13-2　DS18B20 内部结构图

　　DS18B20 温度传感器主要由精度可编程的
温度传感元件、64 位光刻只读存储器(ROM)、内部存储器、配置寄存器及单线接口等模块
组成,可直接读出数字化温度数值。DS18B20 精度可编程为 9、10、11 或 12 位,分别对应
0.5℃、0.25℃、0.125℃ 和 0.0625℃ 的精度,上电时默认精度为 12 位,即 0.0625℃。光刻
ROM 中的 64 位序列号在出厂时被光刻好,可作为 DS18B20 的地址序列号。内部存储器包
括高速暂存 RAM 和一个非易失电可擦除 EEPROM,后者用来存放高温度和低温度的触发
数据 TH、TL。配置寄存器共 8 位,用来设定 DS18B20 的精度,其格式如表 13-1 所示。
配置寄存器的 D7 和 D4~D0 被器件保留,正常使用时,D7 位配置为 0,D4、D3、D2、D1
和 D0 需配置为 1,且禁止写入。D6、D5 位编码决定测温精度,其对应的测温精确度及最
大转换时间如表 13-2 所示。

表 13-1　配置寄存器格式

位	D7	D6	D5	D4	D3	D2	D1	D0
说明	0	R1	R0	1	1	1	1	1

表 13-2　测温精确度及最大转换时间

R1	R0	精度	最大转换时间/ms
0	0	9 位	93.75
0	1	10 位	187.5
1	0	11 位	375
1	1	13 位	750

2. DS18B20 测温原理

　　DS18B20 的测温原理如图 13-3 所示:低温系数晶振的振荡频率受温度的影响很小,
用于产生固定频率脉冲信号送给计数器 1;高温系数晶振的振荡频率随温度变化改变明显,
所产生的信号作为计数器 2 的输入脉冲,芯片内部计数门被打开时,DS18B20 通过对低温
系数振荡器产生的时钟脉冲进行计数,完成温度测量,计数门的开启时间由高温系数振荡
器决定。进行温度测量时,首先在计数器 1 和温度寄存器中预置-55℃ 所对应的基数值,
测温后计数器 1 每一个循环的预置值都由斜坡累加器提供,其中斜坡累加器用于补偿和修
正测温过程中的非线性,且斜坡累加器提供的预置值随温度变化而相应变化。对于所测温

度，计数器 1 对低温系数晶振产生的脉冲信号进行减法计数，在计数门关闭之前若计数器已减至 0，温度寄存器中的数值就增加 1℃，计数器 1 的预置值被重新装入，随后计数器 1 重新开始对低温系数晶振产生的脉冲信号进行计数，如此循环直到计数器 2 计数到 0，计数门关闭，停止温度寄存器值的累加，此时温度寄存器中的数值即为所测温度。

DS18B20 在出厂时已经配置为 12 位，读取温度时共读取 16 位，所以把后 11 位的二进制转化为十进制后再乘以 0.0625 即为所测的温度。此外还需要判断正负，前 5 位数字为符号位，当前 5 位为 1 时，读取的温度为负数；当前 5 位为 0 时，读取的温度为正数。

DS18B20 测温过程如下：当 DS18B20 接收到温度转换命令后，开始启动转换。转换完成后的温度以 16 位带符号扩展二进制补码形式存储在高速暂存存储器的第 1、2 字节。单片机可以通过单总线接口读出该数据，读数据时低位在前，高位在后，数据格式以 0.0625℃形式表示。温度值格式如图 13-4 所示。

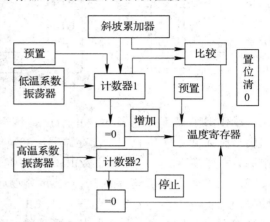

图 13-3 DS18B20 测温原理图

低位字节

2^3	2^2	2^1	2^0	2^{-1}	2^{-2}	2^{-3}	2^{-4}

高位字节

S	S	S	S	S	2^6	2^5	2^4

图 13-4 温度寄存器格式

当符号位 S＝0 时，表示测得的温度值为正值，可以直接将二进制位转换为十进制；当符号位 S＝1 时，表示测得的温度值为负值，要先将补码变成原码，再计算十进制。表 13-3 是一部分温度值对应的二进制温度数据。

表 13-3 部分温度值对应的二进制数据

温度/℃	二进制表示	十六进制表示
+125	0000 0111 1101 0000	07D0H
+85	0000 0101 0101 0000	0550H
+25.0625	0000 0001 1001 0001	0191H
+10.125	0000 0000 1010 0010	00A2H
+0.5	0000 0000 0000 1000	0008H
0	0000 0000 0000 0000	0000H
-0.5	1111 1111 1111 1000	FFF8H
-10.125	1111 1111 0101 1110	FF5EH
-25.0625	1111 1110 0110 1111	FE6FH
-55	1111 1100 1001 0000	FC90H

在 64 位 ROM 的最高有效字节中存储有循环冗余检验码（CRC）。主机根据 ROM 的前 56 位来计算 CRC 值，并和存入 DS18B20 的 CRC 值作比较，以判断主机收到的 ROM 数据是否正确。

DS18B20 有 6 条控制命令，如表 13－4 所示。

表 13－4　DS18B20 控制命令

指　令	约定代码	指　令　功　能
温度转换	44H	启动 DS18B20 进行温度转换
读暂存器	BEH	读暂存器 9 B 的内容
写暂存器	4EH	将数据写入暂存器的 TH、TL 字节中
复制暂存器	48H	把暂存器的 TH、TL 字节写到 EERAM 中
重新调 EERAM	B8H	把 EERAM 中的 TH、TL 字节写到暂存器的 TH、TL 字节中
读电源供电方式	B4H	启动 DS18B20 发送电源供电方式的信号给主 CPU

CPU 对 DS18B20 的访问流程是：先对 DS18B20 初始化，再进行 ROM 操作命令，最后才能对存储器操作，实现数据传输。DS18B20 每一步操作都要遵循严格的工作时序和通信协议。如主机控制 DS18B20 完成温度转换这一过程，根据 DS18B20 的通信协议，需要经过三个步骤，即每一次读写之前都要对 DS18B20 进行复位，复位成功后发送一条 ROM 指令，最后发送 RAM 指令，这样才能对 DS18B20 进行预定的操作。

13.1.2　DS18B20 初始化

DS18B20 初始化时序如图 13－5 所示。主机（控制器）首先发出一个 480～960 μs 的低电平脉冲，然后释放总线变为高电平，并在随后 480 μs 内检测总线，如出现低电平，则总线上有器件已做出应答；若一直为高电平，则器件无应答。

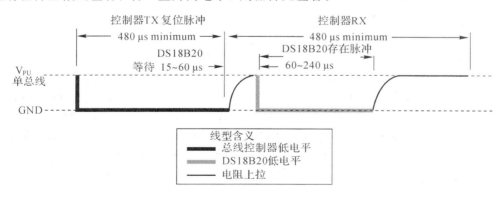

图 13－5　DS18B20 初始化时序

DS18B20（从机）上电开始就一直检测总线是否出现 480～960 μs 低电平脉冲，如有，则在总线转为高电平后等待 15～60 μs，将总线电平拉低 60～240 μs 作为响应脉冲，通知主机从机已做好准备；若没有检测到低电平脉冲，就一直检测等待。

DS18B20 初始化完成后，主机可发出各种操作命令用于向 DS18B20 写命令字节或读取温度数据。主机写一位"0"或"1"的写操作时序如图 13－6 所示。

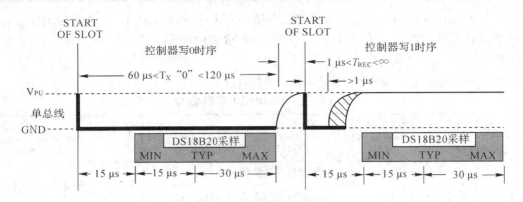

图 13-6 DS18B20 写操作时序

写周期最少为 60 μs，最长不超过 120 μs。主机先将总线电平拉低 1 μs，表示写周期开始，主机将按从低位到高位的顺序发送数据，且一次只发送一位。DS18B20 在检测到总线电平被拉低后等待 15 μs，然后在 15～60 μs 期间对总线电平采样，若采样期内总线维持为高电平，则写入"1"，反之则写入"0"。在写完一位后，主机将数据线拉到高电平，重复以上步骤，直至发送完一个完整的命令字节，最后主机将数据线拉为高电平以释放总线。

对于读操作时序，也分为读"0"时序和读"1"时序两个过程。读操作时序如图 13-7 所示。

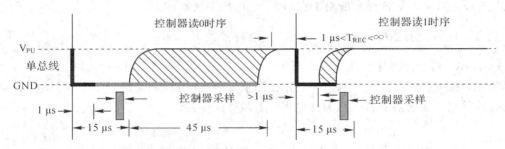

图 13-7 DS18B20 读操作时序

读周期一开始，主机把总线电平拉低 1 μs 后，将总线拉高为高电平，这样可以使 DS18B20 将数据传输到总线上，之后释放总线准备读数据。DS18B20（从机）在检测到总线被拉低 1 μs 后，便送出数据，若送出"0"，则拉低总线电平；若送出"1"，则释放总线为高电平。主机在一开始拉低总线电平的 15 μs（包括电平拉低 1 μs）内，完成对总线的采样，读取总线状态得到一个状态位，若采样期内总线为低电平，则确认为"0"，反之为"1"，延时 45 μs 后，重复上述步骤，直至读完一个字节。

13.2 项目实战

13.2.1 系统功能要求

该项目要求实现温度的实时测量及显示，可以通过键盘设置温度上下限并保存，温度超限报警，以及按键静音功能。结合开发板资源，测温采用 DS18B20，显示采用 LCD1602，温度上下限的存储采用 AT24C02，并采用矩阵式键盘，其中按键功能如表 13-5 所示。

表 13-5　按键功能

键名	向上键	向下键	向右键	ESC 键	回车键	数字键 1	数字键 2	数字键 4	数字键 5
键码	0x26	0x28	0x27	0x1b	0x0d	0x31	0x32	0x34	0x35
功能	上限	下限	设置	返回	确认	加 10	加 1	减 10	减 1

13.2.2　系统硬件电路

DS18B20 的数据线 DQ 通过跳线插头 P10 与单片机 P4.0 引脚连接，蜂鸣器输入连接至单片机 P4.4 引脚。其余单元电路与单片机的连接如图 13-8 所示。

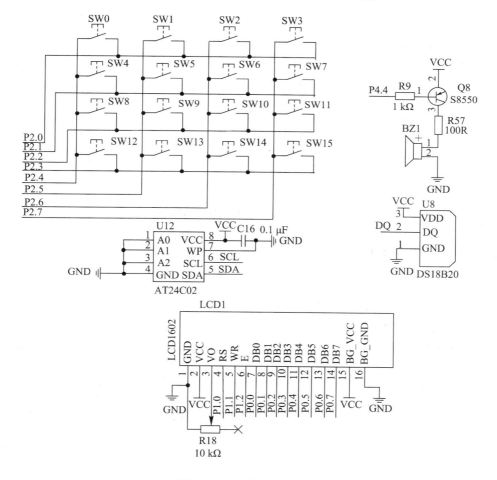

图 13-8　系统硬件原理图

13.2.3　系统软件设计

本项目设计的软件部分有温度测量、温度显示、温度上下限设置和存储、报警和消音。系统上电后对定时器和 LCD1602 进行初始化，然后启动 DS18B20 测温，读取预设温度上下限的值。在主循环中每隔 2 s 刷新并显示温度，在刷新显示温度时将测量温度与上下限比较，如果超限，蜂鸣器报警，手动按 Esc 键消音。在定时器 1 ms 中断中主要进行键盘动作扫描，根据按键功能进行处理。

【程序代码及解析】

```
/ * * * * * * * * * * * tempset. h 文件程序源代码 * * * * * * * * * * * * /
#ifndef __TEMPSET_H_
#define __TEMPSET_H_

unsigned char UcharToString(unsigned char * str, int dat);
void RefreshTemp(unsigned char ops);
void KeyAction(unsigned char keycode);
void ReadTmaxTmin();
#endif
#ifndef __DS18B20_H_
#define __DS18B20_H_
void DelayX10us(unsigned char);
bit Get18B20Ack();
void Write18B20(unsigned char);
unsigned char Read18B20();
bit Start18B20();
bit Get18B20Temp(int * temp);
#endif
/ * * * * * * * * * * * * * main. c 文件程序源代码 * * * * * * * * * * * * * * /
#define __MAIN_C_
#include "config. h"
#include "main. h"
#include "ds18b20. h"
#include "lcd1602. h"
#include "key. h"
#include "tempset. h"
bit flag2s = 0;                          //2 s 定时标志
bit flag200ms = 0;
unsigned char T0RH = 0;                  //T0 重载值的高字节
unsigned char T0RL = 0;                  //T0 重载值的低字节
enum eStaSystem staSystem = E_NORMAL;    //系统运行枚举

void main(void)
{
    EA = 1;                              //开总中断
    ConfigTimer0(1);                     //配置 T0 定时 1 ms
    LcdInit();                           //初始化 LCD1602
    Start18B20();                        //启动温度转换
```

```
        ReadTmaxTmin();                              //从 AT24C02 中读取温度上下限
        while (!flag2s);                             //上电后延时 2 s，等待转换完成
        flag2s = 0;
        RefreshTemp(1);                              //强制刷新温度并显示
        while (1)
        {
            KeyDriver();                             //按键驱动
            if (flag2s)                              //每隔 2 s 执行以下分支
            {
                flag2s = 0;
                if (staSystem == E_NORMAL)           //正常运行状态下刷新温度显示
                {
                    RefreshTemp(0);                  //温度变化时刷新
                }
            }
        }
    }
}
/* 配置并启动 T0，ms 为 T0 的定时时间 */
void ConfigTimer0(unsigned int ms)
{
    unsigned long tmp;                               //临时变量
    tmp = (SYS_MCLK * ms) / 1000;                    //计算所需的计数值
    tmp = 65 536 − tmp;                              //计算定时器重载值
    tmp = tmp + 12;                                  //补偿中断响应延时造成的误差
    T0RH = (unsigned char)(tmp >> 8);               //定时器重载值拆分为高低字节
    T0RL = (unsigned char)tmp;
    TMOD &= 0xF0;                                    //清 0 T0 的控制位
    TMOD |= 0x01;                                    //配置 T0 为模式 1
    TH0 = T0RH;                                      //加载 T0 重载值
    TL0 = T0RL;
    ET0 = 1;                                         //使能 T0 中断
    TR0 = 1;                                         //启动 T0
}
/* T0 中断服务函数，实现系统定时和按键扫描 */
void Timer0(void) interrupt 1
{
    static unsigned char tmr2s = 0;
    static unsigned char tmr200ms = 0;
    TH0 = T0RH;                                      //重新加载重载值
    TL0 = T0RL;
    tmr200ms++;                                      //定时 200 ms
    if (tmr200ms >= 200)
    {
```

```
        tmr200ms = 0;
        flag200ms = 1;
        tmr2s++;                              //定时 2 s
        if (tmr2s >= 10)
        {
            tmr2s = 0;
            flag2s = 1;
        }
    }
    KeyScan();                                //执行按键扫描
}
```

主程序中采用了与之前不同的方式，这是因为随着系统复杂程度的增加，很多文件中用到的函数在其他文件中已经定义，因此为了便于维护和移植，常需要自己编写头文件，便于进行函数和变量的外部声明。

为与主程序配套，本书还定义了 main.h 文件，代码如下：

```
/* * * * * * * * * * * * main.h 文件程序源代码 * * * * * * * * * * * * * * * */
#ifndef __MAIN_H_
#define __MAIN_H_
enum eStaSystem                              //系统运行状态枚举
{
    E_NORMAL,
    E_SET_TEMP
};
#ifndef __MAIN_C_
extern enum eStaSystem staSystem;
#endif
void ConfigTimer0(unsigned int ms);
#endif
```

main.h 文件中对多个文件中使用的全局函数进行声明，如 ConfigTimer0 函数。此外，还定义了与系统运行状态相关的枚举体，枚举体名称为 eStaSystem，其两个成员为 E_NORMAL 和 E_SET_TEMP，分别表示系统正常运行状态和温度设置状态，它们都是整型常量，默认值为 0 和 1，也可以不写。

本项目中使用到的 key.h、key.c、lcd1602.h、lcd1602.c、i2c.h、i2c.c 等文件都使用了之前章节里的文件，稍微修改一下就可以移植过来，这也充分体现了模块化编程的优势。这里增加了一个文件 config.h，因为当进行一个实际产品或者项目开发的时候，原理图是明确的，单片机的引脚连接也是明确的，还有一些类型说明、一些特殊的全局变量及宏定义，可以放到一个专门的头文件中，这个头文件就是 config.h 这个全局配置文件。

```
/* * * * * * * * * * * config.h 文件程序源代码 * * * * * * * * * * * * * * * * */
#ifndef __CONFIG_H_
#define __CONFIG_H_
/* 通用头文件 */
#include <reg52.h>
```

```
#include <intrins. h>
/* 全局运行参数定义 */
#define SYS_MCLK (11 059 200/12)                    //系统主时钟频率，即振荡器频率÷12
/* 键盘引脚分配定义 */
sbit KEY_IN_1 = P2^4;                               //矩阵按键的扫描输入引脚 1
sbit KEY_IN_2 = P2^5;                               //矩阵按键的扫描输入引脚 2
sbit KEY_IN_3 = P2^6;                               //矩阵按键的扫描输入引脚 3
sbit KEY_IN_4 = P2^7;                               //矩阵按键的扫描输入引脚 4
sbit KEY_OUT_1 = P2^0;                              //矩阵按键的扫描输出引脚 1
sbit KEY_OUT_2 = P2^1;                              //矩阵按键的扫描输出引脚 2
sbit KEY_OUT_3 = P2^2;                              //矩阵按键的扫描输出引脚 3
sbit KEY_OUT_4 = P2^3;                              //矩阵按键的扫描输出引脚 4
/* * * * * LCD1602 端口定义 * * * * * * * * * * * * * * * * * * */
sbit LCD1602_E = P1^2;                              //LCD1602 使能端 E
sbit LCD1602_RW = P1^1;                             //LCD1602 读写控制端 RW
sbit LCD1602_RS = P1^0;                             //LCD1602 数据/指令端 RS
/* * * * * I²C 端口定义 * * * * * * * * * * * * * * * * * */
sbit SCL = P3^7;                                    //I²C 总线时钟引脚
sbit SDA = P3^6;                                    //I²C 总线数据引脚
/* * * * * 蜂鸣器端口定义 * * * * * * * * * * * * * * * * * */
sbit BUZZER = P4^4;                                 //蜂鸣器控制引脚
/* * * * DS18B20 端口定义 * * * * * * * * * * * * * * * */
sbit IO_18B20 = P4^0;                               //DS18B20 数据端口
#endif
```

本书之前的程序是把各个硬件单元的接口分别定义在各自的头文件中，如前面提到的
key. h、lcd1602. h、i2c. h 等。现在把所有的硬件接口都定义在 config. h 中，因此就需要对其
他的头文件进行修改。如 i2c. h 中定义了 sbit SCL = P3^7，如果在 i2c. c 中包含了 config. h，
那么编译就会出现 SCL 的重复定义，因此需要删除之前 i2c. h 中对 SCL 的定义。同理，其他
的模块也要进行相应的处理。

```
/* * * * * * * * * * * * * * key. c 文件程序源代码 * * * * * * * * * * * * * * * */
                    (此处省略，可参考之前章节的代码)
/* * * * * * * * * * * * * * lcd602. c 文件程序源代码 * * * * * * * * * * * * * * */
                    (此处省略，可参考之前章节的代码)
/* * * * * * * * * * * * * * i2c. c 文件程序源代码 * * * * * * * * * * * * * * * */
                    (此处省略，可参考之前章节的代码)
/* * * * * * * * * * * * * EEPROM. c 文件程序源代码 * * * * * * * * * * * * * * */
                    (此处省略，可参考之前章节的代码)
/* * * * * * * * * * * * DS18B20. c 文件程序源代码 * * * * * * * * * * * * * * * *
* */
#define __DS18B20_C_
#include "config. h"
#include "DS18B20. h"
```

```c
/* 软件延时函数，延时时间(x × 10)μs */
void DelayX10us(unsigned char xus)
{
    do
    {
        _nop_();
        _nop_();
        _nop_();
        _nop_();
        _nop_();
        _nop_();
        _nop_();
        _nop_();
    }while(——xus);
}


/* 复位总线，获取存在脉冲，以启动一次读写操作 */
bit Get18B20Ack(void)
{
    bit ack;
    EA = 0;                          //禁止总中断
    IO_18B20 = 0;                    //产生 500 μs 复位脉冲
    DelayX10us(50);
    IO_18B20 = 1;
    DelayX10us(6);                   //延时 60 μs
    ack = IO_18B20;                  //读取存在脉冲
    while(!IO_18B20);                //等待存在脉冲结束
    EA = 1;                          //重新使能总中断
    return ack;
}
/* 向 DS18B20 写入一个字节，dat 为待写入字节 */
void Write18B20(unsigned char dat)
{
    unsigned char mask;
    EA = 0;                                //禁止总中断
    for(mask = 0x01;mask != 0;mask <<= 1)  //低位在先，依次移出 8 位
    {
        IO_18B20 = 0;                      //产生 2 μs 低电平脉冲
        _nop_();
        _nop_();
        if((mask & dat) == 0)              //输出该位的值
        {
            IO_18B20 = 0;
```

```
        }
        else
        {
            IO_18B20 = 1;
        }
        DelayX10us(6);                    //延时 60 μs
        IO_18B20 = 1;                     //拉高通信引脚
    }
    EA = 1;                               //重新使能总中断
}


/* 从 DS18B20 读取一个字节,返回值为读到的字节 */
unsigned char Read18B20(void)
{
    unsigned char dat;
    unsigned char mask;

    EA = 0;                               //禁止总中断
    for(mask = 0x01;mask != 0;mask <<= 1) //低位在先,依次读取 8 位
    {
        IO_18B20 = 0;                     //产生 2 μs 低电平脉冲
        _nop_();
        _nop_();
        IO_18B20 = 1;                     //等待 DS18B20 输出数据
        _nop_();                          //延时 2 μs
        _nop_();
        if(!IO_18B20)                     //读取通信引脚上的值
        {
            dat &= ~mask;
        }
        else
        {
            dat |= mask;
        }
        DelayX10us(6);                    //再延时 60 μs
    }
    EA = 1;                               //重新使能总中断
    return dat;
}

/* 启动一次 DS18B20 温度转换,返回值表示是否启动成功 */
bit Start18B20(void)
{
```

```
    bit ack;
    ack = Get18B20Ack();                          //总线复位,获取 DS18B20 应答
    if (ack == 0)                                 //正确应答,则启动一次转换
    {
        Write18B20(0xCC);                         //跳过 ROM 操作
        Write18B20(0x44);                         //启动一次温度转换
    }
    return ~ack;                                  //ack = 0 表示操作成功,所以
}                                                 //返回值取反

/* 读取 DS18B20 转换的温度值,返回值表示是否读取成功 */
bit Get18B20Temp(int * temp)
{
    bit ack;
    unsigned char LSB, MSB;                       //16 位温度的低字节和高字节

    ack= Get18B20Ack();                           //总线复位,获取 DS18B20 应答
    if (ack == 0)                                 //正确应答,则读取温度值
    {
        Write18B20(0xCC);                         //跳过 ROM 操作
        Write18B20(0xBE);                         //发送读命令
        LSB = Read18B20();                        //读温度值的低字节
        MSB = Read18B20();                        //读温度值的高字节
        * temp = ((int)MSB << 8) + LSB;           //合成为 16 位整型数
    }
    return ~ack;                                  //ack=0 表示操作应答,所以
}                                                 //返回值取反值
```

　　硬件的简单会增加软件的复杂度,且因 DS18B20 对时序的要求比较严格,所以需要把代码和时序图结合起来加深理解。此外,DS18B20 启动一次温度转换到转换完成需要 750 ms,因此在主程序中加入了延时 2 s 以等待转换完成,如果延时时间不够,第一次读到的温度值是 85 而不是实际温度。

```
/* * * * * * * * * * * * * tempset. c 文件程序源代码 * * * * * * * * * * * * */
# define __TEMPSET_C_
# include <intrins. h>
# include "lcd1602. h"
# include "config. h"
# include "i2c. h"
# include "EEPROM. h"
# include "tempset. h"
# include "ds18b20. h"
# include "main. h"                               //枚举
unsigned char Tnorm = 20;                         //温度上下限初值
```

```
unsigned char Tmax = 20;
unsigned char Tmin = 20;
bit flagSetState = 0;                           //处于设置模式标志
bit flagSetMax = 1;                             //处于设置模式标志
unsigned char Tmaxbuf[4];                       //温度上限缓冲
unsigned char Tminbuf[4];                       //温度下限缓冲
/ * 开机后从 AT24C02 读取上次的上、下限值,供 main 函数调用 * /
void ReadTmaxTmin(void)
{
    Tmax = At24c02ReadByte(0x00);
    Tmin = At24c02ReadByte(0x01);
}


/ * 向 AT24C02 写入设置的上、下限值 * /
void StoreTmaxTmin(void)
{
    At24c02WriteByte(0x00, Tmax);               //写入温度上下限
    At24c02WriteByte(0x01, Tmin);
}
/ * 温度刷新函数,读取当前温度并根据需要刷新液晶显示,ops 为刷新选项,其为 0 时表明当
温度变化时才刷新,非 0 则立即刷新 * /
void RefreshTemp(unsigned char ops)
{
    int temp;
    unsigned char pdata str[8];
    static int backup = 0;
    Get18B20Temp(&temp);                        //获取当前温度值
    Start18B20();                               //启动下一次转换
    temp = temp >> 4;                           //舍弃 4 位小数位
    if((backup != temp) || (ops != 0))          //按需要刷新液晶显示
    {
        str[0] = (temp / 10) + '0';             //十位转为 ASCII 码
        str[1] = (temp % 10) + '0';             //个位转为 ASCII 码
        str[2] = 'C';
        str[3] = '\0';                          //字符串结束符
        LcdShowStr(0, 0, "Temp:");              //提示
        LcdShowStr(5, 0, str);                  //显示到液晶上
        backup = temp;                          //刷新上次温度值
        if(temp >= Tmax | temp<= Tmin)
        {
            BUZZER = 0;                         //超限,蜂鸣器报警
        }
        else
```

```
            {
                BUZZER = 1;
            }
        }
    }

/* 无符号字符型数转换为字符串，str 为字符串指针，dat 为待转换数 */
void UcharToString(unsigned char * str, unsigned char dat)
{
    str[0] = (dat / 100) + '0';                    //百位转为 ASCII 码
    str[1] = (dat % 100 / 10) + '0';               //十位转为 ASCII 码
    str[2] = (dat % 10) + '0';                     //个位转为 ASCII 码
    str[3] = '\0';
}

/* 显示温度上下限 */
void RefreshSetTemp(void)
{
    UcharToString(Tmaxbuf, Tmax);
    UcharToString(Tminbuf, Tmin);
    LcdShowStr(0, 0, "Tmax:");                     //提示
    LcdShowStr(5, 0, Tmaxbuf);                     //显示上限
    LcdShowStr(0, 1, "Tmin:");
    LcdShowStr(5, 1, Tminbuf);                     //显示下限
}

/* 取消当前设置，返回正常运行状态 */
void CancelCurSet(void)
{
    staSystem = E_NORMAL;                          //系统正常运行状态
    LcdCloseCursor();                              //关闭光标
    LcdClearScreen();                              //液晶清屏
    RefreshTemp(1);                                //立即刷新温度显示
}

/* 键盘设置温度上限 */
void SetTmax(unsigned char keyCode)
{
    switch (keyCode)
    {
        case 0x31:
            if (Tmax <= 245)                       //防止溢出
            {
                Tmax += 10;                        //1 号键，上限加 10
            }
            break;
```

```
        case 0x34：
            if (Tmax >= 10)
            {
                Tmax -= 10;                    //4 号键，上限减 10
            }
            break;


        case 0x32：
            if (Tmax <= 254)
            {
                Tmax += 1;                     //2 号键，上限加 1
            }
            break;
        case 0x35：
            if (Tmax >= 1)
            {
                Tmax -= 1;                     //5 号键，上限减 1
            }
            break;


        default ：

            break;
    }
}
/ * 键盘设置温度下限 * /
void SetTmin(unsigned char keyCode)
{
    switch (keyCode)
    {
        case 0x31：
            if (Tmin <= 245)                   //防止溢出
            {
                Tmin += 10;                    //1 号键，上限加 10
            }
            break;


        case 0x34：
            if (Tmin >= 10)
            {
                Tmin -= 10;                    //4 号键，上限减 10
            }
            break;
```

```
        case 0x32：
            if (Tmin <= 254)
            {
                Tmin += 1;                          //2 号键，上限加 1
            }
            break；

        case 0x35：
            if (Tmin >= 1)
            {
                Tmin -= 1;                          //5 号键，上限减 1
            }
            break；

        default：

                break；
    }
}
/ * 切换系统运行状态 * /
void SwitchSystemSta(void)
{
    if (staSystem == E_NORMAL)                      //正常运行切换到温度设置
    {
        staSystem = E_SET_TEMP;
        LcdClearScreen();                           //液晶清屏
        RefreshSetTemp();                           //刷新并显示温度上下限
        StoreTmaxTmin();
    }
    else                                            //温度设置切换到正常运行
    {
        staSystem = E_NORMAL;
        LcdClearScreen();                           //液晶清屏
        RefreshTemp(1);                             //强制刷新温度显示
    }
}
/ * 按键动作函数，根据键码执行相应的操作，keycode 为按键键码 * /
void KeyAction(unsigned char keycode)
{
    if (keycode == 0x26)                            //设置上限
    {
        flagSetMax = 1;
```

```
    }
    else if (keycode == 0x28)                    //设置下限
    {
        flagSetMax = 0;
    }
    else if (keycode == 0x0d)                    //设置键
    {
        flagSetState = 1;
        SwitchSystemSta();                       //切换系统运行状态
    }
    else if (keycode == 0x1B)                    //Esc 键，返回
    {
        if (staSystem == E_NORMAL)               //正常运行状态时的报警消音
        {
            BUZZER = 1;
        }
        else                                     //处于设置状态时退出设置
        {
            flagSetState = 0;
            CancelCurSet();
        }
    }
    else                                         //增减键，设置上下限
    {
        if (flagSetMax)
        {
            SetTmax(keycode);
            RefreshSetTemp();
        }
        else
        {
            SetTmin(keycode);
            RefreshSetTemp();
        }
    }
}
```

　　本项目中系统有两种运行状态，正常状态是在主程序的主循环中定时刷新并显示温度，另一个就是温度设置状态。这两个状态之间的切换是通过设置键改变 staSystem 的取值，从而在正常状态 E_NORMAL 和温度设置状态 E_SET_TEMP 之间切换。温度设置状态的核心是按键状态的变化，因此 KeyAction 函数是 tempset. c 文件的核心，它决定了各个功能按键的逻辑关系和程序走向。同时，为完成设置功能，在本文件中还要对

LCD1602、AT24C02、键盘和 DS18B20 等硬件进行操作。

在 EEPROM. c 中，我们修改了 At24c02WriteByte 函数，具体修改如下：

```
void At24c02WriteByte(unsigned char addr, unsigned char dat)
{
    //等待上次写入操作完成
    do
    {                              //用寻址操作查询当前是否可进行读写操作
        I2cStart();
        if (I2cWriteByte(0xa0))    //应答则跳出循环，非应答则进行下一次查询
        {
            break;
        }
        I2cStop();
    } while (1);
    I2cWriteByte(addr);            //发送要写入的内存地址
    I2cWriteByte(dat);             //发送数据
    I2cStop();
}
```

细心的读者会发现，和之前的函数相比，该函数在写一个字节的时候增加了等待上次写入完成。这样做的原因是，我们在调试过程中发现 StoreTmaxTmin 函数连续两次调用 At24c02WriteByte 函数，第一次写入成功，第二次写入反而会出错，最后判断是在没有应答的情况下直接写造成的。

实际上，在 EEPROM. c 中的多字节写入函数 void At24c02Write(unsigned char * buf，unsigned char addr，unsigned char len) 和页写入函数 void At24c02WritePage(unsigned char * buf，unsigned char addr，unsigned char len)都可以完成这项工作。

本 章 习 题

1. 结合 DS1302 芯片，编程实现在液晶屏上同时显示日期、时间和温度。

2. 13.2 节项目实例中温度的上下限使用的变量类型是 unsigned char，未考虑到负数，试修改程序，使温度下限可以设置成负数。

3. 13.2 节项目实例中显示的温度只是整数，试修改程序，实现可以显示小数的温度。

4. 尝试不修改 At24c02WriteByte 函数，直接调用多字节写入函数或页写入函数实现温度上限和下限的保存。

第 *14* 章　直流电机控制器设计

14.1　直流电机及控制技术

在应用控制系统中，电机作为电能转换的传动装置得到了广泛的应用。控制领域常用的电机有直流电机和步进电机两种，区别主要在于它们的驱动方式，步进电机以步阶方式分段移动，直流电机采用连续移动的控制方式；步进电机可实现精确定位控制，可用于精密定位系统中，直流电机控制相对简单，常应用于定位精度要求不高，对速度要求高的控制系统中。

14.1.1　直流电机的基本结构

直流电机由定子和转子两部分组成，定子与转子之间有一定气隙。直流电机运行时静止不动的部分为定子，定子的主要作用是产生磁场，它由主磁极、换向极、轴承和电刷装置等组成。直流电机运行时转动的部分为转子，其主要作用是产生电磁转矩和感应电动势，是直流电机进行能量转换的枢纽，所以通常又称为电枢，它由转轴、电枢铁心、电枢绕组和换向器等组成。直流电机的外形图与内部结构如图 14-1 所示。

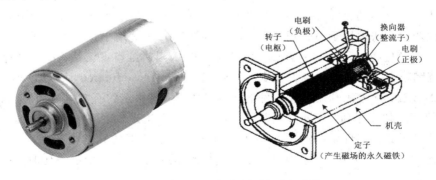

图 14-1　直流电机的外形图与内部结构

14.1.2　直流电机的工作原理

直流电机的电路模型如图 14-2 所示。直流电机应用了"通电导体在磁场中受力的作用"的原理，磁极 N、S 间装了一个可转动的圆柱体，即转子，转子表面固定线圈 abcd，即励磁线圈。当给两个电刷加上直流电源，励磁线圈两个端线通有相反方向的电流，载流导体 ab 和 cd 分别受到方向相反电磁力的作用，使整个线圈产生绕轴的扭力从而转动。为使转子受到一个方向不变的电磁转矩，要通过换向器及时变换电流的方向。

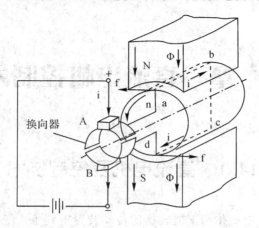

图 14 - 2 直流电机的电路模型

直流电机的主要技术参数如下：

（1）转矩 T：电机得以旋转的力矩。

（2）启动转矩 T_n：电机启动时所产生的旋转力矩。

（3）转速 n：电机旋转的速度。

（4）额定功率 P_n：在额定电流和电压下电机的带负载能力。

（5）额定电压 U_e：长期运行的最高电压。

（6）额定电流 I_e：长期运行的最大电流。

（7）励磁电流 I_f：对于使用励磁线圈产生磁场的直流电机，I_f 为施加到电极线圈上的电流。

14.1.3　直流电机 PWM 调速原理

直流电机的调速方法主要有调节电枢电压、改变电枢绕组回路电阻和调节励磁磁通三种，前两种调速方法适用于恒转矩负载，后一种调速方法适用于恒功率负载，大多数应用场合都使用调节电枢电压的控制方法。调节电枢电压调速可实现无级调速，其速度稳定性好，调速范围较大。直流电机脉冲宽度调制（Pulse Width Modulated，PWM）调速属于调节电枢电压的方法，该方法利用开关器件的导通与关断，将恒定的直流电压调制成频率一定、宽度可变的直流脉冲序列，再通过调节脉冲序列的占空比来改变平均输出电压的大小，从而控制电机的转速，实现系统的平滑调速。施加在电枢两端的脉动电压如图 14 - 3 所示，定义占空比为 D＝t/T，在 T 不变的情况下，改变 t 的宽度，即改变占空比时，平均输出电压将发生变化。

直流电机两端电压的高低直接影响电机转速，两者的关系为

$$n=\frac{U-IR}{C_e \cdot \Phi}$$

（14 - 1）

式中：U 为加载在直流电机两端的电压；I 为直流电机的工作电流；R 为直流电机电枢的等效电阻；$C_e＝pN/(60a)$ 为电机常数，其中 p 为电极的极对数，N 为电枢绕组数，a 为支路对数，

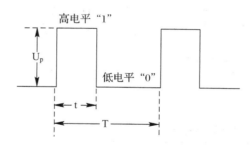

图 14 - 3　PWM 调速脉冲模型

该参数与电机绕组的具体结构有关；Φ 为每极磁通，电机运行时一般会有微小变化，但基本是稳定的。大部分微型直流电机的物理结构已经固定，且其励磁部分为永久磁铁。因此，式中 R、C_e、Φ 参数已经固定，从而可通过改变加载在电机上的电压 U 来改变直流电机的转速。

若脉冲电压全电压大小为 U_p，则电枢的平均电压为

$$U_{av} = U_p \cdot D \tag{14 - 2}$$

式中：D 为占空比。电机运行时，电枢中产生的感应时势 $E = U - IR \approx U_{av}$，所以

$$n = \frac{U_{av}}{C_e \cdot \Phi} \approx \frac{U_p D}{C_e \cdot \Phi} = K \cdot D \tag{14 - 3}$$

式中：$K = U_p/(C_e \cdot \Phi)$ 是常数。因此，改变脉冲序列的占空比即可调节直流电机的转速。

14.1.4　驱动芯片 L9110S

L9110S 是为控制和驱动电机设计的两通道推挽式功率放大专用集成电路器件，该器件将分立功率放大电路集成在单片 IC 中，可降低器件的使用成本，也可提高系统的稳定性与可靠性。该芯片有两个 TTL/CMOS 兼容电平的输入，具有良好的抗干扰性；芯片具有两个输出端，能直接驱动电机实现正反向运动；同时，该芯片还具有较大的电流驱动能力，每通道能通过 800 mA 的持续电流，典型峰值电流达 1.5 A；它具有较低的输出饱和压降，内置的钳位二极管能释放感性负载的反向冲击电流。这些特点使 L9110S 在驱动继电器、直流电机、步进电机或开关功率管的使用上安全可靠。因此，它被广泛应用于玩具汽车电机驱动、脉冲电磁阀门驱动、步进电机驱动和开关功率管等驱动电路上。

L9110S 驱动芯片引脚图如图 14 - 4 所示，其引脚定义及功能如表 14 - 1 和表 14 - 2 所示。其中，电源电压 VCC 的范围为 2.5～12 V，典型值为 6 V；静态工作电流最大不超过 2 μA，因此该驱动芯片的静态功耗很低。

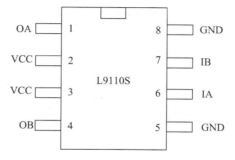

图 14 - 4　驱动芯片 L9110S 引脚图

表 14 - 1　L9110S 引脚定义

序号	符号	功　能	序号	符号	功　能
1	OA	A 路输出管脚	5	GND	地线
2	VCC	电源电压	6	IA	A 路输入管脚
3	VCC	电源电压	7	IB	B 路输入管脚
4	OB	B 路输出管脚	8	GND	地线

表 14 - 2　L9110S 功能

IA	IB	OA	OB
H	L	H	L
L	H	L	H
L	L	L(刹车)	L(刹车)
H	H	Z(高阻)	Z(高阻)

14.2　项 目 实 战

14.2.1　项目要求

　　利用单片机实现直流电机的正转、反转、加速、减速和停止，按正转键，直流电机正转；按反转键，直流电机反转，并用数码管显示占空比以及正转和反转状态，数码管最高位为 1 表示正转，为 0 表示反转，数码管低 2 位显示占空比；按停止键，电机停下；按加速键或减速键，改变 PWM 脉冲的占空比，实现直流电机调速。

14.2.2　原理图分析

　　开发板上共使用了两块 L9110S 驱动芯片，其中 U2 芯片用来驱动直流电机，其硬件连接如图 14 - 5 所示。L9110S 的两路输出 OA 和 OB 分别通过插口 P1 的 A＋和 A－和直流电机的正反转端连接。驱动芯片的两路输入 IA 和 IB(网络标号为 MC0 和 MC1)分别与单片机的 P4.0、P4.1 引脚相连。

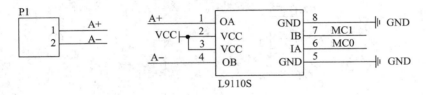

图 14 - 5　直流电机的电路模型

数码管动态显示电路见本书第 6 章,按键采用的是矩阵式键盘,其接口电路见本书第 7 章。按键功能如表 14 - 3 所示。

表 14 - 3　按键功能

键名	Esc	向上	向下	向左	向右
键码	0x1b	0x26	0x28	0x25	0x27
功能	停止	正转	反转	减速	加速

14.2.3　软件设计

【程序代码】

```
/* * * * * * * * * * * * * * key.h 文件程序源代码 * * * * * * * * * * * * * * * */
(此处省略,可参考之前章节的代码)
/* * * * * * * * * * * * * key.c 文件程序源代码 * * * * * * * * * * * * * * * * */
(此处省略,可参考之前章节的代码)
/* * * * * * * * * * * * * main.c 文件程序源代码 * * * * * * * * * * * * * * * */
#include <reg52.h>
#include "key.h"

sbit LSA = P1^5;
sbit LSB = P1^6;
sbit LSC = P1^7;

/* 电机接口定义 */
sbit MC0 = P4^0;                          //正转
sbit MC1 = P4^1;                          //反转
bit PWMOUT = 1;                           //PWM 输出电平

unsigned long PeriodCnt = 0;              //PWM 周期计数值
unsigned char HighRH = 0;                 //高电平重载值的高字节
unsigned char HighRL = 0;                 //高电平重载值的低字节
unsigned char LowRH = 0;                  //低电平重载值的高字节
unsigned char LowRL = 0;                  //低电平重载值的低字节
unsigned char T1RH = 0;                   //T1 重载值的高字节
unsigned char T1RL = 0;                   //T1 重载值的低字节
unsigned char index = 4;                  //占空比索引,默认为 51%
//显示缓冲区
unsigned char LedBuff[4] = {0xFF,0xFF,0xFF,0xFF};
//占空比调整表
unsigned char dutyTab[13] = {8,18,30,41,51,60,68,75,81,86,90,93,95};
//共阳极数码管显示译码表
unsigned char code smgduan[10] =
{0xc0,0xf9,0xa4,0xb0,0x99,0x92,0x82,0xf8,0x80,0x90};
```

```
bit flagRun = 0;                                    //电机运行状态标志,1 表示启动,0 表示停止
bit MotorDir = 1;                                   //电机运行方向标志,1 表示正转,0 表示反转

void ConfigTimer1(unsigned int ms);
void ConfigPWM(unsigned int fr, unsigned char dc);

void main(void)
{
    EA = 1;                                         //开总中断
    ConfigPWM(100, 8);                              //配置 T0 并启动 PWM
    ConfigTimer1(1);                                //配置 T1,用于按键扫描和数码管刷新
    MC1 = 0;                                        //电机不给电
    MC0 = 0;
    LedBuff[0] = smgduan[dutyTab[index] % 10];
    LedBuff[1] = smgduan[dutyTab[index] / 10];
    LedBuff[3] = smgduan[MotorDir];
    while (1)
    {
        KeyDriver();
    }
}

/* 配置并启动 T1, ms 为定时时间 */
void ConfigTimer1(unsigned int ms)
{
    unsigned long tmp;                              //临时变量

    tmp = 11 059 200 / 12;                          //定时器计数频率
    tmp = (tmp * ms) / 1000;                        //计算所需的计数值
    tmp = 65 536 - tmp;                             //计算定时器重载值
    tmp = tmp + 12;                                 //补偿中断响应延时造成的误差
    //定时器重载值拆分为高低字节
    T1RH = (unsigned char)(tmp >> 8);
    T1RL = (unsigned char)tmp;
    TMOD &= 0x0F;                                   //清 0 T1 的控制位
    TMOD |= 0x10;                                   //配置 T1 为模式 1
    TH1 = T1RH;                                     //加载 T1 重载值
    TL1 = T1RL;
    ET1 = 1;                                        //使能 T1 中断
    TR1 = 1;                                        //启动 T1
}
/* 占空比调整函数,频率不变只调整占空比 */
void AdjustDutyCycle(unsigned char dc)
```

```
{
    unsigned int high, low;

    high = (PeriodCnt * dc) / 100;          //计算高电平所需的计数值
    low = PeriodCnt - high;                 //计算低电平所需的计数值
    high = 65 536 - high + 12;              //计算高电平的定时器重载值并补偿中断延时
    low = 65 536 - low + 12;               //计算低电平的定时器重载值并补偿中断延时
    HighRH = (unsigned char)(high >> 8);   //高电平重载值拆分为高低字节
    HighRL = (unsigned char)high;
    LowRH = (unsigned char)(low >> 8);     //低电平重载值拆分为高低字节
    LowRL = (unsigned char)low;
}


/* 配置并启动 PWM，fr 为频率，dc 为占空比 */
void ConfigPWM(unsigned int fr, unsigned char dc)
{
    unsigned int high, low;

    PeriodCnt = (11 059 200/12) / fr;       //计算一个周期所需的计数值
    AdjustDutyCycle(dc);
    TMOD &= 0xF0;                           //清 0 T0 的控制位
    TMOD |= 0x01;                           //配置 T0 为模式 1
    TH0 = HighRH;                           //加载 T0 重载值
    TL0 = HighRL;
    ET0 = 1;                                //使能 T0 中断
    TR0 = 1;                                //启动 T0
    PWMOUT = 1;                             //先输出高电平
}


/* 停止电机 */
void MotorStop(void)
{
    MC0 = 0;                                //停止电机
    MC1 = 0;
}


/* 电机正反转控制 */
void MotorRun(bit flag)
{
    if (flag == 1)
    {
        MC0 = 1;                            //电机正转
        MC1 = 0;
```

```
    }
    else
    {
        MC0 = 0;                              //电机反转
        MC1 = 1;
    }
}

/* T0 中断服务函数，产生 PWM 输出 */
void Timer0(void) interrupt 1
{

    if (flagRun)                              //运行使能
    {
        if (PWMOUT == 1)      //PWM 高电平时间到，装载低电平值并且电枢不给电
        {
            TH0 = LowRH;
            TL0 = LowRL;
            PWMOUT = 0;
            MotorStop();
        }
        else                  //PWM 低电平时间到，装载高电平值并且电枢给电
        {
            TH0 = HighRH;
            TL0 = HighRL;
            PWMOUT = 1;
            MotorRun(MotorDir);
        }
    }
    else
    {
        MotorStop();                          //停止电机
    }
}
/* 数码管动态扫描刷新函数，需在定时中断中调用 */
void LedScan(void)
{
    static unsigned char i = 0;               //动态扫描的索引

    P0 = 0xFF;                                //显示消隐
    switch (i)
    {
        case 0:
```

```
                LSC = 0;
                LSB = 0;
                LSA = 1;
                i++;
                P0 = LedBuff[0];
                break;

        case 1:
                LSC = 0;
                LSB = 1;
                LSA = 0;
                i++;
                P0 = LedBuff[1];
                break;

        case 2:
                LSC = 0;
                LSB = 1;
                LSA = 1;
                i++;
                P0 = LedBuff[2];
                break;

        case 3:
                LSC = 1;
                LSB = 0;
                LSA = 0;
                i = 0;
                P0 = LedBuff[3];
                break;

        default:

                break;
    }
}
/* T1 中断服务函数，定时动态地调整占空比 */
void Timer1(void) interrupt 3
{
    TH1 = T1RH;                        //重新加载 T1 重载值
    TL1 = T1RL;
    KeyScan();                         //每隔 1 ms 扫描按键
    LedScan();
```

```
    }

    /* 按键处理程序 */
    void KeyAction(unsigned char keycode)          //键值处理程序
    {
        if(keycode == 0x26)                        //向上键正转
        {
            flagRun = 1;
            MotorDir = 1;
            LedBuff[3] = smgduan[MotorDir];        //更新数码管方向位
        }
        else if(keycode == 0x28)                   //向下键反转
        {
            flagRun = 1;
            MotorDir = 0;
            LedBuff[3] = smgduan[MotorDir];        //更新数码管方向位
        }
        else if (keycode == 0x25)                  //向左键减速
        {
            if (index >= 1)
            {
                index--;
            }
            AdjustDutyCycle(dutyTab[index]);//调节占空比
            LedBuff[0] = smgduan[dutyTab[index] % 10];
            LedBuff[1] = smgduan[dutyTab[index] / 10];
        }
        else if (keycode == 0x27)                  //向右键加速
        {
            if (index <= 11)
            {
                index++;
            }
            AdjustDutyCycle(dutyTab[index]);//调节占空比
            LedBuff[0] = smgduan[dutyTab[index] % 10];
            LedBuff[1] = smgduan[dutyTab[index] / 10];
        }
        else if(keycode == 0x1b)                   //Esc 键停止
        {
            flagRun = 0;
        }
    }
```

【程序解析】

单片机复位后，电机处于停止状态，定时器 T1 配置为 1 ms 定时，在 T1 的中断服务程序中，扫描按键状态变化，通过按键动作改变电机的不同运行状态。

ConfigPWM(unsigned int fr，unsigned char dc)函数用于配置定时器 T0，并计算一个 PWM 周期的计数值 PeriodCnt，这个值只需要计算一次，而且在整个程序中是不变的，因为 PWM 不改变周期，只改变占空比。这个函数在第 6 章中已经出现过，请读者务必掌握。AdjustDutyCycle(unsigned char dc)函数是用于调节占空比的，程序利用加速和减速按键导致的占空比索引值 index 的增加和减小，查占空比表格 dutyTab，将查到的占空比参数传递给 AdjustDutyCycle 函数，由该函数计算出此占空比下高低电平所需的定时器计数初值，来实现占空比的调节。

PWM 的真正实现是在 T0 的中断服务函数中，一定要彻底理解这个函数。

本 章 习 题

1. 修改 14.2 节中的项目，在 LCD 上显示占空比和电机转动方向。

2. 修改 14.2 节中的项目，不使用左右键调节占空比，而使用数字键 0～9 在 dutyTab 表格中选择占空比，直接调速。

第 *15* 章　步进电机的原理及应用

15.1　步进电机概述

电机的分类方式有很多，从用途角度可划分为驱动类电机和控制类电机。直流电机属于驱动类电机，这种电机是将电能转换成机械能，主要应用在电钻、小车轮子、电风扇、洗衣机等设备上。步进电机属于控制类电机，它是将脉冲信号转换成一个转动角度，在非超载的情况下，电机的转速、停止的位置只取决于脉冲信号的频率和脉冲数。步进电机具有快速启动、精确定位、能将数字量转换成角度等优点，是工业传动和工业定位系统的主要元件之一，主要应用在自动化仪表、机器人、自动生产流水线、空调扇叶转动等设备中。

步进电机区别于其他电机的最大特点是，它的速度是通过输入脉冲信号的频率来决定的，而其他电机的旋转方向是由各相线圈中脉冲的先后顺序决定的。

步进电机又分为反应式、永磁式和混合式三种。

（1）反应式步进电机：结构简单、成本低，但是动态性能差、效率低、发热大，可靠性难以保证，所以现在基本已经被淘汰了。

（2）永磁式步进电机：动态性能好、输出力矩较大，但误差相对来说大一些，因其价格低而广泛应用于消费性产品中。

（3）混合式步进电机：综合了反应式电机和永磁式电机的优点，力矩大、动态性能好、步距角小、精度高，但是结构相对来说复杂，价格也相对高，主要应用于工业领域。

15.2　四相式步进电机的工作原理

15.2.1　四相式步进电机的控制方法

28BYJ-48 是四相永磁式减速步进电机，其外观如图 15-1 所示。该型号中包含的具体含义如下：

> ➤ 28：步进电机的有效最大外径是 28 mm；
> ➤ B：步进电机；
> ➤ Y：永磁式；

➤ J：减速型；
➤ 48：四相八拍。

图 15 - 1　28BYJ - 48 步进电机外观

先来解释"四相永磁式"的概念，28BYJ - 48 的内部结构示意图如图 15 - 2 所示。首先看里圈，里圈上有 6 个齿，分别标注为 0～5，这就是转子，转子是要转动的，它的每个齿上都带有永久的磁性，是一块永磁体，这就是"永磁式"的来源。再来看外圈，外圈是定子，它是保持不动的，实际上它是跟电机的外壳固定在一起的，它上面有 8 个齿，而每个齿上都有一个线圈绕组，正对着的 2 个齿上的绕组是串联在一起的，也就是说正对着的 2 个绕组总是会同时导通或关断，如此就形成了四相，在图 15 - 2 中分别标注为 A、B、C、D，这就是"四相"的概念。

四相步进电机共有 5 个引出线，其中一个引出线接供电电源，另外 4 个引出线为 4 个线圈的控制端。

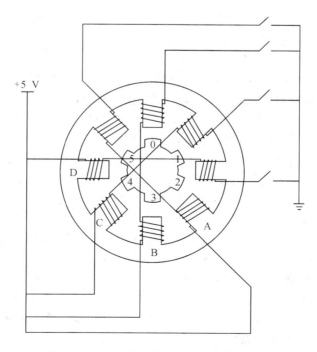

图 15 - 2　四相式步进电机内部结构示意图

步进电机的驱动电路依据控制信号工作，控制信号由单片机产生，完成以下三种功能：

1）控制换相顺序

对于四相步进电机而言，如果工作在单四拍励磁方式，其各相通电顺序为 A→B→C→D→A，通电控制脉冲必须严格按照这一顺序，分别控制 A、B、C、D 相的通断。

2）控制步进电机的转向

如果按给定工作方式的正序通电，步进电机正转；如果按反序通电，步进电机就会反转。

3）控制步进电机的速度

如果给步进电机发送一个控制脉冲，它就转一步，再发送一个脉冲，它会再转一步。两个脉冲的间隔越短，步进电机就转得越快。调整单片机发出的脉冲频率，就可以对步进电机进行调速。

15.2.2 四相式步进电机工作原理分析

假定电机的起始状态如图 15-2 所示，且电机逆时针方向转动，起始时是 B 相绕组的开关闭合，B 相绕组导通，那么导通电流就会在正上和正下两个定子齿上产生磁性，这两个定子齿上的磁性就会对转子上的 0 号齿和 3 号齿产生最强的吸引力，就会如图 15-2 所示的那样，转子的 0 号齿在正上、3 号齿在正下而处于平衡状态。此时，转子的 1 号齿与右上的定子齿也就是 C 相的一个绕组呈现一个很小的夹角，2 号齿与右边的定子齿也就是 D 相绕组呈现一个稍微大一点的夹角，很明显这个夹角是 1 号齿和 C 绕组夹角的 2 倍。同理，左侧的情况也是一样的。

接下来，断开 B 相绕组，使 C 相绕组导通。很明显，右上的定子齿将对转子 1 号齿产生最大的吸引力，而左下的定子齿将对转子 4 号齿产生最大的吸引力，在这个吸引力的作用下，转子 1、4 号齿将对齐到右上和左下的定子齿上而保持平衡，如此，转子就转过了起始状态时 1 号齿和 C 相绕组那个夹角的角度。

再接下来，断开 C 相绕组，导通 D 相绕组，过程与上述的情况完全相同，最终将使转子 2、5 号齿与定子 D 相绕组对齐，转子又转过了上述同样的角度。

很明显，当 A 相绕组再次导通，即完成一个 B→C→D→A 的四节拍操作后，转子的 0、3 号齿将由原来的对齐到上下 2 个定子齿，而变为了对齐到左上和右下的两个定子齿上，即转子转过了一个定子齿的角度。以此类推，再来一个四节拍，转子就将再转过一个齿的角度，8 个四节拍以后转子将转过完整的一圈，而其中单个节拍使转子转过的角度就能很容易地计算出来，即 $360°/(8×4)=11.25°$，这个值就叫做步进角度。上述的工作模式就是步进电机的单四拍模式——单相绕组通电四节拍。

这里再介绍一种具有更优性能的工作模式，那就是在单四拍的每两个节拍之间再插入一个双绕组导通的中间节拍，组成八拍模式。比如，在从 B 相导通到 C 相导通的过程中，假如一个 B 相和 C 相同时导通的节拍，这时由于 B、C 两个绕组的定子齿对它们附近的转子齿同时产生相同的吸引力，这将导致这两个转子齿的中心线对比到 B、C 两个绕组的中心线上，也就是新插入的这个节拍使转子转过了上述单四拍模式中步进角度的一半，即 $5.625°$。这样一来，就使转动精度增加了一倍，而转子转动一圈则需要 $8×8=64$ 拍。另外，新增加的这个中间节拍，还会在原来单四拍的两个节拍引力之间又增加一把引力，从而可以大大增加电机的整体扭力输出，使电机更"有劲"了。

除了上述的单四拍和八拍的工作模式外，还有一个双四拍的工作模式——双绕组通电四节拍。这种模式其实就是把八拍模式中的两个绕组同时通电的那四拍单独拿出来，而舍弃掉单绕组通电的那四拍。其步进角度同单四拍是一样的，但由于它是两个绕组同时导通，所以扭矩会比单四拍模式的大，在此就不做过多解释了。

总结如下，驱动步进电机的激励方式有以下三种：

（1）单四拍：指每一时刻四线中只有一线导通，可表示为 A→B→C→D→A。

（2）双四拍：指每一时刻四线中都有两线导通，可表示为 AB→BC→CD→DA→AB。

（3）单、双八拍：指驱动时一线导通和两线导通交替出现，可表示为 A→AB→B→BC →C→CD→D→DA→A。

八拍模式是这类四相步进电机的最佳工作模式，能最大限度地发挥电机的各项性能，也是绝大多数实际工程中所选择的模式。

15.3　二相式步进电机驱动实战

本书开发板上没有使用 28BYJ－48 型步进电机，而是使用了一种二相四线式步进电机，其工作原理与控制方式都与四相步进电机的相似。因此，用于二相四线式步进电机的程序经过简单修改即可应用到驱动四相式步进电机中。

15.3.1　使电机转起来

【例 15－1】编写程序，使步进电机运行起来。

L9110S 芯片的内容参考第 14 章，由于是线制，这里使用了两块 L9110S 驱动芯片对步进电机进行控制，如图 15－3 所示。首先用 P10、P11、P12、P13 功能选择块中的短接帽分别将 P4.0 与 MC0、P4.1 与 MC1、P4.2 与 MC2、P4.3 与 MC3 进行短接，即实现 P4.0～P4.3 与 MC0～MC3 相连；其次，将 B＋、A＋、B－、A－分别与步进电机蓝色、白色、黑色、红色线依次相连。

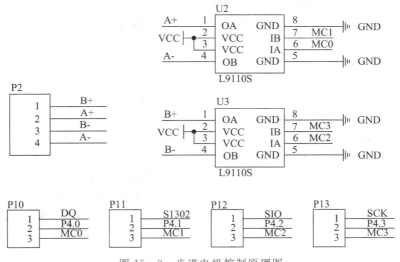

图 15－3　步进电机控制原理图

单片机的并行端口 P4.0～P4.3 依次与 MC0～MC3 相连，两相单、双八拍方式下的步进电机正转时端口 P4 的输出状态如表 15-1 所示。

表 15-1　并行端口 P4 的输出状态

控制方式	步序	电机绕组	P4.3～P4.0 输出状态
两相单、双八拍	1	A+	0001
	2	A+B+	0101
	3	B+	0100
	4	B+A−	0110
	5	A−	0010
	6	A−B−	1010
	7	B−	1000
	8	B−A+	1001

步进电机转速的控制可以通过软件调节脉冲的周期来实现。软件设计中，通过调节每个脉冲间调用延时函数的次数或改变延时函数的延时时间可实现转速的软件控制。两相单、双八拍控制方式参考程序如下：

【程序代码】

```
/* * * * * * * * * * * * * main.c 文件程序源代码 * * * * * * * * * * * * * * * * * */
# include <reg52.h>

//两相单、双八拍 I/O 控制代码数组
unsigned code BeatCode[8] = {0x01, 0x05, 0x04, 0x06, 0x02, 0x0a, 0x08, 0x09};
void Delayms(unsigned int xms);
    void main(void)
{
    unsigned char tmp;
    unsigned char index = 0;                //节拍输出索引

    while (1)
    {
        tmp = P4;                           //P4 的值暂存
        tmp = tmp & 0xF0;                   //用 & 操作清 0 低 4 位
        tmp = tmp | BeatCode[index];        //用|操作把节拍代码写到低 4 位
        P4 = tmp;                           //把低 4 位的节拍代码和高 4 位的原值送回 P4
        index++;                            //节拍输出索引递增
        index %= 8;                         //用%操作实现到 8 归零
        Delayms(20);                        //延时 20 ms，即 20 ms 执行一拍
    }
}
```

```
/* 延时函数，xms 为延时的毫秒数 */
void Delayms(unsigned int xms)
{
    unsigned int i, j;

    for (i = xms;i > 0;i——)
    {
        for (j = 110;j > 0;j——);
    }
}
```

【程序解析】

代码中没有直接对 P4 赋值，这是一种严谨的做法，因本书开发板上 P4 口的其他引脚还接有其他外设，这样可保证对其他外设没有影响。

15.3.2　步进电机实用程序编写

例 15-1 不是实用程序，因为程序中存在大段的延时，而在这些延时期间单片机是其他事都做不了的，这在实际的控制系统中是绝对不允许的。因此，需要用定时中断来对例 15-1 的程序进行改进。

【例 15-2】　用定时器对例 15-1 进行改进。

【程序代码】

```
/* * * * * * * * * * * * * main. c 文件程序源代码 * * * * * * * * * * * * * * */
#include <reg52. h>

unsigned char T0RH = 0;                    //T0 重载值的高字节
unsigned char T0RL = 0;                    //T0 重载值的低字节
unsigned long beats = 0;                   //电机转动节拍总数
//两相单、双八拍 IO 控制代码数组
unsigned code BeatCode[8]={0x01, 0x05, 0x04, 0x06, 0x02, 0x0a, 0x08, 0x09};
void ConfigTimer0(unsigned int ms);
void SetBeat(unsigned long angle);

void main(void)
{
    EA = 1;
    ConfigTimer0(20);                      //20 ms，即 20 ms 执行 1 拍
    SetBeat(360 * 3);                      //转动电机 3 圈
    while (1);
}
/* 设置步进电机动作节拍数，angle 为需转过的角度 */
void SetBeat(unsigned long angle)
{
    //在计算前关闭中断，完成后再打开，以避免中断打断计算过程而造成错误
```

```
        EA = 0;
        beats = (angle * 40) / 360;          //1 个周期 8 拍转 72°，40 拍转动 1 圈
        EA = 1;
    }


    / * T0 中断服务函数，用于驱动步进电机旋转 * /
    void Timer0(void) interrupt 1
    {
        unsigned char tmp;    //临时变量
        static unsigned char index = 0;          //节拍输出索引

        TH0 = T0RH;                              //重新加载初值
        TL0 = T0RL;
        if (beats != 0)                          //节拍数不为 0 则产生一个驱动节拍
        {
            tmp = P4;                            //P4 的值暂存
            tmp = tmp & 0xF0;                    //用 & 操作清 0 低 4 位
            tmp = tmp | BeatCode[index];         //用 | 操作把节拍代码写到低 4 位
            P4 = tmp;                            //低 4 位的节拍代码和高 4 位的原值送回 P4
            index++;                             //节拍输出索引递增
            index %= 8;                          //用 % 操作实现到 8 归零
            beats--;                             //总节拍数减 1
        }
        else                                     //节拍数为 0 则关闭电机所有的相
        {
            P4 = P4 & 0xF0;
        }
    }


    / * 配置并启动 T0，ms 为 T0 的定时时间 * /
    void ConfigTimer0(unsigned int ms)
    {
        unsigned long tmp;                       //临时变量

        tmp = 11 059 200 / 12;                   //定时器计数频率
        tmp = (tmp * ms) / 1000;                 //计算所需的计数值
        tmp = 65 536 - tmp;                      //计算定时器重载值
        tmp = tmp + 18;                          //补偿中断响应延时造成的误差
        T0RH = (unsigned char)(tmp >> 8);        //定时器重载值拆分为高低字节
        T0RL = (unsigned char)tmp;
        TMOD &= 0xF0;                            //清 0 T0 的控制位
        TMOD |= 0x01;                            //配置 T0 为模式 1
        TH0 = T0RH;                              //加载 T0 重载值
```

```
        TL0 = T0RL；
        ET0 = 1；                                   //使能 T0 中断
        TR0 = 1；                                   //启动 T0
    }
```

【程序解析】

该程序比较简单，SetBeat 函数用于设置步进电动作节拍数，根据旋转角度计算 beats，然后在中断函数内检测这个变量，不为 0 时就执行节拍操作，同时将其减 1，直到减到 0 为止。

这里要特别说明的是，SetBeat 函数中对 EA 的两次操作。赋值计算语句在执行前先关闭中断，而等它执行完后，才又重新打开中断。在它的执行过程中单片机是不会响应中断的，即使这时定时器溢出了，中断发生了，也只能等待 EA 重新置 1 后，才能得到响应，中断函数 Timer0 才会被执行。

之所以这样处理，是因为程序中定义的变量 beats 是 unsigned long 型，该变量占用 4 个字节的内存空间，对于 8 位的单片机来讲，对它的赋值最少要分 4 次才能完成。如果在完成了其中一个字节的赋值后，恰好中断发生了，Timer0 函数得到执行，而这个函数内可能会对 beats 进行减 1 的操作，减法就有可能发生借位，借位就会改变其他的字节，因为此时其他的字节还没有被赋入新值，错误就会发生，减 1 所得到的结果就不再是预期的值。所以为避免这种错误的发生就需要先暂时关闭中断，等赋值完成后再打开中断。而如果使用的是 char 或 bit 型变量，因为它们都是在 CPU 的一次操作中就完成的，所以即使不关中断，也不会发生错误。

"index %= 8；"这行代码用于实现到 8 后归零，当然也可以使用 if 语句。这两种都不是很好的方法，用位运算语句"index &= 0x07"不仅会使运算速度更快，而且也避免了负数取余得到预想不到的结果，本书后面的例程使用了位运算。

接下来我们完成一个更加实用的程序。

【例 15 - 3】　在开发板上编程实现以下功能：按数字键 1~9，控制电机转 1~9 圈；配合上下键改变转动方向，按向上键正转，向下键则反转；按左键固定正转 180°，右键固定反转 180°；按 Esc 键终止转动。

【程序代码】

```
/* * * * * * * * * * * * * key. h 文件程序源代码 * * * * * * * * * * * * * * * * * */
                    （此处省略，可参考之前章节的代码）
/* * * * * * * * * * * * key. c 文件程序源代码 * * * * * * * * * * * * * * * * * * */
                    （此处省略，可参考之前章节的代码）
/* * * * * * * * * * * main. c 文件程序源代码 * * * * * * * * * * * * * * * * * * */
#include <reg52. h>
#include "key. h"

unsigned char T0RH = 0；                    //T0 重载值的高字节
unsigned char T0RL = 0；                    //T0 重载值的低字节
signed long beats = 0；                     //电机转动节拍总数
```

```
    void ConfigTimer0(unsigned int ms);
    void SetBeat(signed long angle);
    void ResetBeat(void);
    void TurnOnMotor(void);

    void main(void)
    {
        EA = 1;                              //使能总中断
        ConfigTimer0(1);
        while (1)
        {
            KeyDriver();                     //调用按键驱动函数
        }
    }


    /* 设置步进电机动作节拍数，angle 为需转过的角度 */
    void SetBeat(signed long angle)
    {
        EA = 0;
        beats = (angle * 40) / 360;          //1 个周期 8 拍转 72°，40 拍转动 1 圈
        EA = 1;
    }


    /* 步进电机动作节拍数清 0 */
    void ResetBeat(void)
    {
        EA = 0;
        beats = 0;
        EA = 1;
    }


    /* 按键处理程序 */
    void KeyAction(unsigned char keycode)
    {
        static bit dirMotor = 0;             //电机转动方向

        if((keycode >= 0x30) && (keycode <= 0x39))   //控制电机转动 1~9 圈
        {
            if(dirMotor == 0)
            {
                SetBeat(360 * (keycode - 0x30));
            }
            else
```

```
        {
            SetBeat(-360 * (keycode - 0x30));
        }
    }
    else if(keycode == 0x26)                //向上键，正转
    {
        dirMotor = 0;
    }
    else if(keycode == 0x28)                //向下键，反转
    {
        dirMotor = 1;
    }
    else if(keycode == 0x25)                //向左键，正转 180°
    {
        SetBeat(180);
    }
    else if(keycode == 0x27)                //向右键，反转 180°
    {
        SetBeat(-180);
    }
    else if(keycode == 0x1B)                //Esc 键，停止转动
    {
        ResetBeat();
    }

}


/* 电机转动控制函数 */
void TurnOnMotor(void)
{
    unsigned char tmp;
    static unsigned char index = 0;
    unsigned char code BeatCode[8] =
    {0x01, 0x05, 0x04, 0x06, 0x02, 0x0a, 0x08, 0x09};

    if (beats != 0)
    {
        if (beats > 0)                      //正转
        {
            index++;
            index &= 0x07;
            beats--;
        }
```

```
            else                                    //反转
            {
                index--;
                index &= 0x07;
                beats++;
            }
            tmp = P4;                               //P4 的值暂存
            tmp = tmp & 0xF0;                        //用 & 操作清 0 低 4 位
            tmp = tmp | BeatCode[index];            //用|操作把节拍代码写到低 4 位
            P4 = tmp;                                //把低 4 位的节拍代码和高 4 位送回 P4
        }
        else
        {
            P4 = P4 & 0xF0;
        }
    }

/* 配置并启动 T0，ms 为 T0 的定时时间 */
void ConfigTimer0(unsigned int ms)
{
    unsigned long tmp;                              //临时变量

    tmp = 11 059 200 / 12;                          //定时器计数频率
    tmp = (tmp * ms) / 1000;                        //计算所需的计数值
    tmp = 65 536 - tmp;                             //计算定时器重载值
    tmp = tmp + 18;                                 //补偿中断响应延时造成的误差
    T0RH = (unsigned char)(tmp >> 8);               //定时器重载值拆分为高低字节
    T0RL = (unsigned char)tmp;
    TMOD &= 0xF0;                                   //清 0 T0 的控制位
    TMOD |= 0x01;                                   //配置 T0 为模式 1
    TH0 = T0RH;                                      //加载 T0 重载值
    TL0 = T0RL;
    ET0 = 1;                                         //使能 T0 中断
    TR0 = 1;                                         //启动 T0
}

/* T0 中断服务函数，用于键盘扫描和驱动步进电机旋转 */
void Timer0(void) interrupt 1
{
    static unsigned char tmr = 0;

    TH0 = T0RH;                                      //重新加载初值
    TL0 = T0RL;
```

```
    KeyScan();
    tmr++;
    if (tmr >= 20)
    {
        TurnOnMotor();
        tmr = 0;
    }
}
```

【程序解析】

该程序中的键盘操作直接使用了之前章节的 key. h 文件和 key. c 文件，体现了"搭积木"的程序设计思想，因此只要在 main 函数中根据实际键盘的处理编写函数 KeyAction 即可，这个函数在 key. c 中被调用。和例 15 - 2 不一样的地方在于本例题考虑到了反转，beats 定义成 signed long 类型，否则会导致反转无法停止。Timer0 中断函数中实现了两个功能，进行 1 ms 一次的键盘扫描和 20ms 定时。

本 章 习 题

1. 步进电机的工作原理是什么？

2. 二相四线制步进电机有哪些运行方式，如何实现对步进电机转速的控制？

3. 对例题 15 - 1 进行修改，实现步进电机反转运行。

4. 对例题 15 - 3 进行修改，增加步进电机控制按键，通过相应按键可增加加速、减速的控制，编程实现此功能。

第 *16* 章 综合项目开发

16.1 如何设计一个基于单片机的应用系统

通过之前章节的学习，我们具备了单片机技术的核心能力，本书是实战指南，希望读者学完以后可以较快地进行实际项目的开发。本节主要讲解一个完整的单片机项目需要哪些步骤，这些步骤完成哪些工作，需要掌握哪些工具软件。特别要提的是，系统的方案设计其实就是类似大四毕业设计需要完成的开题报告，很多大四学生的开题报告根本没有得到一个可行的方案。一个好的方案应该是交给其他相似专业背景的人士后，按照设计方案仍然可以完成项目，而现在的开题报告往往学生自己看了也不知道如何开展工作，何况让别人实现了。因此方案的设计是最重要、也是最体现专业水平的一项工作。

16.1.1 系统方案论证（系统设计）

系统方案论证包括以下三点。

1. 项目的可行性研究

项目的可行性研究要解决的问题有：这个项目做的出来吗？有实用价值吗？预算是多少？此外，按照工程教育专业认证的理念，还要考虑一些非技术因素，如这个项目对社会、健康、安全、法律以及文化的潜在影响，对环境、社会可持续发展的影响。

2. 系统实现方案的确定

该环节是能够根据用户需求或设计目标进行需求分析，确定具体方案，包括硬件架构和软件模块。如该系统的各个功能如何实现，是使用单片机还是纯模拟电路，又或是使用FPGA 来实现。同时，以系统框图或流程图等形式呈现设计结果。

3. 主要电路的确定和核心器件的选型

这个环节往往容易被忽视，主要完成的工作有：这个测量功能具体适合用什么样的电路来实现？这个控制要求用什么样的驱动电路来实现？该电路对器件有什么要求？此外，这个环节还要确定最重要的芯片的型号。

16.1.2 硬件设计

设计目标：印刷电路版图（PCB 版图）。

工具软件：Altium Designer，Candence PSD，MentorGraphics Expedition PCB。

设计步骤：电路设计→功能验证→原理图设计→PCB 设计。

一些复杂的电路可能还需要通过建模仿真进行元器件参数计算，才能设计出满足特定需求的硬件电路。还有些电路可能没有现成的方案可借鉴，需要基于科学原理并采用科学方法对问题进行研究，包括设计实验、分析与解释数据，才能得到有效的设计结果。

16.1.3 软件设计

设计目标：通过编写适当的代码，控制单片机实现指定的功能。

编程语言：汇编、C 语言、C＋＋语言。

编程环境：Keil C51 μVision(8051 单片机常用)、CodeWarrior IDE 和 IAR Systems。

设计步骤：顶层设计→编写代码→编译生成目标代码。

软件设计过程中一定要考虑模块化编程的思想，重视模块的复用性，像搭积木一样把各个模块组合起来。

16.1.4 系统调试

（1）硬件调试，判断硬件电路是否正常工作，是否达到预先设计的参数要求。

（2）软件调试，寻找并修正软件 Bug，使软件可以控制单片机实现预先设计的功能。

软件调试还可以分为脱机调试和联机调试。

1）脱机调试

使用开发环境自带的仿真功能，或者使用第三方的仿真软件(如 Proteus)；

2）联机调试

使用 JTAG 或 ISP 将编译好的程序下载到真实的单片机中去进行调试。

16.2 基于单片机的可控硅调压器设计

选择该项目主要考虑如下：

➤ 单片机是弱电器件，而调压器输出的是强电，因此该项目体现了典型的弱电控制强电的思想。

➤ 采用 C♯语言编写上位机控制程序，虽然功能简单，但也契合了 C♯现在作为工业控制上位机软件主流编程语言的发展趋势，给读者打开了一片新的天地。

➤ 该项目涉及的知识点较综合，包含了 AD 转换、键盘扫描、LCD 显示、串口通信、外中断处理、定时器、上位机软件编程等。

➤ 本项目所用开发板把单片机的 I/O 引脚都引出，通过开发板结合另行设计外围扩展板的方式，使得开发板的扩展能力大大增强。

16.2.1 设计要求

在工业生产以及家庭生活中，用传统电路和传统变压器来调压有调压成本高、可调节性差、功能比较单一、调节精度不高、不易于操作等缺点；而在现代社会中，伴随着电力电子技术的发展，可控硅在调压以及调功方面的应用越来越广泛。同时可控硅触发电路也在不断发展，从一开始的简单的阻容移相触发电路、单结晶体管触发电路以及后来的专用集成电路触发电路，到现在已经发展到基于单片机的智能触发电路。用智能触发电路来驱动可控硅进行调压因为效率高、调节速度快、携带方便等优点，可以很好地弥补传统电路调压的不足，因此它广泛应用于家用电器和工业控制中。

本项目设计的调压器其设计指标如下：

（1）系统应具有可靠性、实用性，同时考虑安全性；

（2）系统输入为 220 V 的交流电压；

（3）系统应具有三种调节方式，即按键调节、旋钮（电位器）调节、上位机通信调节；

（4）能够对 0～220 V 之间的电压进行调节；

（5）人机接口友好，操作方便。

16.2.2　方案设计

1. 调压原理

在电力电子技术课程教材的"交流-交流"变流电路部分，都会提到交流调压电路，这里作一下简要的介绍，以便理解单片机的控制对象。这里先引出"交流电力控制电路"的概念，把两个晶闸管反并联后串联在交流电路中，通过对晶闸管的控制就可以控制交流输出。这种电路不改变交流电频率，称为交流电力控制电路，可以分为以下 3 种：

➤ 交流调压电路：在每半个周波内通过对晶闸管开通相位的控制调节输出电压有效值的电路。

➤ 交流调功电路：以交流电的周期为单位控制晶闸管的通断、改变通态周期数和断态周期数的比，调节输出功率平均值的电路。

➤ 交流电力电子开关：串入电路中根据需要接通或断开电路的晶闸管。

交流电力控制电路主要应用在灯光控制（如调光台灯和舞台灯光控制）、异步电动机软启动、异步电动机调速等多个地方。

本项目主要对灯光进行控制，采用 BT134 双向可控硅 TRIAC（TRI-electrode AC Switch）实现调压，其引脚和符号如图 16-1 所示。TRIAC 为三极交流开关，亦称为双向晶闸管或双向可控硅。TRIAC 为三端元件，其三端分别为 T1（主电极 1）、T2（主电极 2）和 G（控制极或闸极），与 SCR 最大的不同点在于 TRIAC 无论在正向或反向电压时皆可导通，其符号构造及外形如图 16-1 所示。因为它是双向元件，所以无论 T1、T2 的电压极性如何，若闸极有信号加入时，则 T1、T2 间呈导通状态；反之，加闸极触发信号，则 T1、T2 间有极高的阻抗。

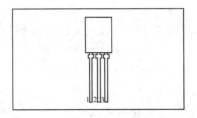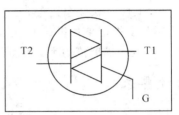

图 16-1　BT134 引脚和符号图

可控硅调压原理如图 16 - 2 所示，在交流电源 u_1 的正半周和负半周，对 BT134 的触发角（也称控制角）α 进行控制就可以调节输出电压。

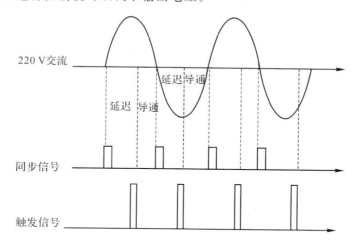

图 16 - 2　可控硅移相调压示意图

由于白炽灯为电阻性负载，负载电压有效值 U_o 如公式 16 - 1 所示。

$$U_o = \sqrt{\frac{1}{\pi}\int_{\alpha}^{\pi}(\sqrt{2}\,U_1\sin\omega t)^2 d(\omega t)} = U_1\sqrt{\frac{1}{2\pi}\sin 2\alpha + \frac{\pi - \alpha}{\pi}} \qquad (16-1)$$

其中 U_1 是输入电压有效值，这里是 220V。从图 16 - 2 可以看出，α 的移相范围是 $0 \leqslant \alpha \leqslant \pi$。α＝0 时，相当于晶闸管一直导通，输出电压为最大值，$U_o = U_1$；随着 α 的增大，U_o 逐渐减少，直到 α＝π 时，$U_o = 0$。

在实际控制时，由于单片机中断处理、代码执行有时间损耗，调压范围往往达不到 $0 \sim U_1$。可控硅移相调压控制方法为：触发信号后到交流电下一个零点区间为可控硅导通区域，图中同步信号就是单片机检测到交流电过零点的信号，之后通过延迟一段时间后单片机输出触发信号，导通角不同，则交流电通过负载的有效时间也会不同。若延迟时间越长，导通区域继续后移，则加在负载的有效电压继续减小。

2. 硬件框图

调压系统框图如图 16 - 3 所示，该系统由可控硅调压电路、过零检测电路和三个调压模块组成。按键、PCF8591 AD 转换电路和串口通信电路开发板上都有，因此只需要设计过零检测电路和可控硅调压电路。这里采用在扩展板上设计制作，只需把开发板上的单片机引脚通过杜邦线连接到扩展板上即可。

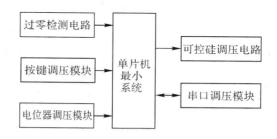

图 16 - 3　调压系统结构框图

16.2.3　硬件设计

1. 过零检测电路

系统能够检测正弦波电压过零点从而触发可控硅的导通是关键。过零检测电路由分压电阻、光耦器件和三极管组成，如图 16-4 所示。过零检测电路的主要目的是完成当交流电压越过零点时得到过零的脉冲。正弦交流电是 50 Hz 的正弦波，周期是 20 ms，每周期有两个过零点，即每个过零点间隔时间为 20 ms/2＝10 ms。光耦 PC814 经过限流电阻接在 220 V 的正弦交流电上。当交流电过零时，PC814 中光敏三极管截止，输入高电平，使 Q1 导通，Q1 的集电极输出负脉冲，因为 Q1 的集电极连接到了单片机的 P3.2 引脚，因而触发外中断 0。因此每过 10 ms，触发外中断 0，这就是要检测的零点信号。

2. 可控硅调压电路

为了使强弱电隔离，本项目采用单片机的引脚与 MOC3023 光耦相连，其引脚图如图 16-5 所示。MOC3023 是摩托罗拉公司生产的可控硅驱动的光电耦合器，其功能类似于三端双向可控硅开关元件，这里用于可控硅门极的触发信号。要触发可控硅，只要单片机给出信号使其光耦导通，而光耦连接的控制脚有正向电压(可以给一个 2 μs 左右的正向电压脉冲)即可。此时，串联在强电电路里的可控硅(BT134)就可以导通，即负载电路导通。可控硅触发电路如图 16-6 所示。

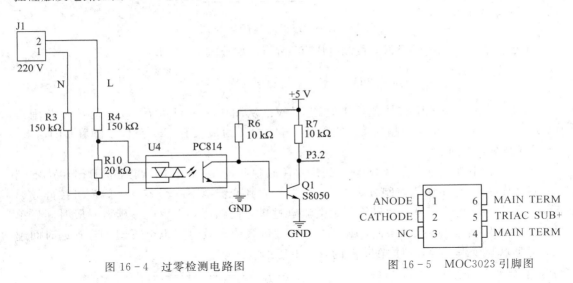

图 16-4　过零检测电路图　　　　　图 16-5　MOC3023 引脚图

　　MOC3023 的引脚 3 和 5 可以不接，引脚 1 为阳极，引脚 2 为阴极，引脚 4 和引脚 6 为主要终端(主极)。MOC3023 由输入和输出两部分组成，输入是砷化镓发光二极管，这种二极管一般在正向电流 5～30 mA 的作用下能发出红外线，其极限值不超过 50 mA，因此选用 200 Ω 的电阻足够使用了。MOC3023 的光耦输出部分是光敏双向可控硅，在输入电流下发光二极管发出红外线，则 MOC3023 中光敏感的双向可控硅导通，导通后触发 BT134，使其负载电路导通。

　　本项目可控硅选用 BT134，其主要特性是双向可触发导通，以及高耐压、低的通态压降、耐强电流浪涌。BT134 广泛用于交流开关、相位控制、照明和消费工业、固态继电器和电机控制等设备中。根据手册，双向可控硅 BT134 可以耐受峰值 600 V 的电压，其通态方均根电流为 4 A，门级控制开通时间为 2 μs。可控硅调压电路的设计可参考 BT134 的推荐电路，这里不再赘述。其电路如图 16-6 所示，单片机的 P2.7 引脚产生触发脉冲。

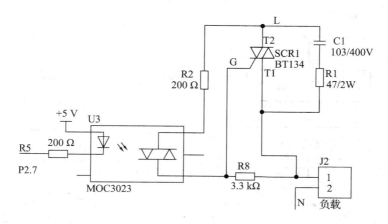

图 16 - 6　可控硅调压电路

16.2.4　单片机程序设计

1. 流程图

主函数流程图和触发控制流程图分别如图 16 - 7 和图 16 - 8 所示。三种调节模式都是控制延时触发时间（α），继而控制灯的亮度。图 16 - 8 中 flag ＝ 0 表示允许再次触发。

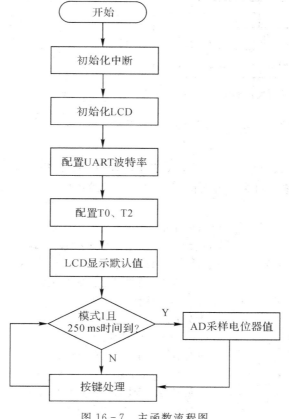

图 16 - 7　主函数流程图

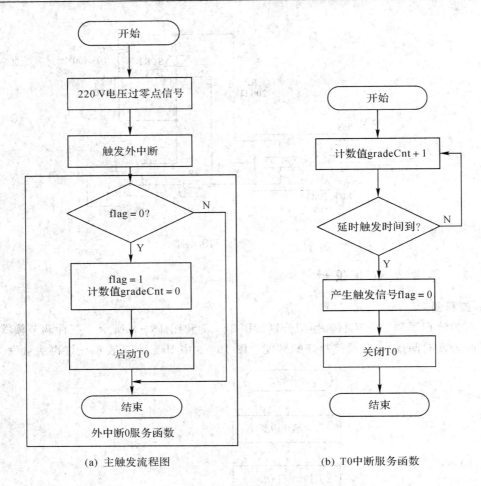

(a) 主触发流程图　　　　　　　(b) T0中断服务函数

图 16-8　触发控制流程图

2. 代码说明

　　这里 key.h、key.c、lcd1602.h、lcd1602.c、i2c.h、i2c.c 都使用了之前章节里的文件，稍微修改一下就可以移植过来，再次体现了"搭积木"编程的优势。

【程序代码】

```
/ * * * * * * * * * * * * * i2c.h 文件程序源代码 * * * * * * * * * * * * * * * * * /
                    (此处省略，可参考之前章节的代码)
/ * * * * * * * * * * * * * i2c.c 文件程序源代码 * * * * * * * * * * * * * * * * * /
                    (此处省略，可参考之前章节的代码)
/ * * * * * * * * * * * * key.h 文件程序源代码 * * * * * * * * * * * * * * * * * /
                    (此处省略，可参考之前章节的代码)
/ * * * * * * * * * * * * key.c 文件程序源代码 * * * * * * * * * * * * * * * * * /
                    (此处省略，可参考之前章节的代码)
/ * * * * * * * * * * * * lcd1602h 文件程序源代码 * * * * * * * * * * * * * * * * /
                    (此处省略，可参考之前章节的代码)
/ * * * * * * * * * * * * lcd1602.c 文件程序源代码 * * * * * * * * * * * * * * * * /
                    (此处省略，可参考之前章节的代码)
```

```c
/* * * * * * * * * * * * * main. c 文件程序源代码 * * * * * * * * * * * * * * * */
# include <reg52. h>
# include <intrins. h>
# include "config. h"
# include "lcd1602. h"
# include "i2c. h"
# include "keyboard. h"

# define RECEIVE_LEN 5
# define MAX 180                    //单次定时为 50 μs，调节时间范围为 1～9 ms
# define MIN 20

uint8 triggeringDelay;             //过零点后的实际延时触发时间
uint8 triggeringDelay0;            //按键模式和串口模式设置的过零点后的延时触发时间
uint8 triggeringDelay1;            //电位器模式设置的过零点后的延时触发时间
bit flag = 0;
bit flag250ms = 1;                 //250 ms 标志位，每 250 ms 采样一次电位器的电压值
bit flagNoUartData = 1;

uint8 modelSta = 0;                //模式状态，0 表示按键，1 表示电位器，2 表示串口
uint16 gradeCnt = 0;               //调节电压时用(计数)
uint8 str[10];
sbit controlScr = P3^3;            //可控硅触发控制端
uint8 idata AD_value;              //最终 AD 值

/* 以下为串口用到的变量 */
uint8 idata receiveBuf[RECEIVE_LEN];   //从串口接收到的数据
uint8 idata uartCtrlData[6];           //从串口接收数据中提取的有效控制数据
uint8 recCount = 0;

/* 以下是函数声明 */
void DealBuf(void);
uint8 GetADCValue(uint8 chn);
void ValueToString(uint8 * str, uint8 val);
void ConfigUART(uint16 baud);
void ConfigTimer0(uint8 us);
void ConfigTimer2(uint16 ms);
void ModelProcess(void);
void SendCtlDataToPC(void);
```

```
void main(void)
{
    EA = 1;
    EX0 = 1;                                //外部中断使能
    IT0 = 1;
    triggeringDelay0 = 100;                 //初始延时值 100，100 × 5 μs=5 ms
    InitLcd1602();                          //初始化液晶
    ConfigUART(9600);
    ConfigTimer0(50);                       //定时器 T0·定时时间为 50 μs
    ConfigTimer2(1);                        //定时器 T2 定时时间为 1 ms，用于按键检测
    SendCtlDataToPC();                      //向上位机发送按键模式的控制数据
    LcdShowStr(0, 0, "♯Input  ♯Mode 0");//开机显示按键调节模式
    ValueToString(str, triggeringDelay0);
    LcdShowStr(0, 1, str);                  //显示到液晶上
    while (1)
    {
        if( modelSta == 1 && flag250ms)     //250 ms 进行一次 AD 转换
        {
            flag250ms = 0;
            AD_value = GetADCValue(0);
            //电位器 AD 值控制延时触发时间，并进行限幅
            triggeringDelay1 = MAX - (AD_value * (MAX - MIN) * 1.0 / 255);
        }
        KeyDriver();                        //按键扫描程序
    }
}


/*调节模式处理函数，根据不同的模式，更新 LCD 显示*/
void ModelProcess(void)
{
    switch (modelSta)
    {
        case 0:                                        //按键
            triggeringDelay = triggeringDelay0;        //更新实际控制值
            LcdShowStr(0, 0, "♯Input  ♯Mode 0");
            ValueToString(str, triggeringDelay);
            LcdShowStr(0, 1, str);
        break;

        case 1:                                        //电位器
            triggeringDelay = triggeringDelay1;        //更新实际控制值
            LcdShowStr(0, 0, "♯Input  ♯Mode 1");
            //该模式下 AD 采样已经在主函数中进行，这里只要更新采样的值就行
```

```
                ValueToString(str,triggeringDelay);
                LcdShowStr(0, 1, str);
            break;

            case 2:                                    //串口
                LcdShowStr(0, 0, "♯Input    ♯Mode 2");
                //还未接收到串口数据，则显示与按键同样的数据
                if (flagNoUartData)
                {
                    ValueToString(str, triggeringDelay0);
                    LcdShowStr(0, 1, str);
                }
                else
                {
                    DealBuf();
                    LcdShowStr(0, 1, uartCtrlData+1);
                }
                triggeringDelay = triggeringDelay0;           //更新实际控制值
            break;
        }
}


/* 串口接收到的数据转换成延时触发时间 */
void DealBuf(void)
{
    if (uartCtrlData[1] == 0 && uartCtrlData[2] == 0)
    {
        triggeringDelay0 = uartCtrlData[3] - 0x30;
    }
    if (uartCtrlData[1] == 0 && uartCtrlData[2] != 0)
    {
        triggeringDelay0 = (uartCtrlData[2] - 0x30) * 10 +
                        (uartCtrlData[3] - 0x30);
    }
    if (uartCtrlData[1] !=0 && uartCtrlData[2] != 0)
    {
        triggeringDelay0 = (uartCtrlData[1] - 0x30) * 100 +
                        (uartCtrlData[2] - 0x30) * 10 + (uartCtrlData[3] - 0x30);
    }
}


/* 串口配置函数，baud 为通信波特率 */
void ConfigUART(uint16 baud)
{
```

```
        SCON = 0x50;                          //配置串口为模式 1
        TMOD &= 0x0F;                         //清 0 T1 的控制位
        TMOD |= 0x20;                         //配置 T1 为模式 2
        TH1 = 256 - (11 059 200/12/32)/baud;  //计算 T1 重载值
        TL1 = TH1;                            //初值等于重载值
        ET1 = 0;                              //禁止 T1 中断
        ES = 1;                               //使能串口中断
        TR1 = 1;                              //启动 T1
    }


    /* 配置并启动 T0, us 为 T0 的定时时间 */
    void ConfigTimer0(uint8 us)
    {
        unsigned long tmp;                    //临时变量

        tmp = 11 059 200 / 12;                //定时器计数频率
        tmp = (tmp * us) / 1 000 000;         //计算所需的计数值
        tmp = 256 - tmp;                      //计算定时器重载值
        tmp = tmp + 8;                        //补偿中断响应延时造成的误差
        TH0 = tmp;                            //初值寄存器赋值
        TL0 = tmp;
        TMOD &= 0xF0;                         //清 0 T0 的控制位
        TMOD |= 0x02;                         //配置 T0 为模式 2
        ET0 = 1;                              //使能 T0 中断
        TR0 = 0;                              //关闭 T0, 当检测到零点后才启动
    }


    /* 配置并启动 T2, us 为 T2 的定时时间 */
    void ConfigTimer2(uint16 ms)
    {
        uint32 tmp;

        tmp = 11 059 200/12;                  //定时器计数频率
        tmp = (tmp * ms) / 1000;              //计算所需的计数值
        tmp = 65 536 - tmp;                   //计算定时器重载值
        tmp = tmp + 8;                        //补偿中断响应延时造成的误差
        RCAP2H = (unsigned char)(tmp >> 8);   //重装寄存器赋值
        RCAP2L = (unsigned char)tmp;
        TH2 = RCAP2H;
        TL2 = RCAP2L;
        ET2 = 1;                              //使能 T2 中断
        TR2 = 1;                              //启动 T2
    }
```

```
/ * 串口中断服务程序 * /
void UART(void) interrupt 4
{
    uint8 cnt;

    if (RI)
    {
        RI = 0;                               //串口接收中断完毕标志清 0
        receiveBuf[recCount] = SBUF;          //接收数据
        recCount++;
        if (modelSta==2)                      //串口调压模式
        {
            if (receiveBuf[0] == 'C')         //起始位
            {
                if (receiveBuf[recCount - 1] == 'V')        //结束位
                {
                    flagNoUartData = 0;
                    for (cnt = 0;cnt < recCount - 1;cnt++)
                    {
                        uartCtrlData[cnt] = receiveBuf[cnt];
                        receiveBuf[cnt] = 0;
                    }
                    uartCtrlData[cnt] = '\0';
                    recCount = 0;
                    DealBuf();                //处理数据
                    LcdShowStr(0, 1, uartCtrlData + 1);       //+1 表示不显示'C'
                }

                else                          //收到模式改变控制数据
                {
                    recCount = 0;
                    modelSta = receiveBuf[recCount]- 0x30;
                    ModelProcess();
                }
            }
            else              //非串口调压模式只能接收改变模式的控制数据
            {
                recCount = 0;
                modelSta = receiveBuf[recCount]  - 0x30;
                ModelProcess();
            }
            if (recCount >= 5)                //达到最大接收缓存
```

```
        {
            recCount = 0;
        }
    }
}


/* 外部中断 0 中断程序, 过零检测 */
void XINT0(void) interrupt 0
{
    if (flag == 0)
    {
        flag = 1;
        gradeCnt = 0;
        TR0 = 1;
        ET0 = 1;
    }
}


/* 定时器 T0 中断程序, 触发控制 */
void Timer0(void) interrupt 1
{
    if (flag == 1)                          //检测到零点
    {
        gradeCnt++;
        if (gradeCnt >= triggeringDelay)
        {
            flag = 0;
            controlScr = 0;                 //触发可控硅
            _nop_();                        //延时 2 μs
            _nop_();
            controlScr = 1;                 //触发可控硅
            TR0 = 0;                        //停止 T0
        }
    }
}


/* 定时器 T2 中断程序, 用于按键扫描 */
void Timer2(void) interrupt 5
{
    static uint8 tmr250ms = 0;

    KeyScan();                              //按键扫描
    tmr250ms++;
```

```
    if (tmr250ms >= 250)
    {
        flag250ms = 1;
        tmr250ms = 0;
    }
}


/* 向上位机发送按键模式下的控制数据 */
void SendCtlDataToPC(void)
{
    SBUF = 3;                            //标志位：发送的是控制数据
    while (!TI);
    TI = 0;
    SBUF = triggeringDelay0;
    while (!TI);
    TI = 0;
}


/* 按键处理程序，上下键增加、减少亮度，向右键进行模式切换，key.c 中调用 */
void KeyAction(unsigned char keycode)
{
    if (keycode == 0x27)                 //向右键进行模式切换
    {
        modelSta++;                      //0 表示按键，1 表示旋钮，2 表示串口
        if (modelSta > 2)
        {
            modelSta = 0;
        }
        SBUF = modelSta;                 //向上位机发送当前的模式，界面更新
        while (!TI);
        TI = 0;
    }
    if (modelSta==0)                     //0 表示按键，1 表示旋钮，2 表示串口
    {
        if (keycode == 0x26)             //向上键，增加亮度
        {
            triggeringDelay0 -= 5;
            if (triggeringDelay0 < MIN || triggeringDelay0 > MAX)
            {
                triggeringDelay0 = MIN;
```

```
            }
            SendCtlDataToPC();              //向上位机发送按键模式的控制数据
        }
        else if (keycode == 0x28)           //向下键，减小亮度
        {
            triggeringDelay0 += 5;
            if (triggeringDelay0 < MIN || triggeringDelay0 > MAX)
            {
                triggeringDelay0 = MAX;
            }
            SendCtlDataToPC();              //向上位机发送按键模式的控制数据
        }
    }
    ModelProcess();
}


/* A/D 转换程序 */
unsigned char GetADCValue(unsigned char chn)
{
    uint8 val;

    I2cStart();
    if (!I2cWriteByte(0x48 << 1))       //寻址 PCF8591，若未应答，则停止操作并返回 0
    {
        I2cStop();
        return 0;
    }
    I2cWriteByte(0x40 | chn);            //写控制字节，选择转换通道
    I2cStart();
    I2cWriteByte(0x48 << 1 | 0x01);     //寻址 PCF8591，指定后续为读操作
    I2cReadByte(0);                      //先空读一个字节，提供采样转换时间
    val = I2cReadByte(1);                //读取刚刚转换的值
    I2cStop();
    return val;
}


/* 将数字量转换成对应的字符串，用于 LCD 显示 */
void   ValueToString(uint8 * str, uint8 val)
{
    str[0] = (val / 100) + '0';
    str[1] = (val % 100 / 10) + '0';
    str[2] = (val % 10) + '0';
    str[3] = '*';
```

```
          str[4] = '5';
          str[5] = '0';
          str[6] = 'u';
          str[7] = 's';
          str[8] = '\0';
      }
```

【程序解析】

按键模块采用了模块化编程，尽量使用之前的 key.h 和 key.c 文件。唯一要修改的是 KeyAction 函数，该函数定义了按键的响应代码，不同的项目是不一样的，这里使用了 3 个按键，"向上键"亮度增加，但实际上延时触发时间反而要减少；"向下键"亮度减少；"向右键"进行调节模式切换。

该项目使用 PCF8591 进行 AD 转换，该芯片是 I^2C 总线接口，因此程序中增加了 i2c.h 和 i2c.c 文件，用于提供 I^2C 总线读写的函数。GetADCValue(unsigned char chn) 函数中读取 AD 转换结果时两次调用了 I2cReadByte 函数，第一次调用是提供 AD 转换的时钟信号，因为 PCF8591 是逐次逼近型的 AD 芯片，第二次调用是读取刚刚 AD 转换的值。若只调用一次，读取的是上一次 AD 转换的结果，每 250ms 进行一次 AD 转换。

16.2.5　上位机软件设计

上位机软件的主要功能是设置电压调节模式，并且在"UART"调节模式通过串口向下位机（单片机）发送给定延时触发值，如果单片机通过按键切换调节模式，上位机也可以通过单选框获取此时的调节模式。该软件简单，主要是给读者拓展一种思路，通过 C♯ 语言可以编写出非常友好的监控界面。

1. 主要操作步骤

（1）运行上位机软件后，出现如图 16-9 所示的主窗体，此时还未与下位机连接。单击主窗体底下的工具条，弹出如图 16-10 所示的串口参数设置窗体。

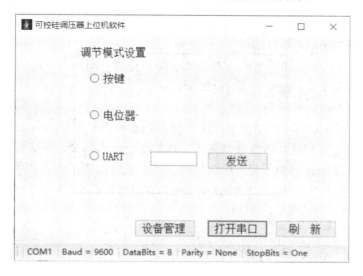

图 16-9　可控硅调压器上位机软件主窗体

图 16-10　串口参数设置窗体

（2）单击"刷新"按钮，上位机会自动读取计算机所有可用的 COM 口，如果有 COM 口，则自动选择，也可查看计算机设备管理器，自行选择串口号。同时设置好串口的其他参数，要与单片机一致。

（3）单击主窗体的"打开串口"按钮，打开串口，原"打开串口"按钮变为"关闭串口"按钮，这时可进行通信。

（4）单击不同模式单选框，可改变单片机的三种调节模式，下位机的 LCD 上会同时切换调节模式的显示。当单片机通过按键改变其模式时，上位机的模式单选框也会发生相应改变。

（5）当单片机处于"UART"串口电压调节模式时，通过输入数字并单击"发送"按钮即可。**注意**："上位机"模式的输入数字必须为三位数字，例如"001"、"010"、"100"。

2．主要设计步骤

（1）首先从工具箱拖出一个 SerialPort 控件，定义对象名为 serialPort，并且设置默认波特率、数据位、校验方式和停止位。

（2）在 C♯中使用串口，需要手动添加以下两个命名空间：

```
using System.IO;//添加 IO 命名空间
using System.IO.Ports;
```

（3）拖出一个 ToolStrip 控件置于窗口底部，定义对象名为 toolStripCom，用于显示串口的各个参数。单击该控件，弹出参数界面，如需改动则选择参数并确定。

这里只给出了核心代码的解释，详细代码参考本教材配套的电子资源。

```
/* * * * * * * * * *MainForm.cs 文件程序源代码* * * * * * * * * * * * * * * */
/* 主窗体装载方法，进行一些初始化设置和显示 */
privatevoid MainForm_Load(object sender, EventArgs e)
{
    serialPort.Encoding = Encoding.Default;
    CheckForIllegalCrossThreadCalls = false;
```

```
        //串口设置
        serialPort.BaudRate = 9600;
        serialPort.DataBits = 8;
        serialPort.Parity = System.IO.Ports.Parity.None;
        serialPort.StopBits = System.IO.Ports.StopBits.One;
        //底部显示串口参数
        tlsBaud.Text = "Baud = " + Convert.ToString(serialPort.BaudRate);
        tlsData.Text = "DataBits = " +
                    Convert.ToString(serialPort.DataBits);
        tlsParity.Text = "Parity = " + Convert.ToString(serialPort.Parity);
        tlsStop.Text = "StopBits = " +
                    Convert.ToString(serialPort.StopBits);
        try
        {
            serialPort.PortName = ComNums[1];        //设定串口号
            tlsCom.Text = serialPort.PortName;       //底部显示串口号
            serialPort.DataReceived +=               //为串口的数据接收事件添加委托
            new SerialDataReceivedEventHandler(serialPort_DataReceived);
        }
        catch (System.Exception)
        {
            serialPort.PortName = "COM1";
            tlsCom.Text = serialPort.PortName;
        }
    }


/*单击单选框的事件响应方法(C#中的函数叫做方法),向下位机发送不同的模式控制数据*/
privatevoid rBtnKeyMode_Click(object sender, EventArgs e)
{
    DataSend("0");                                  //0:按键模式
}
privatevoid rBtnPotentiometerMode_Click(object sender, EventArgs e)
{
    DataSend("1");                                  //1:电位器模式
}
privatevoid rBtnUartMode_Click(object sender, EventArgs e)
{
    DataSend("2");                                  //2:串口模式
}


/*单击单选框的事件响应方法,向下位机发送不同的延时触发控制数据*
privatevoid buttonSend_Click(object sender, EventArgs e)
{
```

```
        try
        {
            if (rBtnUartMode.Checked == true)          //处于串口模式
            {
                //发送数据的首尾加"C"和"V"，中间 3 位数字
                DataSend("C" + textBoxVoltage.Text + "V");
            }
        }
        catch (Exception ex)
        {
            MessageBox.Show(ex.Message);
        }
    }


/* 数据发送函数，实际是串口类的 Write 方法，参数是 string 类型 */
privatevoid DataSend(string data)
{
    try
    {
        serialPort.Write(data);
    }
    catch (Exception ex)
    {
        MessageBox.Show(ex.Message);
    }
}


/* 串口数据接收方法，当计算机串口接收到数据，该方法被调用 */
privatevoid serialPort_DataReceived(object sender, SerialDataReceivedEventArgs e)
{
    if (serialPort.IsOpen)
    {
        if (bClosingCom) return;                     //如果关闭串口，就不再接收数据
        try
        {
            bReceivingData = true;
            int count = serialPort.BytesToRead;       //获取接收缓冲区接收的字节数
            byte[] byteRead = new byte[count];
            serialPort.Read(byteRead, 0, count);      //读取缓冲区一些数据
            serialPort.DiscardInBuffer();             //丢弃接收缓冲区的数据
            switch (byteRead[0])                      //根据数据改变单选的选中状态
                                                      //或更新文本框的控制数据
            {
```

```
                    case 0：
                            rBtnKeyMode. Checked = true;
                            break;

                    case 1：
                            rBtnPotentiometerMode. Checked = true;
                            break;

                    case 2：
                            rBtnUartMode. Checked = true;
                            break;

                    case 3：
                            textBoxVoltage. Text = byteRead[1]. ToString();
                            break;
                }
            }
            catch (SystemException ex)
            {
                MessageBox. Show(ex. Message);
            }
        }
    }
```

16.2.6　调试

1. 主要调试步骤

1）下位机调试

此时不连接扩展板,主要调试按键模块、LCD 显示、AD 模块功能是否符合设计要求。

2）上位机和下位机通信调试

此时不连接扩展板,主要调试与下位机的通信是否正常,下位机和上位机的通信数据是三种调节模式和延时触发时间。下位机通过按键切换调节模式应该反应在上位机软件单选框按钮选中状态的变化上;下位机增加、减少延时触发时间,上位机的文本框也应该同时显示这个控制量。同样,上位机的对于电压调节模式的改变和延时触发时间也发送给下位机,更新显示在 LCD 上。

3）扩展板调试

先不接白炽灯,加上 220 V 电源。在这之前,应仔细检查,确认拓展板的电路连接正确,用万用表测量无短路和开路现象。无异常情况下再接入白炽灯,正常情况下白炽灯应该不亮。

4）系统联调

加上 220 V 电源,看是否实现预期的所有功能,必要时需借助示波器和万用表。扩展板和开发板共连接 4 根杜邦线,其中 2 根是 VCC 和 GND,还有一根是过零信号,接单片机的 P3.2 引脚,最后一根是触发信号输出,接单片机的 P3.3 引脚。示波器用于检测关键信号(如过零信号)是否正常,这是产生可控硅触发信号的前提。如有过零信号,判断外中断是否触发,就要检查过零信号是否符合外中断的触发要求及外中断是否使能等。总之,应该沿着信号的流动方向进行检查,借助一些工具,一定会找到问题所在。本书作者在调试的过程中也发生过问题,当向右键(调节模式切换键)按下时灯才会亮,后来通过检查原理图发现产生触发脉冲的 P2.7 引脚已经连接了矩阵键盘,后来改成 P3.3 引脚,此问题就解决了。

2. 调试结果

调试结果如图 16-11 所示,由图可知该项目基本实现了预定功能。

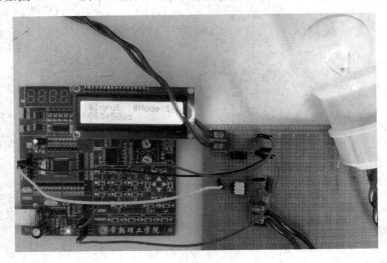

图 16-11　系统调试结果

本 章 习 题

1. 在开发板上编程完成以下任务:采样两路电位器信号,每隔 250 ms 采样一路,将其通过串口发送给上位机。可采用串口调试助手或 C♯编写上位机软件。

2. 在开发板上编程完成以下任务:掌握定时器 T2 的使用,利用定时器 T2 产生一个 0~99 s 变化的秒表,并且显示在数码管上,每过 1 s 将这个变化发送给上位机,上位机使用 C♯编程,显示变化的秒数。扩展功能可自行添加。

附录　开发板原理图

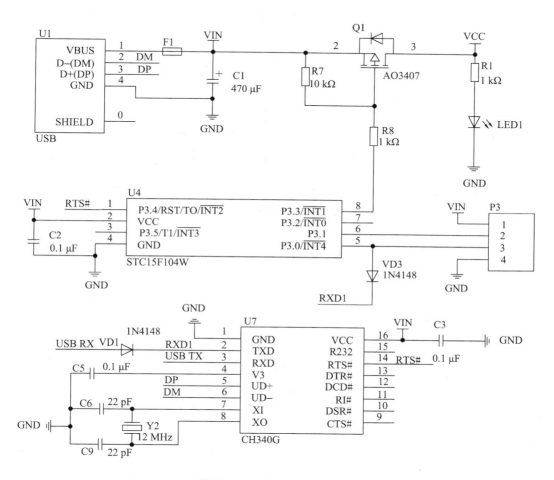

附图 1　USB 供电及自动下载

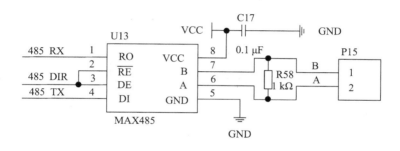

附图 2　MAX485

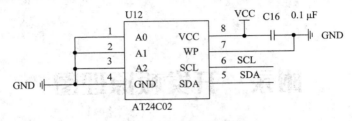

附图 3　EEPROM

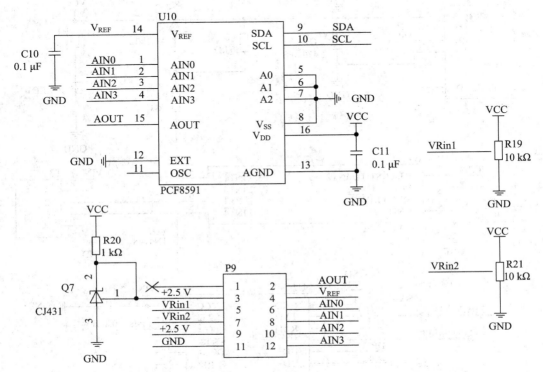

附图 4　AD/DA 及其接口

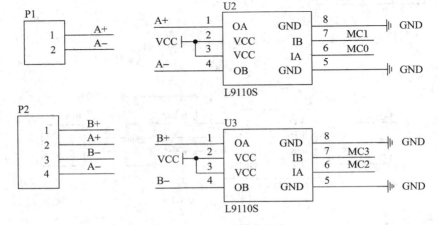

附图 5　电机和步进电机接口

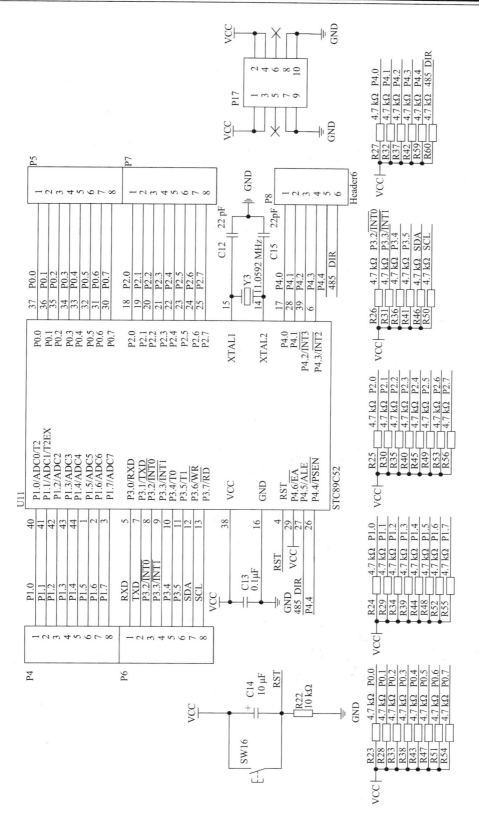

附图6 MCU最小系统

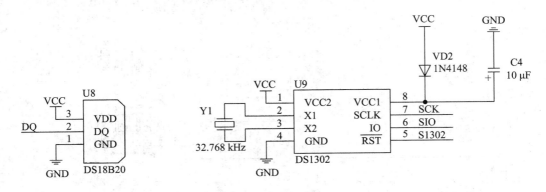

附图 7　温度传感器　　　　　　　　　　　附图 8　时钟芯片

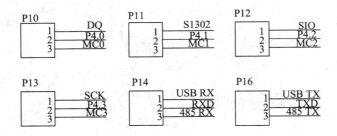

附图 9　功能选择

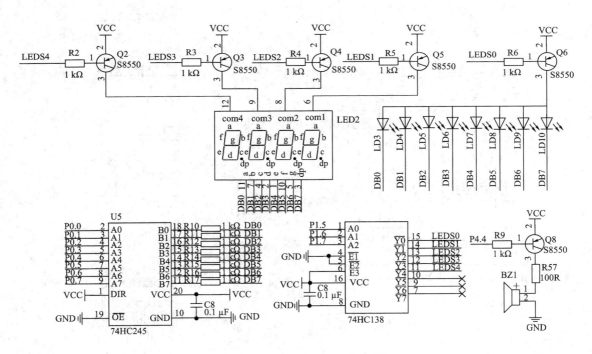

附图 10　数码管、LED 及蜂鸣器

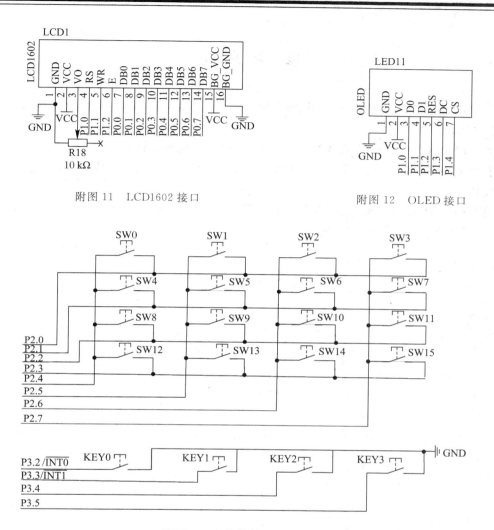

附图 11　LCD1602 接口

附图 12　OLED 接口

附图 13　矩阵按键和独立按键

参 考 文 献

[1] 宋雪松，李冬明，崔长胜. 手把手教你学 51 单片机［M］. 北京：清华大学出版社，2014.

[2] 郭天祥. 51 单片机 C 语言教程［M］. 北京：电子工业出版社，2009.

[3] 姜志海，赵艳雷，陈松. 单片机的 C 语言程序设计与应用［M］. 3 版. 北京：电子工业出版社，2015.

[4] 魏鸿磊，等. 单片机原理及应用（C 语言编程）［M］. 上海：同济大学出版社，2015.